石油教材出版基金资助项目

石油高等院校特色规划教材

石油工程力学导论

（富媒体）

刘建林　刘成文　杨东海　编著

石 油 工 业 出 版 社

内容提要

本书以石油工程中的几个关键步骤为主线，介绍了其过程中的一些常见力学问题，内容包括石油工程力学简介、力学基本理论和方法、地应力与岩石力学简介，以及油气井工程、油气田开发工程、油气储运工程中的力学问题等，重点分析探讨井壁稳定、固井、射孔、水力压裂、提高采收率、管道完整性、管道多相流等相关问题，旨在培养学生综合运用力学的概念和分析方法分析问题，从而拓宽视野，提升分析问题和解决问题的能力。

本书可作为石油工程、岩土工程、油气储运工程、工程力学、机械工程等工科类专业的本科生教材，也可供从事相关工作的石油工程师、力学工作者、高校教师参考。

图书在版编目（CIP）数据

石油工程力学导论：富媒体/刘建林，刘成文，杨东海编著.—北京：石油工业出版社，2022.6

石油高等院校特色规划教材

ISBN 978-7-5183-5346-0

Ⅰ.①石…　Ⅱ.①刘…②刘…③杨…　Ⅲ.①石油工程-工程力学-高等学校-教材　Ⅳ.①TE

中国版本图书馆 CIP 数据核字（2022）第 071087 号

出版发行：石油工业出版社

（北京市朝阳区安华里 2 区 1 号楼　100011）

网　址：www. petropub. com

编辑部：（010）64523733

图书营销中心：（010）64523633

经　销：全国新华书店

排　版：三河市燕郊三山科普发展有限公司

印　刷：北京中石油彩色印刷有限责任公司

2022 年 6 月第 1 版　2022 年 6 月第 1 次印刷

787 毫米×1092 毫米　开本：1/16　印张：10.5

字数：274 千字

定价：27.00 元

前言

石油（petroleum）是一种非常重要的能源，被称为工业的血液。要获取石油，首先需要探测到石油的储藏地点，利用各种工具和方法把石油开采出来，然后加以炼制、储存，最后才能将其应用于各个工程和生活领域。从大量的研究资料和现场施工经验来看，石油工程中存在的很多瓶颈问题都可以归结为力学问题，例如钻井过程中的钻柱动力学和井壁稳定性，钻井液的流动，油气在井筒中的流动，提高采收率的力学机理，储存油气的化工容器和大罐的安全性分析，水力压裂机理，页岩气开采机理，天然气水合物的力学性质表征，输油（气）管道中流体的流动，管道表面污染物的清除，沥青的流变行为，石油工业装备的强度、刚度、疲劳分析等。

力学（mechanics）是研究结构和系统运动及变形规律的科学，已成为解决石油工程中诸多问题的强有力工具，国内外已有大量学者和工程技术人员开展了石油工程力学（petroleum engineering mechanics）的研究。石油工程力学的研究内容大致可以按照油气开采的几个关键步骤来分类，即钻井工程、油藏工程、采油工程、油气储运工程等几个方面的力学；也可以从石油工程中涉及的具体研究对象来分类，例如油气装备、岩石、油气水等介质的力学行为等。

从目前国内的石油工程与力学两个领域的发展来看，尽管二者存在很多交叉问题，但是其深度融合的程度尚远远不够。一方面，力学工作者具有相对深厚的理论功底，但是缺乏对石油工程现场问题的了解，因而无法直接运用理论知识解决实际问题。另一方面，尽管在石油工程领域积累了大量实验数据和现场经验，但是无法上升到理论高度，从而无法更好地指导工程实践。有鉴于此，笔者调研了国内外十余家石油高校和研究所的授课大纲，然后与几十位石油工程力学领域的专家学者反复探讨，几经易稿，最终形成了本书的终稿，力求全面介绍石油工程领域中存在的大量力学问题。

本书主要介绍石油工程力学的研究内容，以帮助学生了解油气开发、储运等过程中的力学问题，培养学生综合运用力学的概念和思想分析问题，以拓宽学生视野，提升分析问题和解决问题的能力，为学生后续从事相关生产管理、技术研究和现场施工等工作奠定坚实的理论基础。值得说明的是，本书并非是关于石油工程力学的百科全书，在有限的篇幅空间内只能有所取舍，笔者仅向读者介绍自身的一些研究内容。

本书由中国石油大学（华东）刘建林、刘成文、杨东海共同编著完成，刘建林负责第一章、第二章、第三章、第五章，刘成文负责第四章，杨东海负责第六章，全书由刘建林统稿。本书在资料收集过程中得到了研究生李善鹏、左平成、窦晓晓、王子栋、张云、程永桂、栾雅琳、金兰、徐香玲、孟建川等人的帮助，在此一并致谢。

由于笔者水平有限，书中错误之处难免存在，敬请读者不吝赐教。

刘建林

2022 年 1 月

目录

富媒体资源目录

序号	对应章节	名称	页码
1	1.1.4	视频 1.1　世界石油勘探发展史	8
2	1.1.4	视频 1.2　铁人精神	8
3	1.3.1	视频 1.4　页岩气开采	14
4	1.3.2	视频 1.5　有限元计算结构强度	16
5	2.3	视频 2.1　飞机流场分布动画	29
6	2.4.4	视频 2.2　无网格法的应用	36
7	3.1.4	视频 3.1　岩心数字重构	49
8	3.1.4	视频 3.2　地应力测试技术	49
9	3.3.2	视频 3.3　三轴压缩试验	57
10	3.4.2	视频 3.4　一分钟了解反演	65
11	4.1.3	视频 4.1　钻柱有限元动画	75
12	4.3.1	视频 4.2　控压固井技术	85
13	4.4.2	视频 4.3　射孔工艺过程	93
14	5.1.2	视频 5.1　贾敏效应	103
15	5.2.1	视频 5.2　水力压裂动画	107
16	5.3.1	视频 5.3　提高采收率	118
17	5.3.2	视频 5.4　CO_2 驱	118
18	5.4	视频 5.5　天然气水合物	129
19	6.2.1	视频 6.1　海底管道的安装	143
20	6.3.2	视频 6.2　清管器的作用	149

第1章 石油工程力学简介

1.1 石油工业概述

1.1.1 石油工业的萌芽

广义的石油工业（petroleum industry）是开采石油（包括原油、页岩油、天然气）和对其进行炼制加工的工业体系。石油工业是以原油为主要生产对象并且以原油为原料发展起来的，该工业体系主要包括两个版块：原油的勘探与开发、石油炼制与石油化学工业，其中前者一般称为上游板块，后者一般称为下游板块。现代世界的石油工业已经走过了一百多年的风雨历程，对世界经济、政治和社会产生了非常深远的影响。由于世界石油生产与消费的地域分布极度不平衡，所以石油行业从一开始出现就成为一个国际性极强的行业。又由于石油工业和世界政治、经济、军事紧密联系在一起，所以常常发生由石油争端而引发的政治、经济、军事冲突事件。

随着石油工业的发展，逐步形成了天然气工业，现在一般把以原油和天然气为生产对象的工业分别称为石油工业和天然气工业。天然气（natural gas）实际是指天然蕴藏于地层中的烃类和非烃类气体的混合物，是原油的重要衍生品。天然气工业包括勘探开发（上游）、储存运输（中游）和天然气利用（下游）三大部门。与纯粹的石油工业不同，由于运输困难，天然气工业刚开始出现的时候并没有形成一个有效的全球市场，因此它的发展相对缓慢。直到第二次世界大战之后，在输气技术的快速发展、石油危机对天然气生产的刺激、人们对清洁高效能源的强烈需求等多种因素的影响下，世界天然气工业才取得了长足的进步，从而使得天然气有可能超越石油而成为第一大能源。

石油工业和天然气工业具有悠久的历史。在中国历史上，有据可查的是，最早出现的“石油”一词可见于977年北宋李昉所编著的《太平广记》。北宋时期杰出的科学家沈括（1031—1095）在其所著的《梦溪笔谈》一书中根据种油“生于水际砂石，与泉水相杂，惘惘而出”的特点，将其正式命名为石油（图1.1），意思是“石头中的油”。该书在描述陕北富县、延安一带石油的性质和产状（在空间产出的状态和方位的总称）后进一步提出

“盖石油至多，生于地中无穷，不若松木有时而竭”的科学论断，并且书中预言“此物后必大行于世”。在 14 世纪中期，有人把希腊文中的“petra”（岩石）和罗马文中的“oleum”（油）合成一个新词，即石油的英文单词“petroleum”，意思为“岩石中的油”。德国人乔治·拜耳于 1556 年发表了一篇关于石油开采与炼制的论文，在该文中第一次公开使用“petroleum”一词，而后一直沿用至今。

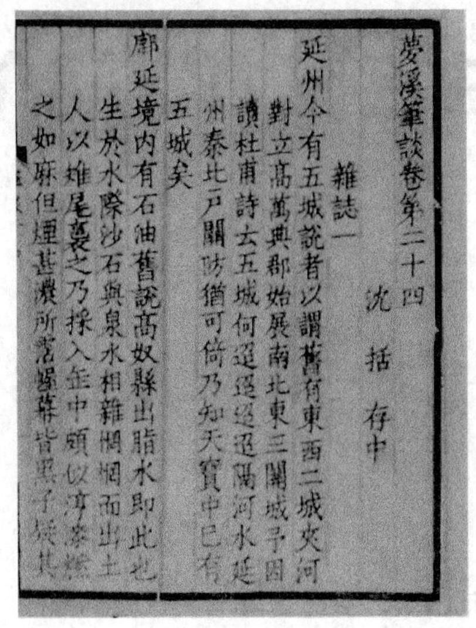
夢溪筆談卷第二十四
雜誌一　沈括　存中
延州今有五城説者以謂舊有東西二城夾河
對立高萬興郡始展南北東三關城予因
讀杜甫詩云五城何迢迢迢遞隔河水延
州秦北戸關防猶可倚乃知天寶中已有
五城矣
鄜延境内有石油舊説高奴縣出脂水即此也
生於水際沙石與泉水相雜惘惘而出土
人以雉尾裛之乃採入缶中頗似淳漆燃
之如麻但煙甚濃所霑幄幕皆黑予疑其

图 1.1 《梦溪笔谈》中提到“石油”

天然气的开发实际上也已有非常悠久的历史。世界上有关天然气的记载，可以追溯到公元前 10 世纪以前，当时在伊朗（古代波斯），人们发现了从地表渗出的天然气，而皈依拜火教的古代波斯人对天然气就有了“永不熄灭的火炬”的称谓。另外一个名词“火井”，则是古代人对天然气“从井中喷发而出，进而能够在空气中燃烧”这一特点的形象命名。值得一提的是，中国是世界上的火井之乡，是最早利用天然气的国家，是首先开凿天然气井的国家。

实际上早在中国古代，石油和天然气就已经被人们应用于很多生产领域，包括照明、熬盐、润滑、防腐、制墨、治病及战争武器等，因而可以说石油天然气工业的萌芽在古代已经开始。北魏时郦道元所著《水经注》的成书年代大约是 512—518 年，当时书中就介绍了中国人从石油中提炼润滑油的情况。这一记载说明，早在 6 世纪我国就发展和完善了石油炼制工艺。更为确切的记载是英国著名科学家李约瑟在其论文中指出：“在公元 10 世纪，中国就已经有石油，而且已经大量地使用它们。”北宋时，我国建立了世界上最早的炼油车间——“猛火油作（作坊）”，开始对石油进行粗加工，生产出当时已经广泛应用到军事上的猛火油。据文献记载，在北宋时期就已经有千余人从事猛火油作坊的生产。

据记载，世界上第一口天然气井于公元前 250 年前后在我国的四川成都双流一带凿成。而北宋时期出现的卓筒井钻井技术，则实现了世界上第一次钻井技术革命。卓筒井钻井技术包含了现代钻井三大基本程序，即：首先用圜刃钻头破碎岩石；其次用泥筒取出井内的岩砂或者岩屑；最后下木竹套管固井保全井壁。四川自贡富顺县的自流井气田可以说是世界上开发最早的天然气田。到了 10 世纪中叶，自流井气田用木头制作的输气管道有 12 条，总长度超过 150 千米。这些管道纵横交错，翻山越涧，形成了一个巨大的输气管道的网络（图 1.2），从而把天然气输送到了烧锅煮盐的工地，大大推动了气田的开发。当时的天然气达到年产3000多万立方米，有数十万人从事天然气和盐业的生产，因而自贡成为当时中国西南年产15万吨食盐的“盐都”。

图1.2　中国古代的输气管道

1.1.2　石油工业的发展

近代的石油工业从1859年开始在美国发展。众所周知，美国石油大王洛克菲勒建立了一个石油帝国，具有很强的垄断性和跨国性。随着石油工业的诞生，俄罗斯、荷兰、英国等国家也相继登上了石油开发的历史舞台，它们之间展开了激烈的行业竞争，继续推动着石油工业的发展。但总体来看，1859—1900年是石油工业的“幼年时期”。

世界上第一家石油公司，是1855年成立于美国康涅狄格州的宾夕法尼亚石油公司[图1.3(a)]，后来“脱胎”为以勘探和开采石油为主要业务的塞尼卡石油公司（Seneca Oil Company）。该公司从绘制有几座像盐井一样的钻井塔的药剂广告中获得了灵感，试图把凿井采盐水的技术直接用到采油上。公司派遣德雷克去宾夕法尼亚州作公司总代理，主持原油生产，从事钻井工作。1859年8月27日下午，当油井下钻到9英尺（1英尺=0.3048米）

(a) 宾西尼亚石油公司在运输油桶

(b) 桶装石油

图1.3　石油工业发展

深的时候，钻头钻到了一个裂缝，接着又下滑了6英尺便收工了。第二天他们发现有一股黑色液体经管道流到地面上来，这就是原油。他们把当地的啤酒桶都收集起来，用于盛放原油，这就是“桶”作为石油计量单位的最初来源［图1.3(b)］。由此可见，德雷克钻出了世界上第一口现代工业油井。这口井用一台蒸汽机驱动的油泵抽油，井深为21.7米，日产原油35桶（约5吨），因此被命名为“德雷克井”。

德雷克井是世界上首次以工业或商业为目的而钻探的油井，它标志着现代石油工业的开端。此后，宾夕法尼亚石油公司的产量急剧上升——从1860年的45万桶猛增到1862年的300万桶。19世纪60—70年代，石油工业在美国迅速发展起来，美国的煤油也迅速地在全世界赢得了市场。

1900—1945年是石油工业在世界范围内第一个蓬勃发展的时期。在这一阶段，西方跨国石油公司掀起了瓜分世界石油市场的狂潮。同时两次世界大战加快了石油工业的发展，中东也逐渐登上石油工业的历史舞台。

进入20世纪后，美国石油工业出现了新世纪的开门红。1901年1月10日，美国得克萨斯州南部博蒙特镇的“大山”1号井喷发出了高产油流，初始日喷原油量高达75000桶。这就是世界著名的纺锤顶油田。从发现纺锤顶大油田以来，除美孚托拉斯以外，在美国又出现了两个石油巨头，即海湾石油公司和德士古石油公司。

随着1911年标准石油公司的解体，世界七大石油公司逐渐形成，即埃克森公司（也就是新泽西标准石油公司）、荷兰皇家壳牌石油公司、莫比尔公司（即纽约标准石油公司）、德士古公司、英国石油公司、雪佛龙石油公司（即加利福尼亚美孚石油公司）、海湾石油公司，它们被称为“石油七姊妹”。这七大石油公司旋即对世界石油市场展开了激烈的争夺和瓜分。

在这一阶段，1911年墨西哥石油产量为1250万吨，成为世界第三大产油国，并于1919年超过苏联成为世界第二大产油国；1920年突破2000万吨，占当时世界产量的22.8%。而此时在欧洲，罗马尼亚是最重要的产油国，1911年罗马尼亚产油1100万桶，超过波兰而成为欧洲第一大产油国，1912年达到189.8万吨的高峰。

在第一次世界大战（1914—1918年）期间，汽车、坦克、飞机和军舰等机动性很强的武器装备在战场上大量出现，这也是人类历史上首次大规模的机械化战争，很显然这一战争需要非常庞大的能源供应。在大战期间，石油和内燃机改变了战争的方方面面，甚至包括海、陆、空机动作战的整个过程（图1.4）。在战争结束前，装甲车所向无敌，而飞机则成为一种新的、令人生畏的战争武器。当时先进的飞机航速就已经达到193km/h，作战高度达到8000多米，所以空军已经成为独立的军种。可以说，从能源的消耗角度看来，没有石油，就没有空军。

当时英国与波斯石油公司（英国石油公司的前身）签订了优先购油协议，才满足了战时呈指数型增长的石油需求。而从此之后，石油一直保持着第一位战略物资的地位。由于有石油的持续供应，英国在战车、海军舰艇和空军等方面占据了上风。同时在战争的最后18个月里，拥有丰富石油资源的美国也参与了战争，从而取得了战争的胜利。据估计，在整个战争中，各参战国用于战争的油料达到3620万吨，其中仅英国和美国在战争中就消耗了2500多万吨石油产品，而德国在1914—1918年间仅消耗油料400万吨。因此，战后英国人评价说：“协约国是在石油的波涛中取得了胜利”。而德国将军鲁登道夫在其回忆录中则谈道：“德国失败的重要原因是石油短缺”。第一次世界大战体现了石油对于国家的战略价值，它刺激了石油需求，引起了人们对石油的重视，促进了世界石油工业新的高速发展。

图 1.4　第一次世界大战期间，英、法、美每天消耗的石油达到 12000 桶

第一次世界大战之后，世界上石油生产的范围和规模迅速扩大，除了 20 世纪初在古巴、哥伦比亚、委内瑞拉、捷克斯洛伐克、阿尔巴尼亚、摩洛哥、埃及、巴基斯坦等国家先后发现油田以外，20 世纪 20—40 年代又有五大洲的一批国家进入产油国的行列。其中最主要的产油国或地区有两个，一是委内瑞拉，迅速上升为第二大产油国；二是中东阿拉伯国家，相继发现大型和巨型油田。

由于石油在军事、经济中的作用日益提高，西方列强在第二次世界大战之前就开始了对油气资源国的掠夺。美国、英国、法国、荷兰等国的跨国石油公司兴起，导致了跨国石油工业的迅猛发展。英国、法国和荷兰等国在墨西哥、委内瑞拉、秘鲁和阿根廷等殖民地区，以及中东地区的波斯（现伊朗）、伊拉克、沙特阿拉伯、巴林等地区开展了钻探开发活动，获得了大量的石油租借地和开采权，开始掠夺和开采资源国的石油。

可以说，第二次世界大战（1938—1945 年）是人类战争史上消耗石油最多的一次战争——交战双方的军用油料消耗达到 3 亿多吨，比第一次世界大战的消耗量增加了 7 倍。1931 年 9 月 18 日，日本帝国主义发动了侵华战争，不久就占领了中国的东三省。日本多年进行石油勘探，但是毫无收获，所以就在我国东北建立了很多工厂，用煤为原料生产合成油。但其急需的石油仍有 80%来自美国，10%来自东印度群岛。日本在占领华北后，迅速沿东海岸南下，目标是占领产油的缅甸和东印度群岛，并先后侵入印度支那南部和东印度群岛。因此，英荷壳牌石油公司忍痛炸毁了油田、炼油厂和管道与储油设施，撤走了人员。但是日本组织了大量石油工人南下，迅速恢复并扩大生产。仅 1943 年第一季度，日本从这里进口的石油已占美国珍珠港事件后对它禁运时的 75%。日本人用得克萨斯石油公司留下的钻机，在苏门答腊发现了一个大油田。但是自 1943 年起，盟军陆续袭击日本的海上通道，击沉多艘油轮，所以到 1944 年第一季度，日本已经断绝了石油进口，其军事装备基本陷入瘫痪。在西线作战的德国同日本一样，本国生产的石油也很少。所以在盟军大规模轰炸德国合成油工厂的情况下，德军的进攻速度和规模受到了极大的影响，从而保证了第二次世界大战的尽早结束。

总之，从 1900 年开始，世界石油产量保持了快速增长的势头，全球石油的总产量分别为：1900 年为 2043 万吨，1910 年为 4490 万吨，1920 年为 9440 万吨，1925 年为 1. 47 亿吨，1930 年为 1. 93 亿吨，1935 年为 2. 26 亿吨，1940 年达到 2. 94 亿吨。其中 1925 年美国石油产量占世界石油总产量的 71.5%，1940 年占到 62.9%，也就是说当时全世界几乎 2/3 的石油产自美国。

1945—1973 年是世界石油工业高速发展的“黄金时期”，石油工业迎来了第二个蓬勃发展的时期。在这一阶段，产油国收回石油主权的运动不断高涨，中东成为世界石油工业的中心，非洲出现在石油的历史舞台上，主要的资本主义国家和独立石油公司都参与了“石油七姊妹”的竞争。第二次世界大战后，以“石油七姊妹”为首的资本主义国家同产油国建立了阿拉伯—美国石油公司、海湾—壳牌石油公司，并和伊朗签订了长期的石油合同，把中东的大量石油运入欧洲市场。第二次世界大战之后，中东的石油产量和出口量迅速上升，世界石油生产的重心由墨西哥湾—加勒比海地区逐渐移往中东—波斯湾地区。

这一时期的石油不仅用作燃料，而且人们已经可以通过新的石油化学工业处理把石油转变成为塑料制品及大量的化学品。石油化工产品开始大量进入人们的日常生活中，影响到人们的衣、食、住、行、用等方方面面。有人曾形象地形容说：“一枝玫瑰后面也流动着 12 克石油，因为从塑料到肥料都离不开石油。”

在 1973—1999 年，世界上发生了三次石油危机，有一次是反向石油危机（短期内国际油价暴跌）。其中第一次石油危机于 1973 年 10 月 16 日爆发，起因为第四次中东战争，石油输出国组织（OPEC）为了打击对手以色列及支持以色列的国家，宣布石油禁运，暂停出口，造成油价上涨。当时石油价格从 1973 年的不到 3 美元/桶涨到超过 13 美元/桶。第二次石油危机发生在 1979 年至 20 世纪 80 年代初，当时石油价格从 1979 年的 15 美元/桶左右最高涨到 1981 年 2 月的 39 美元/桶。

总体来看，20 世纪 70 年代的世界石油工业是在大动荡、大改组中发展的。以石油输出国组织各国为主的第三世界主要产油国经过连续 10 多年的顽强斗争，逐步摧毁了在西方石油界存在了 70 多年的旧租让制。在这一基础上，第三世界产油国还逐渐取得了对西方世界原油价格的决定权。

20 世纪 80 年代中期和 90 年代末，世界大跨国公司进行了两轮大兼并、大改组，在原来十几个大型石油公司的基础上形成了四个超级公司：埃克森—莫比尔、英荷壳牌、英国石油+阿莫科+阿科和道达尔+菲纳+埃尔夫。同时在油田服务界，形成了一批综合性的、实力更强大的油田服务公司，如当今的三大油田服务公司斯伦贝谢、哈里伯顿、贝克休斯等。此时，世界石油总剩余可采储量继续进一步增长——1980 年增至 877.88 亿吨，1987 年达 1210.6 亿吨，1997—1998 年达到 1411.3 亿吨的高峰。

21 世纪世界石油工业的改革进一步深入，包括国家石油公司的重组和国际石油公司的兼并收购。油价也出现了较大的波动，OPEC（石油输出国组织）又占据了世界石油市场的主导地位。

1.1.3 天然气工业的发展

随着人们对环境和生态的关注及发展中国家对经济增长的渴望，天然气工业真正成为一个能源工业，其标志是：

（1）天然气由过去作为石油勘探开发的副产物，发展到现在作为一种主要能源，成为单独勘探开发的对象；

（2）天然气由过去从火炬中大量烧掉，发展到现在高效集输储存和综合利用；

(3) 天然气工业由过去开关阀门的简单操作，发展到现在生产和运输全过程的计算机管理；

(4) 跨国输气管线逐年增加，实现了国际或洲际管线的联网；

(5) 液化天然气（LNG）技术的发展及LNG海运量的增加，进一步促进了天然气贸易的发展；

(6) 天然气在世界能源消费结构的比重稳步增长。

随着世界天然气产量的迅速增加，天然气的消费量高速增长，它的使用范围不断扩大。天然气不仅成为仅次于石油和煤炭的世界第三大能源，而且作为一种优质、高效、清洁的能源和化工原料，它的应用日益广泛，消耗量不断增加，探明储量以约5%的速度增长，产量的增长速度也达到3%~3.5%。天然气作为一种洁净、优质的能源，其发展速度超过石油，产量年均增速在2%以上。2003年，全球天然气产量达到2.63万亿立方米，比上年增长3.4%；2005年全球天然气产量总计27630亿立方米，同比增长2.5%；2020年全球天然气产量达38500亿立方米。

天然气之所以受到更多人们的青睐有很多原因，主要有以下几条：

(1) 天然气有雄厚的已探明储量，2019年达198.76万亿立方米，主要分布在中东、俄罗斯和中亚，而且天然气资源尽管以极高的消费速度增长，世界范围内的天然气供应仍可保证100多年；

(2) 天然气液化技术发展很快，除印尼有大量液化天然气产出外，卡塔尔、伊朗、阿尔及利亚及澳大利亚都已建成或正在建设大量天然气液化设施供液化天然气出口；

(3) 在世界上已建成的覆盖北美、欧洲和前苏联的三大天然气管网区的基础上，又建成了若干跨洲、跨海的长距离天然气管线，这使得天然气的国际贸易步伐大大加快。

1.1.4　石油工业的任务

从整个过程来看，石油工业主要包括油气勘探、油气开采、油气储运和石油化工四个部分。

油气勘探［图1.5(a)］是指为了寻找和查明油气资源，利用各种勘探手段去了解地下的地质状况，认识生油、储油、油气运移、聚集、保存等条件，综合评价含油气远景，确定油气聚集的有利地区，找到储油气的圈闭，并探明油气田面积，搞清油气层情况和产出能力的过程。目前主要的勘探方法有四类：地质法、地球物理法、地球化学法和钻探法。

(a) 油气勘探

(b) 油气开采

图1.5　油气勘探与开采

油气开采是将埋藏在地下油层中的石油与天然气等从地下开采出来的过程［图 1.5(b)］。油气由地下开采到地面的方式，可以按是否需给井筒流体进行人工补充能量分为自喷和人工举升。人工举升采油包括气举采油、抽油机有杆泵采油、潜油电动离心泵采油、水力活塞泵采油和射流泵采油等。

油气储运是把分布在油田各井口处未经处理的油气混合物，用一定的方法收集起来，经过计量，然后汇集到集油站，油气混合物经过初步分离，转输到联合站。在联合站，油气混合物经过加热分离、脱水，天然气经过脱轻质油，污水经过沉降、过滤，变成稳定原油、干气、轻质油和净化水。净化水回注至油层，其余三种产品经由管道和泵站分别输送出去。

石油化工是以石油为原料生产化学制品的工业，也包括天然气化工。石油化工是个新兴的工业，从 20 世纪 20 年代起随石油炼制工业的发展而形成。第二次世界大战后，大量化工原料和产品由原来的以煤及其副产品为原料转移到以石油、天然气为原料，石油化工已成为化学工业的基础工业，在国民经济中处于极为重要的地位。石油化工的原料主要是石油炼制过程中产生的各种石油馏分和炼厂气及油田气、天然气等。在 20 世纪 70 年代以后，石油化工已经建立起了整套技术体系，其产品已应用到国防、国民经济及人民生活各个领域。国际上常用乙烯、塑料、合成纤维、合成橡胶等主要产品的产量来衡量石油化工的发展水平。石油化工由于可创造较高经济效益，已成为发达国家的重要基础工业。

视频 1.1 介绍了世界石油勘探发展史，视频 1.2 介绍了铁人精神。

视频 1.1　世界石油勘探发展史

视频 1.2　铁人精神

1.2　力学发展简史

力学（mechanics）是研究运动和变形的科学，能够对问题进行定量化分析，已经成为解决工程问题的强有力武器，因此马克思认为力学是“大工业的真正科学基础”。同时力学也被钱学森先生誉为“技术科学（Engineering Science）”，是衔接基础理论与土木、机械、水利、航空、航天、材料等领域的桥梁和纽带。日常生活中存在大量的力学问题，例如鸟为何能在空中自由飞翔，而飞行器却达不到它们的灵敏程度？为何鱼能在水里自由游动，而人却比较困难？为何很多动物能够在水面跳跃运动？如何设计能够抗风、抗雪和抗地震的建筑物？如何提高机器的使用寿命？车身结构需要如何设计才能保障发生车祸时人体安然无恙？地震时，如何确保房屋不倒塌？同样，由于石油工程涉及大量的结构运动、流动、变形和破坏现象，故而它的快速发展离不开力学的大力推动。

力学具有悠久而辉煌的历史，在中国的文献古籍中已有一些关于力学现象的介绍。例如在振动方面，公元前1000多年中国商代铜铙已具有十二音律中的九律，并有五度谐和音程的概念。而据《庄子·徐无鬼》记载，当时已有频率共振的概念。墨子提到了力是“形之所以奋也”，实际上这一描述涉及了力学的变形效应。但由于缺乏几何学的逻辑知识，故而中国古代并未形成比较完整的力学体系，而该体系应该追溯到古希腊。在西方，“力学”一词是从希腊文发展来的，其字面意义就是发明、巧思、机械的意思。后来它逐渐充实和演化为包含两重意思的词语，即“对一切工艺的改进”和“理性对自然运动规律的探讨”，但是后一层含义发展得较晚。

很多力学知识都是来源于实践经验。随着工程与工艺的发展，人类逐渐积累了关于物体重心、结构平衡、简单机械、流体浮力、圆周运动与直线运动方面的知识。公元前4000年，苏美尔人就发明了车轮；公元前2500年，埃及制造了帆船；公元前2000年，中国发明了独木舟。在西方语言里，力学（mechanics）同机械学（mechanology）、机械装置、机构或者机理（mechanism）是同一个词根。所以在很长一段时间内，人们把力学和机械当作一回事。

由于古希腊的思辨哲学和手工艺的兴起，人们逐渐建立并完善了一系列力学的基本定律。例如亚里士多德率先对运动、速度、力等进行了思考，尽管他的论著中有很多错误之处，但是却给后续的力学研究埋下了思想的种子。尤为重要的是，亚里士多德总结了前人关于逻辑学的成果并集其大成，使其系统化成为独立学科，因此他被称为逻辑学之父。古希腊数学家欧几里得最重要的贡献是将从公元前700年至他所处的时代的几何知识，以严密的逻辑系统整理为《几何原本》(图1.6)。该书中提出了5条公设，后人把满足这5条公设的几何称为欧几里得几何或者欧氏几何，把满足这5条公设的空间称为欧几里得空间。直到20世纪，俄国人罗巴切夫斯基和德国的高斯才改变了第5公设而引进了新的几何，称为非欧几何。

图1.6 欧几里得与《几何原本》

古希腊的阿基米德研究了重心的性质，率先研究了流体静力学并提出了浮力定律。他还研究了杠杆原理并发出了“给我支点，我就可以撬起整个地球”的豪言壮语。他计算了几何体的体积和面积，并首次提出了微积分的思想。由于这些贡献，他被誉为人类史上四大数学家之一。荷兰人斯蒂文根据大量的实验结果提出了力的平行四边形法则，故而被称为

“静力学之父”。斯蒂文在静力学上不仅对刚体，而且对流体静力学也做出了重要贡献，实际上他已经提出了虚位移或者虚速度原理的雏形思想。随着天文学的发展，人类也逐渐积累了对天体运动的观测资料，并且力图探求其真实的运动状态。实际上力学的早期发展是同天文学密不可分的，这一发展历程包含了从古代的历法到古希腊的托勒密地心说，一直到哥白尼、伽利略、开普勒、牛顿和拉普拉斯的经典力学。这种对力学孜孜不倦的探求过程也紧密地和数学相结合。

随着文艺复兴的开始，世界科学中心逐渐转移到了意大利。著名的艺术家和科学家达·芬奇率先研究了材料的强度理论、摩擦定律、流体漩涡、自由落体等问题，并且设计了飞行器、自行车、汽车、潜水艇、降落伞等多种工具模型（图 1.7）。达·芬奇说：“力学是数学科学的天堂，因为，我们在这里获得了数学的果实。”继而，伽利略开展了落体实验，指出物体下落高度与时间平方成正比，而下落速度与重量无关，并提出了加速度的概念，因而他被称为“动力学之父”。伽利略还研究了梁的强度问题，提出了适用于脆性材料破坏的第一强度理论。伽利略在他的名著《关于两门新科学的对话》中说道：“你们威尼斯人在著名的兵工厂里持续活动，特别是包含力学的那部分工作，对好学的人们提供了一个广阔的研究领域。因为在这个部门中，所有类型的机器仪器被很多手工艺者不断制造出来，在他们中间一定有人因为继承经验并利用自己的观察，在解释问题时变得高度熟练和非常聪明。”几乎与此同时，数学家和光学家开普勒提出了行星运动三大定律，因此他被称为“天空的立法者”。开普勒三定律奏响了经典力学诞生的序曲。

(a) 达·芬奇设计的扑翼飞行器

(b) 达·芬奇设计的降落伞

(c) 根据达·芬奇手稿还原的自行车

(d) 根据达·芬奇手稿还原的自驱式汽车

图 1.7　达·芬奇设计的各种模型

在法国，1653 年帕斯卡指出容器中液体能传递压力，从而发展了流体静力学的理论。帕斯卡还是射影几何的奠基人之一，他发明了一种计算机的雏形机——加法器。他发现了二项式展开定理，还是概率论的创始人之一。另外一位学者瓦力农在静力学上贡献颇著，他至今为人所知的工作是指出了空间的任意力系可以简化为一个主矢和主矩，这个结论现在被称为瓦力农定理。他在研究力的分解时甚至引进了矢量点积的概念。力学家班锁最主要的贡献是系统讨论了力偶的性质，提出了明确的力系的静力平衡条件，即合力为零和合力矩为零。而笛卡儿和费马发明了解析几何，打通了代数和几何的通道。笛卡儿还提出了动量的概念，研究了动量定理。他甚至还提出了一个关于人体的生物力学模型。需要说明的是，作为一名哲学家，笛卡儿的“我思故我在”的名言至今发人深省。业余科学家莫伯督提出了最小作用量原理，并用来分析光线折射和物体运动。库仑在物理上发现了电学中的库仑定律，还研究了地磁对磁铁的作用。他在 1781 年提出了库仑摩擦定律，即最大静摩擦力与正压力成正比。库仑还发明了一种测量金属丝扭转刚度的工具，即扭摆，被称为库仑扭秤。

在英国，胡克较早做了弹簧受力与伸长量关系的实验，提出了著名的胡克定律。但我国汉代学者郑玄比胡克更早提出了类似的定理（见《考工记》一书），故而目前该定律一般被称为“郑玄—胡克定律”。胡克还猜到了万有引力的平方反比形式，指出了梁的中性轴的大致位置。胡克对显微镜进行了改进，并提出了“细胞”的概念。

随着力学的发展，在很多巨人的肩膀上出现了一位里程碑式的人物——牛顿。他在《自然哲学的数学原理》（图 1.8）一书中系统地总结了牛顿三定律，提出了万有引力定律，书中还给出了流体的黏性定律和声速公式。几乎与此同时，荷兰科学家惠更斯在《摆钟论》中提出了向心力、离心力、转动惯量、复摆的摆动中心等概念。惠更斯还对碰撞问题进行了系统研究。法国科学家马略特从梁的弯曲试验中发现了弹性定律。在此期间，阿蒙通发现了摩擦定律，约翰·伯努利提出了虚位移原理。丹尼尔·伯努利提出了描述流体的伯努利方程。丹尼尔·伯努利的学生欧拉发展了变分法，并提出了理想流体动力学方程组、刚体动力学方程组。他还研究了细长杆的屈曲问题，提出了弹性线（elastica）的概念（图 1.9）。1752 年，达朗伯提出了物体所受流体阻力为零的佯谬，并提出了动静法（即达朗伯原理）。法国学者库仑发表了梁的弯曲理论，并且提出了最大剪应力屈服准则。继欧拉之后，拉格朗日进一步发展了变分法，提出了拉格朗日方程，开创了分析力学的学科，他因此被拿破仑皇帝赞誉为“数学科学一座高耸的金字塔”。

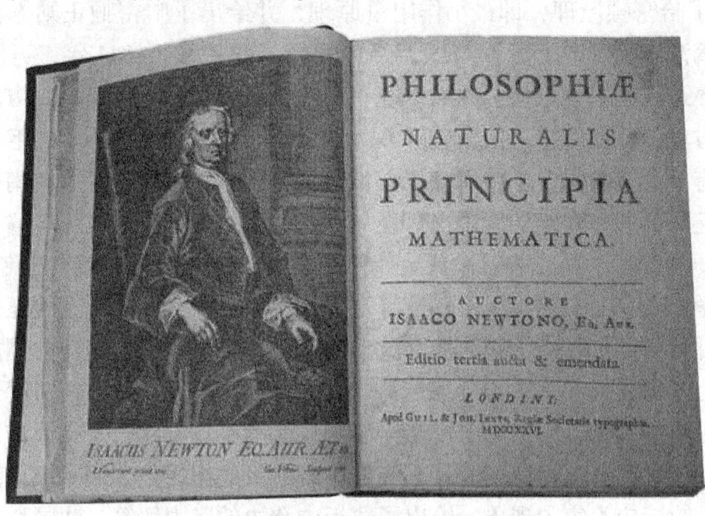

图 1.8　牛顿的《自然哲学的数学原理》

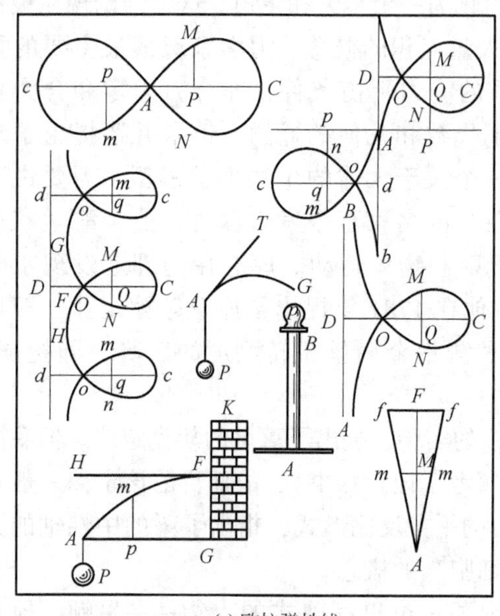

(a) 欧拉弹性线

(b) 脚手架中的细长杆失稳

图 1.9　欧拉提出弹性线与细长杆屈曲

除此之外，其他的关于力学的工作还包括：法国天文学家拉普拉斯研究了天体力学，建立了引力势方程，提出了描述薄膜变形的拉普拉斯方程。他跟英国物理学家托马斯·杨几乎同时提出了杨—拉普拉斯（Young-Laplace）方程。托马斯·杨还提出了能量和杨氏接触角、杨氏模量的概念，较早研究了冲击动力学，开展了杨氏双缝干涉的实验。英国物理学家卡文迪许开展了扭秤实验，建立了静电力的方程，并非常精确地测试了万有引力常数。法国力学家泊松给出了物体内部引力势的方程，提出了材料泊松比的概念。1821 年，法国力学家纳维叶得出了不可压缩流体和各向同性弹性固体的运动微分方程，并提出了位移法的求解思想。法国科学家柯西建立了有两个弹性常量的弹性固体平衡和运动的基本方程，给出了应力和应变的确切定义。德国数学家高斯给出了最小拘束原理，并建立了测地线方程。爱尔兰科学家哈密顿提出了哈密顿原理，即最小作用量原理，并给出了哈密顿正则方程。1839 年，德国工程师哈根在管流实验中得了流量与压力降、管径等的关系。1844 年，英国力学家斯托克斯导出了黏性流体运动的基本方程，即纳维叶—斯托克斯（Navier-Stokes）方程，这是流体力学中的核心控制方程；他还用摄动法研究了深水中的重力非线性波。1850 年，德国物理学家基尔霍夫给出了有关薄板的假设，并研究了细长杆的方程；法国科学家圣维南提出了弹性力学中平衡力系只引起局部应力效应的原理（即圣维南原理），并用半逆解法求解了柱体的扭转问题。1856 年，法国科学家达西发表了渗流定律，这也是渗流力学中的核心控制方程。1864 年，伟大的英国物理学家麦克斯韦提出了位移互等定理和单位载荷法，实际上他还是光弹定律的提出者；法国工程师特雷斯卡开展了固体塑性流动的实验并提出了最大剪应力屈服条件，即第三强度理论。波兰力学家胡伯和美国力学家米塞斯于 20 世纪初提出了第四强度理论，目前已成为工程中重要的设计准则。英国力学家雷诺给出了湍流的基本方程，定义了雷诺数。俄罗斯科学家齐奥尔科夫斯基导出了火箭速度公式，指出实现航天的途径是采用多级火箭。德国科学家基尔施发现了圆孔附近应力集中现象，给出了薄板中孔边的应力解答。法国科学家伯纳德在热对流实验中发现了胞状结构的流场，称为伯纳德流体失稳现象。澳大利亚科学家米歇尔给出了弹性力学中变截面弯曲问题和扭转问题的解答。德国科学家冯·卡门给出了卡门涡街的概念，提出了卡门方程；与钱学森解决了壳体屈曲问题，提出了卡门—钱学森公式。俄罗斯科学家布勃诺夫和伽辽金就弹性位移和应力问题提出一种近似计算方法，即布勃诺夫—伽辽金法。德国科学家普朗特提出了举力线理论和最小诱导阻力理论，提出了边界层理论。

值得一提的是，在第二次世界大战之前，德国的哥廷根大学在普朗特的领导下形成了著名的哥廷根学派，成为当时全世界的力学中心。普朗特培养出了很多有名的力学家，如铁摩辛柯、冯·卡门、普拉格、纳戴等，钱学森师承冯·卡门教授（图 1.10）。与此同时，剑桥大学的泰勒也开展了大量力学研究，例如他提出了位错（dislocation）的概念，系统研究了两同轴圆筒间的流动稳定性问题。这一时期，格里菲斯用能量观点分析了裂纹问题，穆斯赫利什维利发展了弹性力学中的复变函数方法。泰勒、冯·卡门、周培源、伯格斯等提出了各种湍流的理论模型。泰勒还提出了破甲理论中的不可压缩流体模型。辛格和钱伟长提出了弹性板壳的内禀理论。柯尔莫戈罗夫提出了局部各向同性湍流模型。钱学森和郭永怀提出了高超声速流动中的相似律。而从 20 世纪 50 年代开始，复合材料力学的理论已经形成，在固体力学中开始应用有限元法。1953 年，郭永怀发展了高速边界层理论中的庞加莱—莱特希尔方法，即后来的奇异摄动法，文献中称为 PLK（Poincare-Lighthill-Kuo）方法。胡海昌提出了弹性力学中三类变量变分原理，鹫津久一郎于 1955 年提出了同一原理。华裔科学家冯元桢开创了生物力学这一交叉学科，而林家翘则提出了星云的密度波理论。

图 1.10 普朗特、钱学森与冯·卡门

钱学森于 1957 年回国后组建了中国科学院力学研究所，发起成立了中国力学学会，周培源、钱学森、郭永怀、钱伟长也被公认为中国力学事业的四位奠基人。中国力学工作者们运用所掌握的应用力学知识解决了诸多科学和工程问题。例如钱伟长、胡海昌发展了变分原理；钱学森首次发表了工程控制论；郑哲敏在爆炸力学方面取得了诸多成果，如流体的弹塑性模型等；郭永怀在电磁流体力学和武器研发方面有诸多贡献；周培源奠定了湍流模式理论的基础，研究并初步证实了广义相对论引力论中“坐标有关”的重要论点；吴仲华提出了三元流动理论对喷气式发动机的等熵切面计算法；冯康独立于西方提出了有限元。诸多学者还开展了断裂力学、细观力学、仿生力学、冲击动力学、计算流体力学、空气动力学的研究等。力学家与工程师们深入合作，解决了探月、两弹一星、航天器设计、水利大坝设计、桥梁设计、石油钻井、生物医学工程等一系列工程问题（图 1.11）。

(a) 力学是航空航天的绝对主干学科

(b) 力学使得高速动车的设计不断改进和完善

(c) 力学理论在桥梁建设中起重要作用

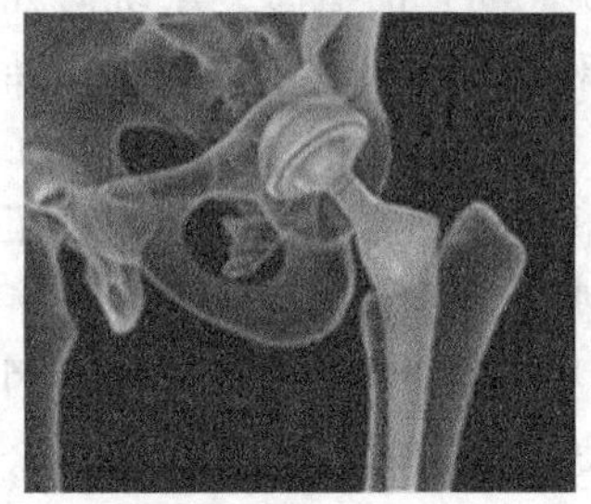
(d) 人体力学在骨科护理中广泛应用

(e) 力学在体育运动中发挥重要作用

(f) 蜥蜴在水面上奔跑蕴含力学原理

图 1.11　力学在各领域中的应用

1.3　石油工程力学的主要研究内容

石油工程覆盖了油藏工程、钻井工程和采油工程三个相互独立又相互衔接的工程领域。也就是说，石油工程是一个集多种学科、多种工艺技术和工程措施于一体的，多种工艺技术相互衔接、相互渗透、相互促进和发展的综合性学科。

从大量的研究资料和现场施工经验来看，石油工程中存在的很多瓶颈问题都可以归结为力学问题。力学已经成为解决石油工程中诸多问题的强有力工具，故而国内外已有大量学者和工程技术人员开展了石油工程力学（petroleum engineering mechanics）的研究。下面仅列举几个具有代表性的研究方向加以讨论。

1.3.1　页岩气开采

页岩气是指赋存于以富有机质页岩为主的储集岩系中的非常规天然气，是连续生成的生物化学成因气、热成因气或二者的混合，可以游离态存在于天然裂缝和孔隙中，以吸附态存在于干酪根、黏土颗粒表面，还有极少量以溶解状态储存于干酪根和沥青质中，其中游离气比例一般在 20%~85%。我国页岩气资源非常丰富，仅四川盆地下志留系烃源岩即有 $60\times10^8 m^3$ 左右的资源量。但目前对页岩气的勘探开发还处于起步阶段，更为深入的研究则需要从力学角度进行定量分析。页岩气开采过程中涉及很多核心力学问题，例如钻井过程中岩石的破裂及变形、压裂阶段的裂缝起裂机制、生产阶段的微纳尺度下流体的动力学行为、集输阶段的气液两相流等（视频 1.4、图 1.12）。

视频 1.4
页岩气开采

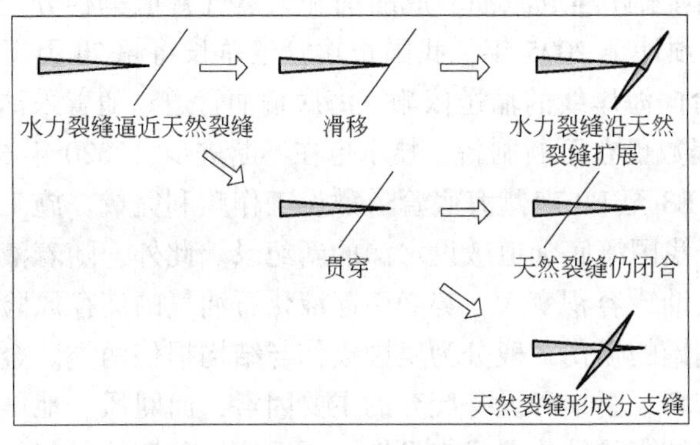

(a) 水力裂缝与天然裂缝相互作用

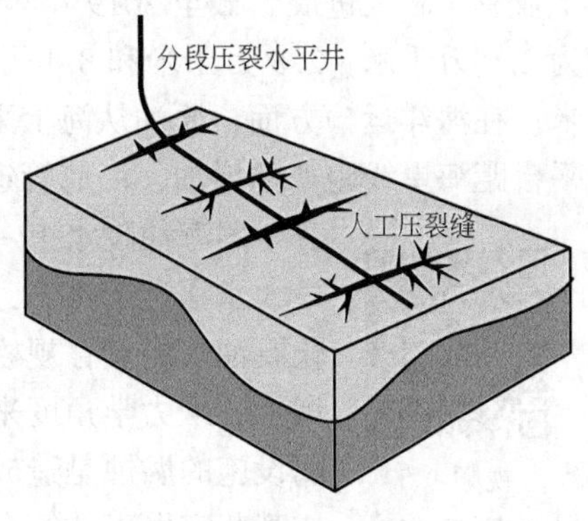

(b) 页岩气藏分段压裂

图 1.12 页岩气开采

尽管国内外对页岩气开采中的关键力学问题已有大量实验和计算研究，但在基础理论和开采技术上仍存在巨大的挑战。如何进一步完善从岩体材料微观特性、变形机理出发的宏观本构理论，使其能准确、真实地反映岩体在不同载荷历程和不同观察窗口下的力学行为；如何寻求微观解吸机理与宏观流动的耦合，实现多尺度的跨越；如何建立页岩各向异性的多孔本构关系，揭示水力裂缝和天然裂缝之间的相互作用规律及页岩裂缝的扩展机制等，是页岩气高效开发的重要发展方向。

1.3.2 石油工程装备

常见的石油工程装备包括钻杆、钻柱、钻机、套管、连续油管、钻头、储油罐、输油气管道等。这些结构件的服役寿命、疲劳破坏、裂纹扩展、接触摩擦（磨损）等问题，直接影响到油气勘探和油气开发的结果，因而对其进行全面系统的力学分析已有大量研究。

随着油气资源勘探开发进程不断深入，钻井环境越发恶劣，钻井难度不断加大，新的钻井技术和钻井工艺（复杂结构井、特殊工艺井、深井、超深井、小井眼井等）不断出现并被广泛采用，但随之而来的一些技术难题，如钻柱失效、摩阻计算、井眼轨迹难以精确预测和控制等问题严重制约了当前的勘探开发进程。1950 年钻井力学的奠基人鲁宾斯基较系统地研究了直井中钻柱的受力与变形，建立了描述下部钻具组合纵向受力与变形的微分方程。直到 20 世纪 90 年代，下部钻具组合动力学分析才得到了较快发展，人们建立了直井井眼中全井钻柱系统的纵向振动、扭转振动、横向振动、纵横扭转耦合振动力学模型。进入 21 世纪以来，综合考虑弯曲井眼中全井钻柱、地面悬挂系统、井壁、井底岩石、钻井液、井压力、地层压力等因素的相互作用模型逐渐受到重视，促进了钻柱动力学分析的进一步发展。

另外一个值得关注的问题就是，水平井多级体积压裂施工引起井眼附近应力变化，会导致水泥环的密封失效，从而引起环空带压和页岩气井压裂过程中的套管变形，这是破坏井筒完整性的主要原因。同时，因套管自重和井眼的弯曲，导致套管柱在井眼内的偏心现象难以避免，造成水泥环壁厚不均匀，对其应力状态会产生较大影响。而压裂过程中断层滑动会造成套管剪切变形，其诱因及控制方法是套管变形研究的重点。

除了管柱之外，诸多科学家和工程师也在输油气管道和储油大罐的设计方面开展了一系列力学研究。我国自 1957 年在克拉玛依油田建成了全国第一条长距离输油管道至今，管道工业有了较大进展，截至2019年年底，我国累计建成原油、成品油和天然气管道里程分别为2.9万千米、2.9万千米和8.1万千米。预计至2025年，我国长输管道总长将超24万千米。在海洋运输方面，原油从海上采油平台向海岸线的输送依赖于海底输油管道。随着采油平台距海岸线距离的增加，海底管道的里程数也在不断刷新，技术也在不断进步。2020年6月中国海油陵水17-2项目E3至E2南侧海底管道敷设工作顺利完成，施工最大水深达1542m，创造了我国海底管道敷设水深的新纪录。此外，随着液化石油气的储存规模扩大，油罐容积变大，势必引起液化石油气的储存风险增大。从力学角度来看，储罐的损伤一般分为腐蚀损伤与结构损伤两类。金属设施的腐蚀是造成储罐破坏、磨损和设备废弃的主要因素，而飓风、地震或某些突发事故等会对油气储罐的结构造成突发性、严重性的破坏并引起结构损伤。图1.13为常见的石油工程结构的力学分析（视频1.5）。

视频1.5
有限元计算
结构强度

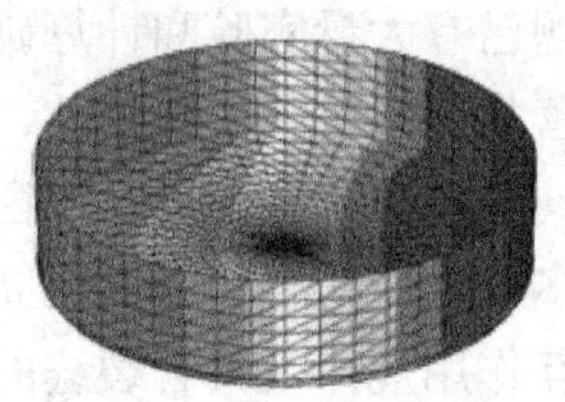

(a) 大型油罐有限元模拟

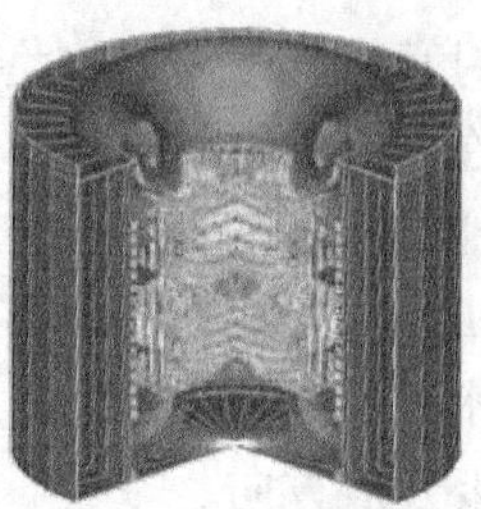

(b) 储罐中多相流模拟

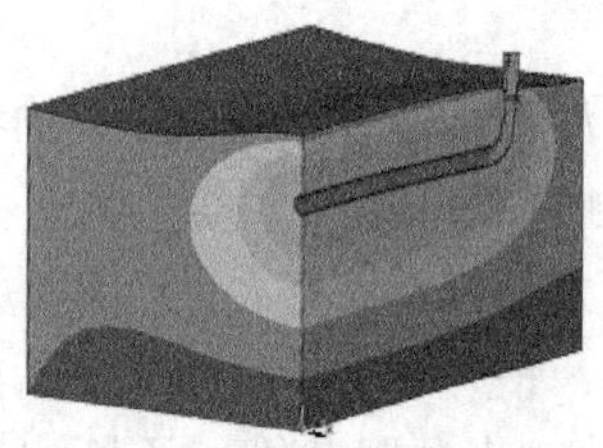

(c) 地层中的输油管道模型

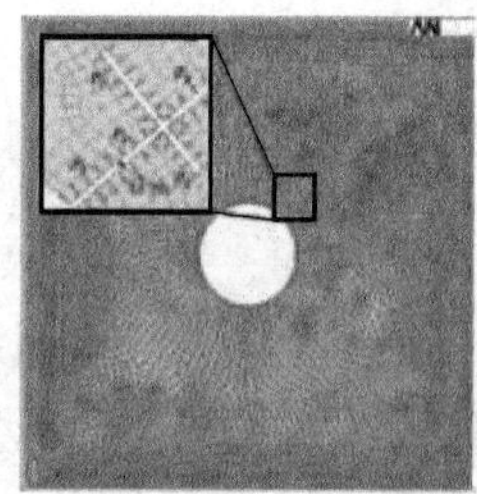

(d) 井眼有限元模拟

(e) 水泥环强度分析

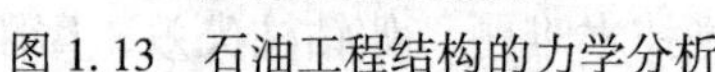

图1.13　石油工程结构的力学分析

1.3.3　天然气水合物开采

2017年我国在南海神狐海域天然气水合物试采取得突破，国务院正式批准将天然气水合物列为我国第173个矿种，并预测我国海域天然气水合物资源量约800亿吨油当量。天然气水合物已经成为我国重要的潜在清洁油气替代能源，其高效开发对我国建设海洋强国、保障国家能源安全意义重大。海域水合物藏一般埋藏浅（150~300m）、渗透率低（0.01~10mD）、储层未固结而开采易变形、相变复杂，造成常规降压法产能低，因而目前急需围绕提高产能而研发新的开采理论和技术。

储层改造在油气开采中是一项常见的作业，但在天然气水合物开采方面还没有相关报道，真正意义上的天然气水合物储层改造和保护的相关研究在国际上尚处于空白状态。国际上已有的现场开采试验均未进行储层改造和保护作业，其结果是试开采获得的单井产气量和产气周期均很不理想，完全达不到商业开采的要求。由于目前国内外缺乏相关研究，没有可借鉴的水合物储层改造和保护技术资料，需要从对机理的探索开始创新研发。

目前天然气水合物储层改造的设想主要有以下几种：（1）水力压裂：对于具有一定胶结强度的水合物储层注入流体，在地层形成高压将地层压开人工裂缝，增大水合物泄压分解面积，形成水合物分解后流体流动通道；（2）水射流破碎固态流化开采：利用前端采掘破碎工具打领眼井，在领眼井与射流破碎井筒之间设计圆锥形过渡段以利于破碎颗粒的上排，再通过连续油管下放喷嘴进行射流破碎，完成射流流化开采；（3）高压热射流：通过高压水发生装置将热流体加压至数百个大气压以上，再通过小孔径的喷射装置转换为高速的微细“热水射流”，利用水射流对天然气水合物藏进行储层改造，同时利用热流体进行能量交换促进天然气水合物分解。

1.3.4　蜡质软物质力学

蜡沉积是含蜡原油生产和输送过程中的常见问题。我国所产原油80%以上为含蜡原油，输送过程中原油中的蜡组分会因管道沿线压力、热力条件变化析出而沉积到管壁上。管道蜡沉积会减小管道流通面积，降低管道输送能力，增加运行能耗，严重时会引发管道蜡堵甚至发生生产停输事故。因此，准确掌握含蜡原油管道蜡沉积机理，进而制定合理有效的清防蜡方案以保障管道的生产能力，已成为油气输运中的一个亟待解决的问题。

同时蜡质原油本身具有流变性，这正是软物质（soft matter）的一种特性。软物质这一概念是由诺贝尔奖得主、被誉为“当代牛顿”的法国科学家德让纳所提出，基本含义就是当受到外界很小刺激时，物质的物理化学性质能够发生剧烈的变化。而原油中的蜡质材料就具有典型的软物质的性质，例如在热、光、电、磁、力等多场作用下，会产生很多新奇的力学性质，这也是值得探讨的一个重要方向。

1.3.5　石油工程仿生学

除上述研究方向之外，仿生学的理念已逐渐应用于石油工程的钻井、采油、油气藏等领域，逐渐形成了“石油工程仿生学”的新领域。大自然在几十亿年中的演化过程中已经使得生物的结构与功能臻至近乎完美的程度，故而道法自然，向自然界学习（learn from nature）已成为人类无穷无尽的创新源泉。例如，人们根据壁虎脚趾的表面微纳米结构制造出了吸附力极强的表面，使其能够吸附在壁面上；仿生蜘蛛丝的多级结构制造出了具有超高强度的复合纤维材料；仿生荷叶表面的多级微纳米结构，制造出了很多应用性极好的超疏水材料（图1.14）。

(a) 仿生耦合PDC钻头

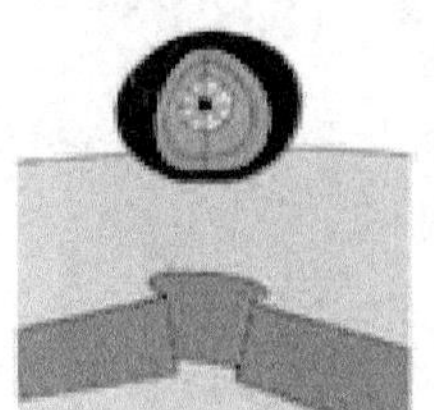

(b) 血小板管道修复技术

(c) 仿生膨胀锥及其非光滑表面

图1.14　仿生石油结构

石油工程仿生学的理念已经逐渐在石油工程中得到了推广。例如，人们发现，基于贻贝足丝蛋白的吸附性能可以研制出具有很强的固壁性能的仿生钻井液体系，这一新技术能够很好地抑制井壁的坍塌。而通过对蜣螂的粗糙表面进行仿生研究，发现其表面具有特殊的微结构，并基于此设计出了用于石油开采的钻井泵和金刚石钻头。实验结果发现，通过这一仿生技术得到的结构能够大大延长使用寿命。类似地，借鉴穿山甲、蝼蛄等动物的前足结构可以设计出仿生金刚石钻头，其钻速能提高20%。而已有报道称，利用记忆聚合物的“智能”特点制造的仿生井筒设备，具备隔离和控制等多种功能。在海洋石油工程领域有大量的海底管道，其内壁往往植入一些仿生水草，目的是可以保证管道不被洋流冲刷而发生悬空现象。另外，采用仿生血小板修复技术可以自发地对管道的缺陷进行修复，以减少其失效破坏的概率。基于穿山甲的微鳞片结构而设计出来的仿生膨胀锥可大大降低摩擦，提高耐磨性。借鉴荷叶、蚊子腿的表面，用微纳米颗粒对岩石表面改性可提高渗透率。人们还提出了用纳米机器人记录几千米地下油藏信息的构想。

综上所述，尽管国内外学者已经在石油工程力学的很多方面开展了大量研究，但目前来看，力学与石油工程的全方位结合尚还需要进一步努力方能实现。力学具有理论建模、数值模拟、实验测试等方面的特长，但其与石油工程的很多领域进行深度融合的程度尚远远不够。在石油工程领域，目前迫切需要进一步深入研究的力学问题包括：仿生学应用于石油工程；分子动力学应用于油气开采领域；新型损伤本构关系应用于管柱、管道、油罐的设计；化工容器中的多相流；微纳米技术应用于提高原油采收率；原油、蜡、沥青等软物质的力学行为；水力压裂中的跨尺度模拟等。实则早在上世纪40年代，钱学森先生就提出了“技术科学”的学术思想，这正是哥廷根应用力学学派的思想精髓。将这一思想应用于石油工程力学领域，即从石油工程背景（现场数据、矿场试验、实验室数据等）里面提炼力学模型（解析、半解析、数值、能量、量纲等），从而上升到理论高度，反过来指导石油工程实践。

习题

1. 举几个力学在石油工程方面的应用案例。
2. 石油工程力学的研究内容主要有哪些？
3. 概述石油工业的发展历程。

第 2 章　力学基本知识与常用的数值方法

2.1　弹性力学基本知识

弹性（elasticity）是指外力撤销之后，物体能够恢复原状的特性，是固体材料的基本属性之一。塑性（plasticity）是指外力撤掉后，材料发生的部分变形不能恢复的现象。在实际工程中，结构或材料一般既会发生弹性变形，又会发生塑性变形。而为了研究问题方便，当纯粹考虑弹性变形的时候就产生了弹性力学，研究弹塑性变形的力学则称为弹塑性力学。故此，弹性体是仅仅考虑弹性性质的一种理想物体，绝大部分工程结构都可以视为弹性体。弹性力学是固体力学的一个分支，研究弹性体由于受外力作用、边界约束或温度改变等原因而产生的应力、应变和位移。弹性力学是整个力学的核心内容，掌握弹性力学的知识可以对力学体系有一个宏观了解。

由于实际的工程结构都不是理想化的，例如几何构型、边界条件、材料分布等往往具有不规则性，故而对工程结构进行力学分析，需要引入一些假设。这些假设也都是经过大量的实践检验，一方面通过合理假设在工程上能够获得足够的精确性，另一方面通过假设可以大大简化所研究的问题。经过简化之后的工程结构就可以运用所学的数学方程进行描述，从而能够得到数学意义上的解答。

弹性力学的基本假设有：

（1）连续性假设。假设整个物体的体积都被组成这个物体的介质所填满，不留下任何空隙。实际上物体都是由分子、原子等组成的，不可能被物质所完全填满。但是若物体的体积足够大，这一假设实质上是一种宏观意义上的平均化，完全可以得到非常精确的答案。

（2）完全弹性假设。假设物体在引起变形的外界因素撤销以后，能够完全恢复原状而没有任何剩余变形，并且完全服从郑玄—胡克定律，即应变与引起该应变的应力成正比，也即两者之间呈线性关系。这一假设说明在弹性力学里面不研究材料的塑性或者其他非弹性行为。

（3）均匀性假设。假设整个物体是由同一材料组成的，即物体的弹性常数不随坐标而改变；同时也假设每一点处的材料密度完全一样，即在物体内部任取一点，其力学性能参数都是常数。

（4）各向同性假设。假设物体内任意一点的弹性性质在所有方向都相同，即弹性常数不随方向而变化。例如从物体里面取出一个圆棒做单向拉伸试验，无论从哪个角度截取出来的圆棒，通过同一实验测试其力学行为都应该是一样的。

（5）小变形假设。假设位移和应变都是微小的，即物体变形后各点的位移都远小于物体原来的尺寸，因而应变和转角都远小于1。在此假设基础上建立平衡方程式，可以在初始构型上进行分析，这样就会大大降低问题研究的难度。

（6）无初应力假设。假设弹性体在未受到外界载荷作用时，其内部没有应力和变形。实际上，即便物体不受外力作用的时候，其内部也会产生分子之间的作用力。另外，经过机械加工后，一般结构内部都会存在一些残余应力。在弹性力学研究过程中，这些初始内力往往被忽略掉。

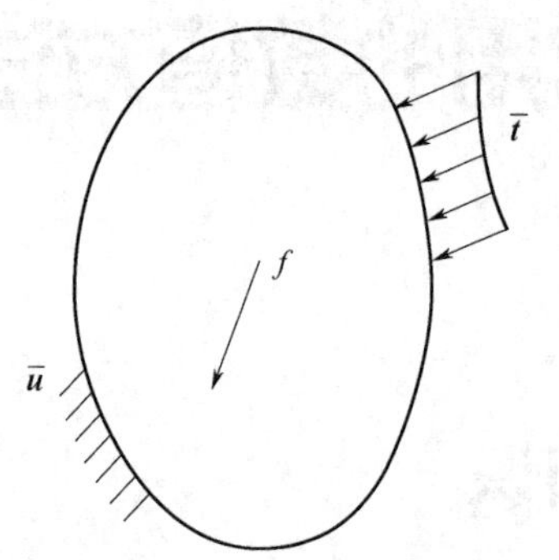

图 2.1　弹性体受力示意图

有了上述假设后，可以得到弹性力学问题的微分提法，即可以写出弹性体所满足的微分方程和边界条件。建立直角坐标系 $O\text{-}xyz$，其中 $\boldsymbol{i}$，$\boldsymbol{j}$，$\boldsymbol{k}$ 分别为沿着 x，y，z 方向的单位基矢量。如图 2.1 所示的空间弹性体，其弹性模量为 E，泊松比为 μ，体积为 V，内部任意一点的体力为 $\boldsymbol{f}=f_x\boldsymbol{i}+f_y\boldsymbol{j}+f_z\boldsymbol{k}$，部分边界给定已知位移为 $\bar{\boldsymbol{u}}=\bar{u}\boldsymbol{i}+\bar{v}\boldsymbol{j}+\bar{z}\boldsymbol{k}$，部分边界给定已知面力为 $\bar{\boldsymbol{t}}=\bar{t}_x\boldsymbol{i}+\bar{t}_y\boldsymbol{j}+\bar{t}_z\boldsymbol{k}$，则该弹性体内任意一点（$x$，$y$，$z$）应该满足的方程如下：

平衡方程：

$$\frac{\partial\sigma_x}{\partial x}+\frac{\partial\tau_{xy}}{\partial y}+\frac{\partial\tau_{xz}}{\partial z}+f_x=0 \tag{2.1}$$

$$\frac{\partial\tau_{xy}}{\partial x}+\frac{\partial\sigma_y}{\partial y}+\frac{\partial\tau_{yz}}{\partial z}+f_y=0 \tag{2.2}$$

$$\frac{\partial\tau_{xz}}{\partial x}+\frac{\partial\tau_{yz}}{\partial y}+\frac{\partial\sigma_z}{\partial z}+f_z=0 \tag{2.3}$$

几何方程：

$$\varepsilon_x=\frac{\partial u}{\partial x} \tag{2.4}$$

$$\varepsilon_y=\frac{\partial v}{\partial y} \tag{2.5}$$

$$\varepsilon_z=\frac{\partial w}{\partial z} \tag{2.6}$$

$$\gamma_{xy}=\frac{\partial u}{\partial y}+\frac{\partial v}{\partial x} \tag{2.7}$$

$$\gamma_{yz}=\frac{\partial w}{\partial y}+\frac{\partial v}{\partial z} \tag{2.8}$$

$$\gamma_{zx}=\frac{\partial w}{\partial x}+\frac{\partial u}{\partial z} \tag{2.9}$$

本构关系：

$$\varepsilon_x=\frac{1}{E}[\sigma_x-\mu(\sigma_y+\sigma_z)] \tag{2.10}$$

$$\varepsilon_y=\frac{1}{E}[\sigma_y-\mu(\sigma_x+\sigma_z)] \tag{2.11}$$

$$\varepsilon_z=\frac{1}{E}[\sigma_z-\mu(\sigma_x+\sigma_y)] \tag{2.12}$$

$$\gamma_{xy}=\frac{\tau_{xy}}{G} \tag{2.13}$$

$$\gamma_{yz}=\frac{\tau_{yz}}{G} \tag{2.14}$$

$$\gamma_{zx}=\frac{\tau_{zx}}{G} \tag{2.15}$$

引入体积模量：

$$K=\frac{E}{3(1-2\mu)} \tag{2.16}$$

及拉梅系数：

$$G=\frac{E}{2(1+\mu)} \tag{2.17}$$

$$\lambda=\frac{E\mu}{(1+\mu)(1-2\mu)} \tag{2.18}$$

其中 G 又称为剪切模量。则本构关系也可以写为：

$$\sigma_x=2G\varepsilon_x+\lambda\theta \tag{2.19}$$

$$\sigma_y=2G\varepsilon_y+\lambda\theta \tag{2.20}$$

$$\sigma_z=2G\varepsilon_z+\lambda\theta \tag{2.21}$$

$$\tau_{xy}=G\gamma_{xy} \tag{2.22}$$

$$\tau_{yz}=G\gamma_{yz} \tag{2.23}$$

$$\tau_{zx}=G\gamma_{zx} \tag{2.24}$$

其中

$$\theta=\varepsilon_x+\varepsilon_y+\varepsilon_z \tag{2.25}$$

定义：

$$\Theta=\sigma_x+\sigma_y+\sigma_z \tag{2.26}$$

则有：

$$\Theta=3K\theta \tag{2.27}$$

上述三组方程一共有 15 个，其中平衡方程有 3 个，本构方程有 6 个，几何方程有 6 个。15 个方程里面含有 15 个未知量，即 6 个应力分量：σ_x，σ_y，σ_z，τ_{xy}，τ_{yz}，τ_{zx}（前三个为正应力，后三个为切应力）；6 个应变分量：ε_x，ε_y，ε_z，γ_{xy}，γ_{yz}，γ_{zx}（前三个为正应变，后三个为工程切应变）；3 个位移分量：u，v，w。15 个方程对应着 15 个未知量，理论上可以求解。

进一步定义偏应力和偏应变：

$$\sigma'_x=\sigma_x-\frac{1}{3}\Theta \tag{2.28}$$

$$\sigma'_y=\sigma_y-\frac{1}{3}\Theta \tag{2.29}$$

$$\sigma'_z=\sigma_z-\frac{1}{3}\Theta \tag{2.30}$$

$$\tau'_{xy}=\tau_{xy} \tag{2.31}$$

$$\tau'_{yz}=\tau_{yz} \tag{2.32}$$

$$\tau'_{zx}=\tau_{zx} \tag{2.33}$$

$$\varepsilon'_x=\varepsilon_x-\frac{1}{3}\theta \tag{2.34}$$

$$\varepsilon'_y=\varepsilon_y-\frac{1}{3}\theta \tag{2.35}$$

$$\varepsilon'_z=\varepsilon_z-\frac{1}{3}\theta \tag{2.36}$$

$$\varepsilon'_{xy}=\varepsilon_{xy} \tag{2.37}$$

$$\varepsilon'_{yz}=\varepsilon_{yz} \tag{2.38}$$

$$\varepsilon'_{zx}=\varepsilon_{zx} \tag{2.39}$$

则本构关系可以写为另外的形式：

$$\sigma'_x=2G\varepsilon'_x \tag{2.40}$$

$$\sigma'_y=2G\varepsilon'_y \tag{2.41}$$

$$\sigma'_z=2G\varepsilon'_z \tag{2.42}$$

$$\tau_{xy}=2G\varepsilon_{xy}=G\gamma_{xy} \tag{2.43}$$

$$\tau_{yz}=2G\varepsilon_{yz}=G\gamma_{yz} \tag{2.44}$$

$$\tau_{zx}=2G\varepsilon_{zx}=G\gamma_{zx} \tag{2.45}$$

偏应力的概念在塑性力学中有非常重要的意义。实验表明，对于大多数金属材料，在较大的静水压力作用下，材料仍然表现为弹性性质，故而偏应力和偏应变在塑性力学中是重要的力学参量。

尽管上述弹性力学问题给出的 15 个方程对应着 15 个变量，但是光给出弹性体的控制方程并不能得到确切的解答。故而还需要引入边界条件，共分为位移边界条件和应力边界条件两类。其中位移边界条件为：

$$u=\bar{u} \tag{2.46}$$

$$v=\bar{v} \tag{2.47}$$

$$w=\bar{w} \tag{2.48}$$

应力边界条件为：

$$l\sigma_x+m\tau_{xy}+n\tau_{xz}=\bar{t}_x \tag{2.49}$$

$$l\tau_{xy}+m\sigma_y+n\tau_{yz}=\bar{t}_y \tag{2.50}$$

$$l\tau_{xz}+m\tau_{yz}+n\sigma_z=\bar{t}_z \tag{2.51}$$

其中弹性体边界的外法线矢量为 $\boldsymbol{n}=l\boldsymbol{i}+m\boldsymbol{j}+n\boldsymbol{k}$，力学量上面带一杠表示为已知量，$l$、$m$、$n$ 为外法线矢量的三个分量。

当给定弹性体所满足的微分方程及边界条件后，就可以对其进行求解。对弹性力学问题的控制方程进行求解一般有两种方法，即位移法和应力法。其中位移法的控制方程为：

$$G\nabla^2u+(\lambda+G)\frac{\partial\theta}{\partial x}+f_x=0 \tag{2.52}$$

$$G\nabla^2v+(\lambda+G)\frac{\partial\theta}{\partial y}+f_y=0 \tag{2.53}$$

$$G\nabla^2 w+(\lambda+G)\frac{\partial\theta}{\partial z}+f_z=0 \tag{2.54}$$

此方程称为拉梅—纳维叶（Lamé-Navier）方程。其中拉普拉斯算子为：

$$\nabla^2(\,)=\frac{\partial^2(\,)}{\partial x^2}+\frac{\partial^2(\,)}{\partial y^2}+\frac{\partial^2(\,)}{\partial z^2} \tag{2.55}$$

应力法的控制方程为平衡方程，并结合以下应力协调方程：

$$(1+\mu)\nabla^2\sigma_x+\frac{\partial^2\Theta}{\partial x^2}=-\frac{1+\mu}{1-\mu}\left[(2-\mu)\frac{\partial f_x}{\partial x}+\mu\frac{\partial f_y}{\partial y}+\mu\frac{\partial f_z}{\partial z}\right] \tag{2.56}$$

$$(1+\mu)\nabla^2\sigma_y+\frac{\partial^2\Theta}{\partial y^2}=-\frac{1+\mu}{1-\mu}\left[(2-\mu)\frac{\partial f_y}{\partial y}+\mu\frac{\partial f_z}{\partial z}+\mu\frac{\partial f_x}{\partial x}\right] \tag{2.57}$$

$$(1+\mu)\nabla^2\sigma_z+\frac{\partial^2\Theta}{\partial z^2}=-\frac{1+\mu}{1-\mu}\left[(2-\mu)\frac{\partial f_z}{\partial z}+\mu\frac{\partial f_x}{\partial x}+\mu\frac{\partial f_y}{\partial y}\right] \tag{2.58}$$

$$(1+\mu)\nabla^2\tau_{yz}+\frac{\partial^2\Theta}{\partial y\partial z}=-(1+\mu)\left(\frac{\partial f_z}{\partial y}+\frac{\partial f_y}{\partial z}\right) \tag{2.59}$$

$$(1+\mu)\nabla^2\tau_{zx}+\frac{\partial^2\Theta}{\partial z\partial x}=-(1+\mu)\left(\frac{\partial f_z}{\partial x}+\frac{\partial f_x}{\partial z}\right) \tag{2.60}$$

$$(1+\mu)\nabla^2\tau_{xy}+\frac{\partial^2\Theta}{\partial x\partial y}=-(1+\mu)\left(\frac{\partial f_y}{\partial x}+\frac{\partial f_x}{\partial y}\right) \tag{2.61}$$

此方程称为贝尔特拉米—米歇尔（Beltrami-Michell）方程。对应于按位移求解和按应力求解的方程，相应的边界条件也需要写成变量分别为位移和应力的表达形式。

结合以上方程和边界条件，理论上就可以对弹性力学问题进行求解并得到唯一解。但由于方程的复杂性，故而只能针对一些比较简单的问题得到一些答案，例如一维的杆和梁、平面应力问题、平面应变问题、平面轴对称问题、空间轴对称问题、空间球对称问题等。对于实际的工程问题，还需要发展各种数值算法对上述方程进行离散而得到数值解。

2.2 强度理论

在外力作用下，工程材料的失效破坏主要有两种形式：一类是指由应力所导致的材料断裂，为脆性破坏，例如铸铁拉伸和扭转时、岩石压缩时的破坏形式；另一类是指由应力所导致的材料屈服或流动，此时材料发生明显的不可恢复的塑性变形，例如低碳钢等金属拉伸时的屈服现象。从工程意义来看，受力结构出现这两种情况时，均会丧失其正常的工作能力。

在实际工程中，大多数受力构件的危险点都处于复杂应力状态。实验表明，复杂应力下材料的破坏与应力组合密切相关，不能简单地直接应用单向应力状态对应的强度条件。

在建立强度准则时往往涉及主应力的概念。在物体内任意一点取出一个微元体（正六面体），如果每个面上的切应力都为0，则此单元体称为主单元体，主单元体侧面上只有正应力而无切应力，此时的正应力称为主应力。按照大小，它们分别称为第一主应力、第二主应力和第三主应力。

2.2.1 常用强度理论

在静载荷作用、常温条件下，工程中常用的有如下三个强度理论。

1. 第一强度理论——最大拉应力理论

该理论认为最大拉应力是引起材料断裂破坏的主要因素，即当最大拉应力达到某个极限值时，材料就会破坏。故而其强度条件为：

$$\sigma_1 \leqslant [\sigma] \tag{2.62}$$

式中 σ_1 为第一主应力，$[\sigma]$为许用应力。

该理论最早由伽利略于 1638 年提出，对于大部分采用石料和铸铁等脆性材料的结构是适用的。值得说明的是，在此基础上由马略特于 1682 年提出了第二强度理论——最大拉应变理论，尽管理论更加完善，但却与实验结果不相符，因此现在很少有人应用。

2. 第三强度理论——最大切应力理论

该理论认为最大切应力是引起材料发生塑形流动的主要因素，即其值达到了某个极限数值的时候，材料发生屈服。

由于最大切应力等于第一主应力和第三主应力之差，故而其表达式为：

$$\sigma_1 - \sigma_3 \leqslant [\sigma] \tag{2.63}$$

式中 σ_3 为第三主应力。

第三强度理论的奠基人是 18 世纪著名的力学家库仑，他于 1773 年提出该假设，1868 年由屈雷斯加（Tresca）加以完善，故而又称为屈雷斯加准则。第三强度理论与很多韧性材料在很多受力形式下的实验结果非常吻合，故而在机械和结构工程中得到了广泛应用。由于该理论忽略了中间主应力即第二主应力 σ_2 的影响，使其在平面应力状态下与实验结果相比而偏于安全。

3. 第四强度理论——形状畸变能理论

该理论认为微元体内的形状畸变能是引起材料发生塑形流动的主要因素，即当其数值达到某个极限值的时候，材料发生塑性屈服。从力学角度来看，要使物体发生破坏或改变其固有形状，必须克服保持物体固有形状及强度的分子之间的结合力，为此必须消耗能量。所以选择能量作为判据来建立强度准则是有道理的。

定义等效应力：

$$\sigma_{eq} = \sqrt{\frac{(\sigma_1-\sigma_2)^2+(\sigma_2-\sigma_3)^2+(\sigma_1-\sigma_3)^2}{2}}$$

$$= \sqrt{\frac{(\sigma_x-\sigma_y)^2+(\sigma_y-\sigma_z)^2+(\sigma_x-\sigma_z)^2+6(\tau_{xy}^2+\tau_{yz}^2+\tau_{xz}^2)}{2}} \tag{2.64}$$

则强度条件为：

$$\sigma_{eq} \leqslant [\sigma] \tag{2.65}$$

该理论最早由胡贝尔于 1904 年提出，1913 年米塞斯（von Mises）也提出了同一理论。1925 年亨奇从能量的观点对这一理论做了进一步的解释与论证。塑性材料的大量实验结果也验证了这一理论比最大切应力理论更加符合实际，而且根据这一理论设计出的构件尺寸比由最大切应力理论所得到的尺寸要小，因而在工程上得到了广泛应用。

2.2.2 岩土的强度理论

以上几种经典的强度理论主要应用于无摩擦的金属材料。对于岩土类材料来说，各国学者提出了众多强度理论，总体上可分为两大类：一类是线性强度理论，如屈雷斯加准则、莫尔—库仑强度理论和双剪强度准则等；另一类是非线性强度理论，如莱特—邓肯准则、SMP（spatially mobilized plane）准则和德鲁克—普拉格准则等。其中，常用的岩土强度理论主要有以下几种。

1. 莫尔—库仑（Mohr-Coulomb）强度理论

莫尔—库仑强度理论是由库仑公式表示莫尔破坏包线的强度理论。

岩土试样在一定的应力状态下，失去稳定或者发生过大的应变就认为发生了破坏。所谓岩土的强度，是对应于其破坏时的应力状态，其破坏与否应该根据破坏准则确定。莫尔—库仑强度理论的表达式为：

$$\tau_f = c + \sigma \tan\varphi \tag{2.66}$$

式中，τ_f 为抗剪强度，σ 为总应力，c 为岩土的黏聚力或称内聚力，φ 为岩土的内摩擦角。

如果给定了岩土的抗剪强度参数 c、φ 及岩土中某点的应力状态，则可将抗剪强度包线与莫尔圆画在同一张坐标图上（图 2.2）。它们之间的关系有以下三种情况：

（1）整个莫尔圆（圆Ⅰ）位于抗剪强度包线的下方，说明该点在任何平面上的剪应力都小于岩土所能提供的抗剪强度（$\tau<\tau_f$），因此不会发生剪切破坏。

（2）莫尔圆（圆Ⅱ）与抗剪强度包线相切，切点为 A，说明在 A 点所代表的平面上，剪应力正好等于抗剪强度（$\tau=\tau_f$），该点就处于极限平衡状态，此莫尔圆称为极限应力圆。

（3）抗剪强度包线是莫尔圆（圆Ⅲ以虚线表示）的一条割线，实际上这种情况是不可能存在的，因为该点任何方向上的剪应力都不可能超过岩土的抗剪强度，即不存在 $\tau>\tau_f$ 的情况。

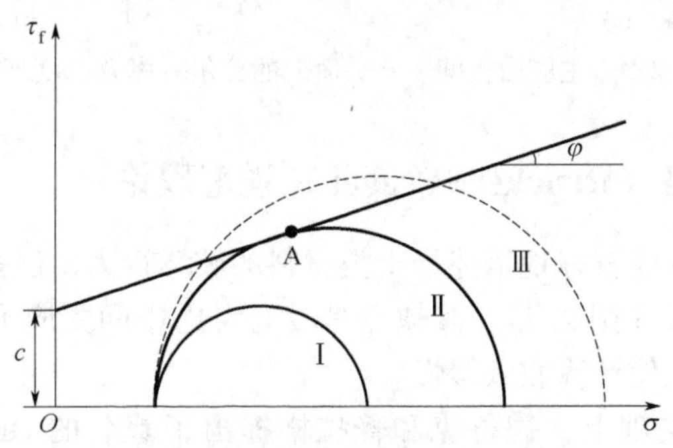

图 2.2 莫尔圆与抗剪强度之间的关系

对于三维问题，岩土材料的屈服准则在应力空间内可以表达为一族曲面，称为屈服面。初始屈服面是指当材料未发生任何塑性变形时的曲面。随着塑性变形的发展，其对应的屈服面也随之发生变化，不再是单一的锥面，而是不断变化的一族曲面。

应用莫尔—库仑强度理论研究岩石材料塑性变形时，莫尔—库仑强度理论中的黏聚力 c

和摩擦角 φ 不再是常数，而是塑性变形内变量的函数。因此引入一个标量的塑形内变量 κ（$\kappa=\varepsilon_1^p+\varepsilon_2^p+\varepsilon_3^p$，$\varepsilon_1^p$、$\varepsilon_2^p$、$\varepsilon_3^p$ 为三个塑性主应变）来描述材料屈服面的变化，黏聚力 c 和摩擦角 φ 随内变量 κ 变化，则莫尔—库仑强度理论在主应力空间（三个主应力构成的三维空间）内的表述为：

$$f=\sigma_1-\frac{1+\sin\varphi(\kappa)}{1-\cos\varphi(\kappa)}\sigma_3-2\frac{\cos\varphi(\kappa)}{1-\sin\varphi(\kappa)}c(\kappa)=0 \tag{2.67}$$

式(2.66) 中主应力顺序为 $\sigma_1\geqslant\sigma_2\geqslant\sigma_3$，即 σ_1、σ_3 分别是最大主应力和最小主应力。式(2.66) 对应于图 2.3(b) 中的线段 AB。如果不规定 $\sigma_1\geqslant\sigma_2\geqslant\sigma_3$，而是采用对称开拓的方法，便会得到图 2.3 中的不规则六边形，称为库仑六边形。

偏应力平面是指三个主应力之和为常量的一族平面，即 $\sigma_m=\sigma_1+\sigma_2+\sigma_3=\text{constant}$ 的平面。其中，经过坐标原点的偏应力平面称为 π 平面。库仑六边形是随着 σ_m 的减小而缩小的；当 $\sigma_1=\sigma_2=\sigma_3=c\cot\varphi$ 时六边形收缩为一点 O^*。如图 2.3(a) 所示，莫尔—库仑屈服面是以偏应力平面上的库仑六边形为底，以 O' 为顶的六棱锥的侧面。莫尔—库仑屈服面是随着内变量 κ 的变化而变化的一族锥面，其中比较重要的初始屈服面、峰值屈服面和残余屈服面分别对应图 2.3 中的面 1、2、3，这三个屈服面对应的内变量分别记为 κ_{in}、κ_p、κ_r。

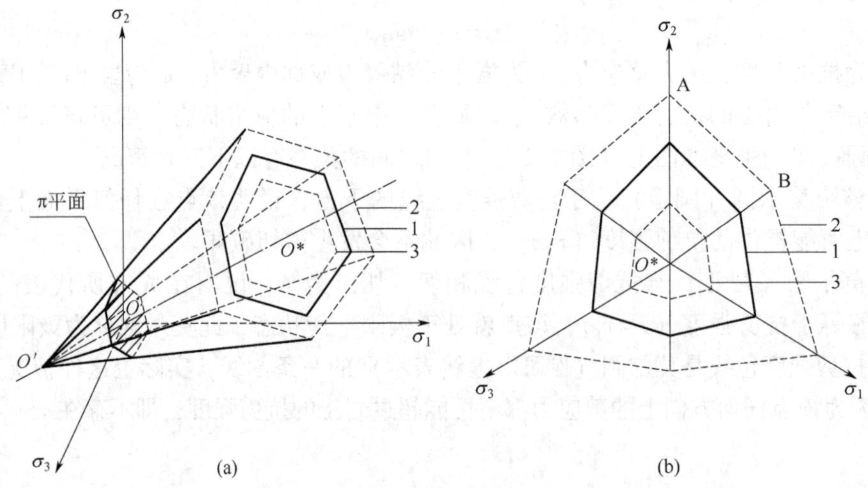

图 2.3　主应力空间、π 平面上的莫尔—库仑强度理论

2. 德鲁克—普拉格（Drucker-Prager）强度理论

莫尔—库仑强度理论能较好地描述岩土类材料的破坏行为，但是它在偏平面上的破坏曲线是一个不规则的六边形（图 2.4），其缺点是没有考虑中间主应力对材料破坏的影响，同时破坏曲线存在角点，致使计算收敛缓慢。

在已有研究成果的基础上，德鲁克和普拉格提出了著名的 Drucker-Prager 强度理论。该强度理论用一个表达式来统一描述材料的强度特性，包含或逼近了现有主要的非线性单一强度理论，并且在应力空间中偏应力和静水压力分离，容易与具体的应力应变模型相结合。

Drucker-Prager 强度理论的表达式为：

$$\alpha I_1+\sqrt{J_2}=k \tag{2.68}$$

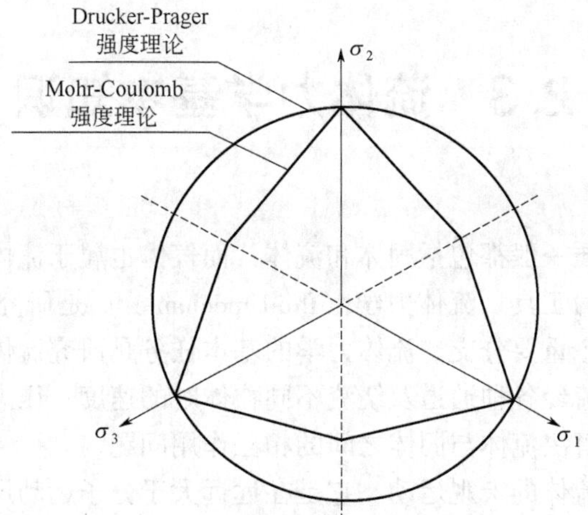

图 2.4　偏平面上的破坏曲线

其中
$$\alpha=-\frac{2\sin\varphi}{\sqrt{3}(3-\sin\varphi)} \tag{2.69}$$

$$k=\frac{6c\cos\varphi}{\sqrt{3}(3-\sin\varphi)} \tag{2.70}$$

式中 I_1、J_2 分别为主应力的第一不变量及偏应力的第二不变量。

3. 莱特—邓肯（Lade-Duncan）强度理论

莱特和邓肯在 1975 年针对无黏性土提出了一个很有代表性的破坏准则，其屈服面和破坏面在形状上是一致的。用应力不变量的形式表示为：

$$f(I_1, I_3)=I_1^3-k_f I_3=0 \tag{2.71}$$

式中，k_f 是与砂土密度有关的材料常数。

该准则表示的破坏面在主应力空间也是一个锥面，在 π 平面的轨迹是梨形的封闭曲线（图 2.5）。

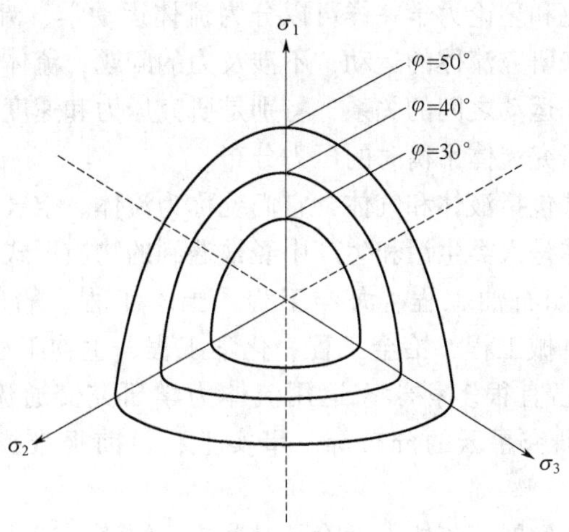

图 2.5　π 平面的破坏曲线（Lade-Duncan）

2.3 流体力学基本知识

在实际工程中的介质一般都包括固体和流体，而气体也属于流体范畴，故而流体力学是研究这些介质流动的有力工具。流体力学（fluid mechanics）是研究流体平衡和运动规律的一门科学，是力学的一个重要分支。流体力学的基本任务是研究流体在静止和运动时所遵循的基本规律，确定流体流经各种通道及绕流不同物体时的速度、压力的分布规律，探求能量转换和损失计算方法，解决流体与固体之间的相互作用问题。

流体力学主要研究流体的宏观运动，它是在远远大于分子运动尺度的范围内考察流体运动，而不考虑流体分子的个别行为，因此可以把流体视为连续介质。它具有以下性质：

（1）流体是连续分布的物质，它可以无限分割为具有均布质量的宏观微元体；

（2）不发生化学反应和解离等非平衡热力学过程的运动流体中，微元体内的流体状态服从热力学关系；

（3）除了特殊面外，流体的力学和热力学状态参数在时空中是连续分布的，并且通常认为是无限可微的。

连续介质是一种理想化的力学模型，它适用于所考察的流体运动尺度远远大于流体分子运动平均自由程的情况。把流体无限分割为具有均布质量的微元，它是研究流体运动的最小单元，称为流体微团，这是流体力学中最基本的概念。简单来说，流体微团是宏观上无限小、微观上无限大的一个质量体。

流体力学按其研究内容的侧重点不同，分为理论流体力学（通常称为流体力学）、应用流体力学（通常称为工程流体力学）和水力学三个分支。理论流体力学主要采用严密的数学推理方法，力求数学表达上的准确性和严密性；水力学则侧重于运用物理和实验方法进行实用研究，使用了大量经验公式；工程流体力学不追求数学上的严密性，而是趋向于解决工程实际中出现的问题，是前面两种方法的结合。

类似地，流体力学也和理论力学一样可以分为流体运动学、流体动力学和流体静力学。流体运动学用几何观点来研究流体的运动，不涉及力的问题；流体动力学用力学的观点来研究流体的运动，研究力和运动之间的关系，特别是研究压力和速度之间的关系；流体静力学是流体动力学的特例，研究流体平衡时的压力分布。

流体力学研究的对象包括液体和气体，它们统称为流体。空气、水、油、血液、液态聚合物等都属于流体。流体是人类生活和生产中经常遇到的物质形式，许多科学技术部门的工作都和流体力学相关，如石油工程、海洋工程、土木工程、船舶工程、航空航天工程（图 2.6、视频 2.1）、机械工程、冶金工程、化学工程、生物工程、食品科学等学科。甚至在交通领域，现在也已有很多科学家运用流体力学研究交通流问题；在天文领域，科学家运用流体力学知识研究星云的分布等。事实上，目前很难找到与流体力学无关的专业和学科。

随着科学技术的迅猛发展，流体力学除了对湍流、涡流、流动稳定性等经典理论问题进行研究外，更主要的是转向研究石油、化工、冶金、能源、环保、生物等领域中的流体力学问题。上述研究取得了诸多重要成果，既促进了生产技术的发展，又大大丰富了流体力学的

图 2.6　美国民用客机风洞模拟与气动分析

学科内容，使流体力学这一古老学科更加富有活力。从流体力学的发展简史可以看出，流体力学的发展始终与社会生产实践紧密相连，因而是一门应用性极强的学科。

视频 2.1 飞机流场分布动画

毫无疑问，流体力学在石油工程领域有着广泛应用。比如钻井液循环压力和流速的设计，套管强度的校核，注水管网和油气集输管网的优化设计，流体在管道内的压力、阻力、压差和输送量的关系确定，管线管材的强度校核，布置管线位置及选取泵的大小和类型，设计泵的安装位置，油罐或其他储液设备的结构强度校核，估计油槽车、油罐的装卸油时间，气蚀、水击等现象的预防等。为了更好地获取设计参数和改进设计工艺，所提到的这些内容都是流体力学的研究范畴（图 2.7 为运用流体力学对泵中流体进行数值模拟的图片）。学习流体力学，不仅仅为了掌握油、气、水的运动规律，更为重要的是将这些规律运用到石油工程的设计与管理中，开展科学研究和技术革新。

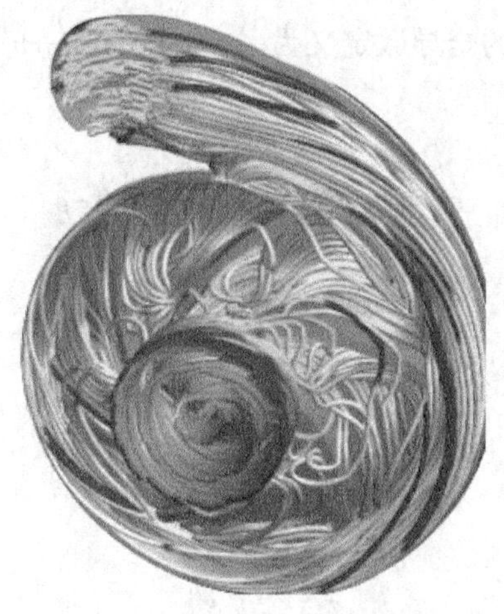

图 2.7　水泵中的流体

下面具体介绍一下流体力学的分析框架。对于流体，若其任意一点（x，y，z）处的密度为ρ，速度为$\boldsymbol{v}=v_x\boldsymbol{i}+v_y\boldsymbol{j}+v_z\boldsymbol{k}$，则其满足的连续性方程为：

$$\frac{\partial\rho}{\partial t}+\frac{\partial(\rho v_x)}{\partial x}+\frac{\partial(\rho v_y)}{\partial y}+\frac{\partial(\rho v_z)}{\partial z}=0 \tag{2.72}$$

对于不可压缩流体，例如水，其密度为常数，则上式变为：

$$\frac{\partial v_x}{\partial x}+\frac{\partial v_y}{\partial y}+\frac{\partial v_z}{\partial z}=0 \tag{2.73}$$

对于理想流体，一般可以忽略黏度，其运动微分方程称为欧拉（Euler）方程，则其表达式为：

$$\frac{\partial v_x}{\partial t}+v_x\frac{\partial v_x}{\partial x}+v_y\frac{\partial v_x}{\partial y}+v_z\frac{\partial v_x}{\partial z}=f_x-\frac{1}{\rho}\frac{\partial p}{\partial x} \tag{2.74}$$

$$\frac{\partial v_y}{\partial t}+v_x\frac{\partial v_y}{\partial x}+v_y\frac{\partial v_y}{\partial y}+v_z\frac{\partial v_y}{\partial z}=f_y-\frac{1}{\rho}\frac{\partial p}{\partial y} \tag{2.75}$$

$$\frac{\partial v_z}{\partial t}+v_x\frac{\partial v_z}{\partial x}+v_y\frac{\partial v_z}{\partial y}+v_z\frac{\partial v_z}{\partial z}=f_z-\frac{1}{\rho}\frac{\partial p}{\partial z} \tag{2.76}$$

式中，p 为任意一点处的压力。

理想流体的伯努利（Bernoulli）方程为：

$$z+\frac{p}{\rho g}+\frac{v^2}{2g}=C \tag{2.77}$$

式中，C 为常数。

如果考虑黏性，则对于不可压缩的实际流体，其运动微分方程为纳维叶—斯托克斯公式：

$$\frac{\mathrm{d}v_x}{\mathrm{d}t}=\upsilon\nabla^2 v_x+f_x-\frac{1}{\rho}\frac{\partial p}{\partial x} \tag{2.78}$$

$$\frac{\mathrm{d}v_y}{\mathrm{d}t}=\upsilon\nabla^2 v_y+f_y-\frac{1}{\rho}\frac{\partial p}{\partial y} \tag{2.79}$$

$$\frac{\mathrm{d}v_z}{\mathrm{d}t}=\upsilon\nabla^2 v_z+f_z-\frac{1}{\rho}\frac{\partial p}{\partial z} \tag{2.80}$$

式中，υ 为黏度系数。力学量的全导数定义为$\frac{\mathrm{d}(\quad)}{\mathrm{d}t}=\frac{\partial(\quad)}{\partial t}+\boldsymbol{\upsilon}\cdot\nabla(\quad)$。

牛顿流体的本构关系为：

$$\sigma_x=2\mu'\dot{\varepsilon}_x+\left(2\mu''-\frac{2}{3}\mu'\right)\dot{\theta}-p \tag{2.81}$$

$$\sigma_y=2\mu'\dot{\varepsilon}_y+\left(2\mu''-\frac{2}{3}\mu'\right)\dot{\theta}-p \tag{2.82}$$

$$\sigma_z=2\mu'\dot{\varepsilon}_z+\left(2\mu''-\frac{2}{3}\mu'\right)\dot{\theta}-p \tag{2.83}$$

$$\tau_{xy}=2\mu'\dot{\varepsilon}_{xy} \tag{2.84}$$

$$\tau_{yz}=2\mu'\dot{\varepsilon}_{yz} \tag{2.85}$$

$$\tau_{zx}=2\mu'\dot{\varepsilon}_{zx} \tag{2.86}$$

式中，μ'为剪切黏性系数；μ''为体积黏性系数，又称为第二黏性系数；力学量上面的一点代表对时间求导。

流体力学中的边界条件通常分为以下几类：

（1）静止无界流场中的无穷远条件。例如航天器在静止大气中飞行，大气的环境参数是已知的，因此远离飞行器的无穷远处流场条件为：

$$|\boldsymbol{x}|\to\infty:\boldsymbol{v}=\boldsymbol{0},\sigma_x=\sigma_y=\sigma_z=-p_\infty,\rho=\rho_\infty,T=T_\infty \tag{2.87}$$

式中，p_∞、ρ_∞、T_∞ 分别是环境的压强、密度和绝对温度，T 为温度。

（2）固壁。在流体中运动的任意固体壁面上，例如在航天器表面上，流体既无滑移，又无温差，因此在固定壁面上流体速度和温度应等于当地固壁的速度和温度：

$$\boldsymbol{v}=\boldsymbol{v}_{\mathrm{b}}, T=T_{\mathrm{b}} \tag{2.88}$$

式中下标 b 表示固壁的物理参数。流体的应力可以通过本构关系由速度场求出，因此在固壁上不需要给定应力边界条件。

（3）互不掺混流体界面。液体中气泡、空气中的液滴和海洋表面等都存在两种不同流体的界面。在忽略表面张力时，其界面平衡条件为：

$$\boldsymbol{v}_{+}=\boldsymbol{v}_{-}, T_{+}=T_{-}, \tau_{xy}^{+}=\tau_{xy}^{-}, \tau_{yz}^{+}=\tau_{yz}^{-}, \tau_{zx}^{+}=\tau_{zx}^{-} \tag{2.89}$$

式中加号和减号表示界面的两侧。当表面张力不可忽略时，界面上的切应力仍然连续，而法向应力差应和表面张力平衡。

除了边界条件之外，还应考虑初始条件。初始条件是流场的初始状态，一般情况下，在初始时刻 $t=t_0$，应给出速度场和热力学状态的分布：

$$\boldsymbol{v}=\boldsymbol{v}(\boldsymbol{x}), p=p(\boldsymbol{x}), \rho=\rho(\boldsymbol{x}) \tag{2.90}$$

其中 $\boldsymbol{x}$ 代表任意一点的坐标。

对于定常流动，流场和时间无关，因此不需要提供初始条件，由定常流动的控制方程和边界条件就可以解出定常流场。总之，对于具体问题，给出正确的初始条件和边界条件是非常重要的。如果这些条件不正确，则得不到流动的解，或得到不是真实流动的解。

上述给出了流体力学的控制方程及边界条件，而对方程的求解存在解析法和数值法两种。在现实中，在流体力学的研究中解决问题的方法，一般可以分为实验研究、理论分析和数值计算等三方面。

（1）实验研究。实验研究可以分为现场观测和实验室模型实验两个方面。现场观测是对自然界固有的流动现象或实际工程中的流动现象，利用各种仪器进行系统观测，从而总结出流体运动的规律，并借以预测流动参数的演化过程。实验室模型实验是在实验室内，以相似理论为指导，把实际工程缩小或放大为模型，在模型上预演相应的流体流动，得出在模型中的流体运动规律，将其按照相似关系换算为实际工程所需要的结论。实验能显示运动特点及其主要趋势，有助于形成概念，检验理论的正确性。

（2）理论分析。理论分析是根据流体运动的普遍力学规律，如质量守恒、动量守恒、能量守恒等，利用数学分析的手段，研究流体的运动，解释已知的现象，预测可能发生的结果。理论分析的步骤一般为：建立力学模型，针对实际流体的力学问题，分析其中的各种矛盾并抓住主要方面，对所研究的问题进行简化，建立反映问题本质的力学模型；针对流体运动的特点，根据力学定律的数学语言，建立流体的连续性方程、动量方程和能量方程，同时加上某些联系流动参量的关系式，构建流体力学的方程组；最后求解方程组，利用数学工具解出方程并对其解进行分析。在建立模型时，一般经常采用无限微元法或有限控制法等。

（3）数值计算。实际中会发现，流体力学的基本方程组非常复杂，在考虑黏性作用后更是如此，例如前述的纳维叶—斯托克斯方程组。如果不依靠计算机，只能对较为简单的形式或简化后的方程组进行计算，故而在流体力学中只有极少数的经典问题存在解析解。近几十年来，随着计算数学的发展、计算机技术的不断进步及流体力学各种计算方法的发明，许多原来无法用理论分析求解的复杂流体力学问题有了求得数值解的可能性。这一事实大大促进了流体力学计算方法的发展，并形成了计算流体力学（Computational Fluid Dynamics，

CFD）这一学科分支。但是由于方程的复杂性及实际参数的选取不确定性，所得到的数值结果有时候不一定能够反映出问题的本来面貌。例如常见的数值天气预报，只能准确预测最近一两天之内的天气情况。但是在解决实际问题时，通过数值模拟和实验模拟的相互配合，会使科学技术的研究和工程设计的速度大大加快，并节省大量开支。由此可见，数值方法的重要性与日俱增，根据工程需要已经发展出了众多有效的计算方法。常用的数值方法将在下一节中进行详细介绍。

2.4 常用的数值方法

由于上述针对固体和流体所给出的控制方程均为比较复杂的偏微分方程组，所以对其进行求解时，直接得到解析解只有在一些非常特殊的简化情况下才能实现。对于绝大部分实际工程问题，由于几何形状、材料分布、所受载荷及边界条件的复杂性，解析解往往无法得到，而只能根据数值方法进行求解。常用的数值方法如下。

2.4.1 有限元法

有限元法（finite element method，FEM）是一种有效解决数学问题的解题方法。其基础是变分原理和加权余量法，基本求解思想是把计算域划分为有限个互不重叠的单元，在每个单元内，选择一些合适的节点作为求解函数的插值点，将微分方程中的变量改写成由各变量或其导数的节点值与所选用的插值函数组成的线性表达式，借助于变分原理或加权余量法，将微分方程离散求解。采用不同的权函数和插值函数形式，便构成了不同的有限元法。有限元法最早应用于结构力学，后来随着计算机的发展慢慢用于流体力学的数值模拟。国际上有限元方法公认的先驱者有克朗（美国）、克拉夫（美国）、冯康（中国）、辛克维奇（英国）等人。

在有限元法中，把计算域离散剖分为有限个互不重叠且相互连接的单元，在每个单元内选择基函数，用单元基函数的线性组合来逼近单元中的真解，整个计算域上总体的基函数可以看为由每个单元基函数组成，则整个计算域内的解可以看作由所有单元上的近似解构成。在各种数值模拟中，常见的有限元计算方法是由变分法和加权余量法发展而来的瑞雷—里兹法（Rayleigh-Ritz）、伽辽金法（Galerkin）、最小二乘法等。

根据所采用的权函数和插值函数的不同，有限元法也分为多种计算格式。从权函数的选择来说，有配置法、矩量法、最小二乘法和伽辽金法；从计算单元网格的形状来划分，有三角形网格、四边形网格和多边形网格；从插值函数的精度来划分，又分为线性插值函数和高次插值函数等。不同的组合同样构成不同的有限元计算格式。对于权函数，伽辽金法是将权函数取为逼近函数中的基函数；最小二乘法是令权函数等于余量本身，而内积的极小值则为使对代求系数的平方误差最小；在配置法中，先在计算域内选取 N 个配置点，令近似解在选定的 N 个配置点上严格满足微分方程，即在配置点上令方程余量为0。插值函数一般由不同次幂的多项式组成，也可采用三角函数或指数函数组成的乘积表示，但最常用的是多项式插值函数。有限元插值函数分为两大类，一类只要求插值多项式本身在插值点取已知值，称为拉格朗日（Lagrange）多项式插值；另一种不仅要求插值多项式本身，还要求它的导数值在插值点取已知值，称为哈密特（Hermite）多项式插值。单元坐标有笛卡儿直角坐标和无因次自然坐标等。常采用的无因次坐标是一种局部坐标系，它的定义取决于单元的几何形状，一维看作长度比，二维看作面积比，三维看作体积比。在二维有限元中，三角形单元应用得最早，近来四边形等的应用也越来越广。对于二维三角形和四边形单元，常采用的插值函数为拉格朗日插值直角坐标系中的线性插值函数及二阶或更高阶插值函数、面积坐标系中的线性插值函数及二阶或更高阶插值函数等。

有限元法的求解步骤如下：

（1）建立积分方程。根据变分原理或方程余量与权函数正交化原理，建立与微分方程初边值问题等价的积分表达式，这是有限元法的出发点。

（2）区域单元剖分。根据求解区域的形状及实际问题的物理特点，将区域剖分为若干相互连接、不重叠的单元。区域单元划分是采用有限元方法的前期准备工作，这部分工作量比较大，除了给计算单元和节点进行编号及确定相互之间的关系之外，还要表示节点的位置坐标，同时还需要列出自然边界和本质边界的节点序号和相应的边界值（图2.8）。

（3）确定单元基函数。根据单元中节点数目及对近似解精度的要求，选择满足一定插值条件的插值函数作为单元基函数。有限元方法中的基函数是在单元中选取的，由于各单元具有规则的几何形状，在选取基函数时可遵循一定的法则。

（4）单元分析。将各个单元中的求解函数用单元基函数的线性组合表达式进行逼近；再将近似函数代入积分方程，并对单元区域进行积分，可获得含有待定系数（即单元中各节点的参数值）的代数方程组，称为单元有限元方程。

（5）总体集成。在得出单元有限元方程之后，将区域中所有单元有限元方程按一定法则进行累加，形成总体有限元方程。

（6）边界条件的处理。一般边界条件有三种，分为本质边界条件（狄里克雷边界条件）、自然边界条件（黎曼边界条件）、混合边界条件（柯西边界条件）。对于自然边界条件，一般在积分表达式中可自动得到满足；对于本质边界条件和混合边界条件，需按一定法则对总体有限元方程进行修正。

（7）求解有限元方程。根据边界条件修正的总体有限元方程组，是含所有待定未知量的封闭方程组，采用适当的数值计算方法求解，可求得各节点的函数值。

例如对于图2.9的某机械结构，通过有限元得到了其Mises应力分布云图，然后可以根据强度理论对其进行校核，例如前文提到的第三强度理论、第四强度理论等。

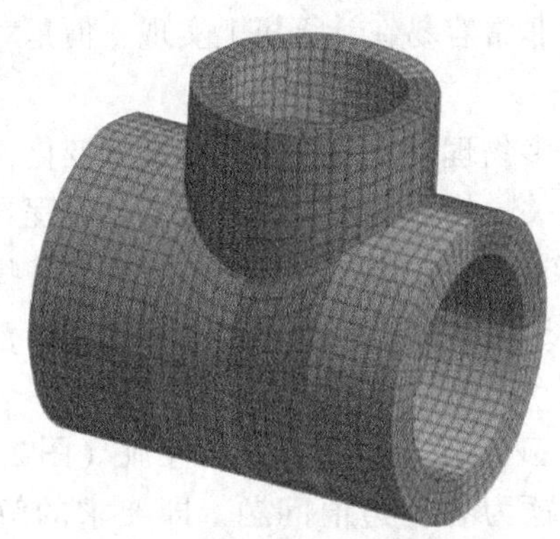

图2.8 工程结构的网格剖分

图2.9 工程结构的有限元应力分析

目前工程师们根据有限元的思想已经开发出了各种各样的工程计算软件，例如 ANSYS、ABAQUS、ADINA、NASTRAN 等。工程师们可以很方便地利用这些软件求解各种各样的复杂结构的受力、热应力、电磁场等问题。

2.4.2　有限差分法

有限差分法（finite difference method，FDM）是一种求偏微分（或常微分）方程和方程组定解问题的数值解的方法，简称差分方法。

微分方程的定解问题就是在满足某些定解条件下求微分方程的解。在空间区域的边界上需要满足的定解条件称为边界条件。如果问题与时间有关，在初始时刻所要满足的定解条件，称为初值条件。不含时间而只带边值条件的定解问题，称为边值问题（BVP）。与时间有关而只带初值条件的定解问题，称为初值问题（IVP）。同时带有两种定解条件的问题，称为初值边值混合问题。

定解问题往往不具有解析解，或者其解析解不易计算，所以要采用可行的数值解法。有限差分法就是一种数值解法，它的基本思想是先把问题的定义域进行网格剖分，然后在网格点上，按适当的数值微分公式把定解问题中的微商换成差商，从而把原问题离散化为差分格式，进而求出数值解（图 2.10）。此外，还要研究差分格式的解的存在性和唯一性、解的求法、解法的数值稳定性、差分格式的解与原定解问题的真解的误差估计、差分格式的解当网格大小趋于零时是否趋于真解（即收敛性），等等。

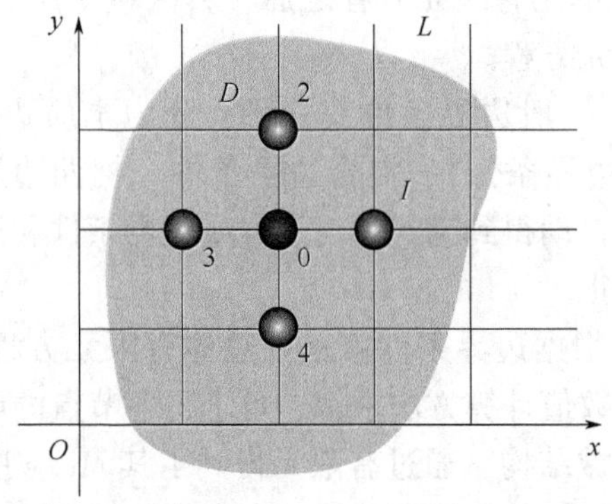

图 2.10　有限差分示意

有限差分法具有简单、灵活及通用性强等特点，非常容易在计算机上实现，但是对于一些边界形状复杂的问题往往求解效率不是太高。

对于偏微分方程初值问题可以进行差分求解。许多物理现象随着时间而发生变化，如热传导过程、气体扩散过程和波的传播过程都与时间有关。描述这些过程的偏微分方程具有这样的性质：若初始时刻 $t=t_0$ 的解已给定，则 $t>t_0$ 时刻的解完全取决于初始条件和某些边界条件。利用差分法解这类问题，就是从初始值出发，通过差分格式沿时间增加的方向，逐步求出微分方程的近似解。

物理上的定常问题，如弹性力学中的平衡问题，亚声速流、不可压缩性流（图 2.11）、电磁场及引力场等可归结为椭圆型方程。其定解问题为各种边值问题，即要求的解在某个区域 D 内满足微分方程，在边界上满足给定的边界条件。椭圆型方程的差分解法可归结为选取合理的差分网格、建立差分格式、求解代数方程组及考察差分格式的收敛性等问题。

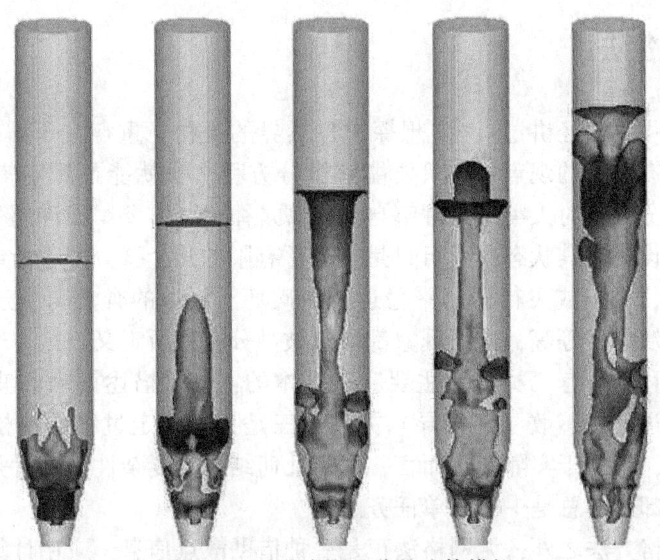

图 2.11 基于有限差分的流体模拟

偏微分方程边值问题的差分方程组的特点是系数矩阵中非零元素很少，即是稀疏矩阵。近年来由于稀疏矩阵技术的发展，解差分方程组时，直接法受到了较多的重视。其中迭代法是用逐次逼近的方式得到差分方程组的解，它的存储量小，程序简单，因此常用于椭圆型差分方程组的求解。迭代方法有很多，最基本的有三种：（1）同时位移法，也称雅可比法；（2）逐个位移法，也称赛德尔法；（3）超松弛法。三个方法中超松弛法收敛最快，是常用的方法之一。

2.4.3 有限体积法

有限体积法（finite volume method，FVM）是计算流体力学中常用的一种数值算法，有限体积法的基础是积分形式的守恒方程而不是微分方程，该积分形式的守恒方程描述的是计算网格定义的每个控制体。有限体积法着重从物理观点来构造离散方程，每一个离散方程都是有限大小体积上某种物理量守恒的表示式，推导过程物理概念清晰，离散方程系数具有一定的物理意义，并可保证离散方程具有守恒特性。

该方法又称为有限容积法、控制体积法。其基本思路是：将计算区域划分为网格，并使每一个网格点周围有一个互不重复的控制体积；将待解微分方程（控制方程）对每一个控制体积积分，从而得出一组离散方程。其中的未知数是网格点上的因变量。为了求出控制体体积的积分，必须假定因变量的值在网格点之间的变化规律。从积分区域的选取方法来看，有限体积法属于加权余量法中的子域法；从未知解的近似方法来看，有限体积法属于采用局部近似的离散方法。简言之，子域法加离散，就是有限体积法的基本方法。

有限体积法得出的离散方程，要求因变量的积分守恒对任意一组控制体积都得到满足，对整个计算区域，自然也得到满足，这就是有限体积法的优点。有限差分法仅当网格极其细密时，离散方程才满足积分守恒；而有限体积法即使在粗网格情况下，也显示出准确的积分守恒。在进行流固耦合分析时，有限体积法能够完美地和有限元法进行融合。

2.4.4 无网格法

英国物理学家牛顿曾经讲过："要想探求自然界的奥秘，重点在于解微分方程"。法国数学家拉普拉斯也有类似的观点："只要能解微分方程，我就能预测宇宙的过去和将来"。由此说明，求解微分方程对人类深刻理解自然客观规律何其重要。或许超乎想象，人们周围的自然世界和人工设备，其状态和运行只是被非常有限的几个微分方程所统治的。比如，建筑物的安定与失稳，机车或飞行器的平稳运行或破坏，江河的奔流与变迁，气候的变幻莫测，星系的诞生和演化，等等，这些现象都可以被微分方程所定义。

在这些微分方程中，有三类是最主要和最基本的：一是描述振动和波动特征的波动方程，二是反映输运过程的扩散（热传导）方程，三是描绘稳定过程的泊松方程。这些方程在形式上都很简单，但对于实际问题而言，由于几何结构的复杂性，或者是边界条件的复杂性，求解这些方程却并不总是一个简单任务。

除了上述有网格方法之外，无网格法正是一种借助散点信息，应用计算机技术求解微分方程的计算科学方法。该方法的研究需要集合数学、物理学和计算机工程学等多种学科的知识体系，并发展对应的理论、算法和计算程序等成果。单纯以力学的观点而言，无网格法可被应用于固体力学、流体力学、热力学、电磁力学、生物力学、天体力学、爆炸力学、微观力学等分支领域（图 2.12、视频 2.2）。

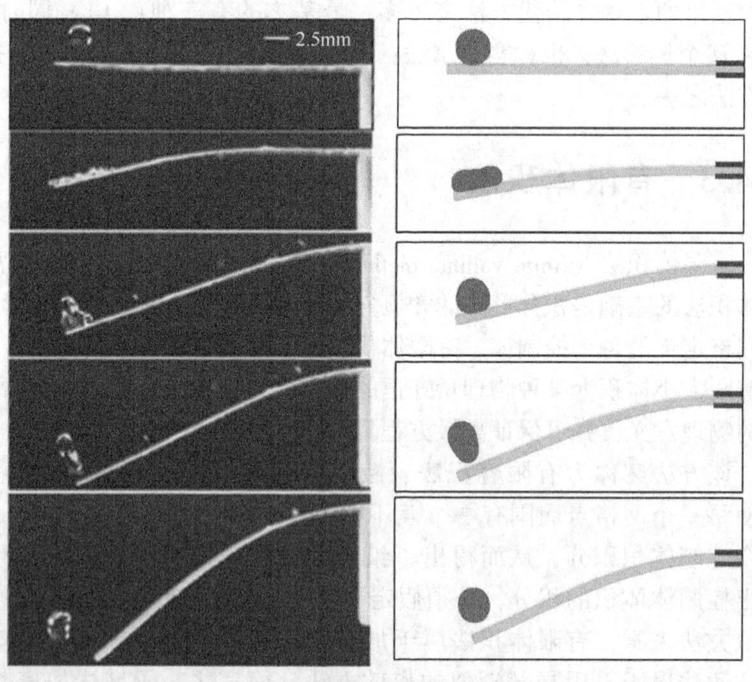

图 2.12 基于无网格法模拟的液滴冲击悬臂梁，与左侧的实验现象完全吻合

视频 2.2
无网格法的应用

无网格法（mesh-less method）在数值计算中不需要生成网格，而是按照一些任意分布

的坐标点构造插值函数离散控制方程，就可方便地模拟各种复杂形状的流场。

该方法大致可分成两类：一类是以拉格朗日方法为基础的粒子法（particle method），如光滑粒子流体动力学（smoothed particle hydrodynamics，SPH）法，和在其基础上发展的运动粒子半隐式(moving particle semi-implicit，MPS）法等；另一类是以 Euler 方法为基础的无格子法（gridless method），如无格子 Euler/N-S 算法（gridless Euler/Navier-Stokes solution algorithm）和无单元 Galerkin（element free Galerkin，EFG）法等。

无网格法可以方便地利用坐标点计算模拟复杂形状流场计算，但不足之处是在高雷诺数流动时提高数值计算精度较困难。无网格法从 20 世纪末开始兴起，是 21 世纪初以来计算力学领域研究最为活跃、进展最为显著的计算方法分支。

无网格法以散点信息作为计算要素，在计算模型构建时无需构造复杂的网格信息。相比于以有限元法为代表的传统网格类方法，无网格法具有诸多竞争优势。一是具有数值实施上的便利性，用散点进行离散要容易得多，尤其对三维问题而言，散点离散具有明显的便捷性。二是无网格法的近似函数通常是高阶连续的，保证了应力结果在全局的光滑性。三是容易实现自适应分析，散点的局部增删和全局重构很容易实现，在计算收敛性校验和移动边界问题中具有明显优势。四是具有求解的灵活性，无网格法避免了对网格的依赖，也就无需担心网格畸变效应，因此容易处理大变形、断裂、冲击与爆炸等一些特殊问题。五是对物质对象描述的普适性，“点”是最基本的几何元素，容易实现对天文星系、原子晶体、生物细胞等物质结构的直接描述。因此，无网格法作为一种易于实施、具有更广泛适用性的数值求解技术，被学者们誉为新一代计算方法。

2.4.5　分子动力学方法

前述各种数值方法其理论都是基于连续介质力学，而分子模拟方法则是基于分子之间的作用势来开展数值计算的。这一理论得益于 20 世纪量子力学和计算机的快速发展，这些理论和数值方法的结合所得到的计算结果与实验结果吻合较好，一般称为量子力学方法，已经广泛应用于各个工程领域，例如新材料、生物、化学反应等。由于量子力学方法以求解电子运动方程为基础，其计算量随着电子数的增加而呈指数增长，因此适合分析简单分子，不适宜分析生化大分子、聚合物等大分子系统。为了解决庞大体系的计算问题，科学家从 1960 年左右开始着手研究各种可行的非量子力学方法。非量子力学方法弥补了量子力学在解决复杂系统问题时的不足，而且得到的结果也相当精准。

分子力学方法则是依据经典力学的计算方法，该方法依照玻恩—奥本海默近似原理，在计算过程中将电子的运动忽略，而将系统的能量视为原子核位置的函数，从而构建分子力场以计算分子的各种特性。蒙特卡洛方法和分子动力学方法是两种主要的基于分子力学原理的分子模拟方法。蒙特卡洛方法基于系统中原子或分子的随机运动，结合统计力学原理，得到体系的统计及热力学信息，但是无法得到系统的动态信息。分子动力学（molecular dynamics，MD）方法是当下最为广泛的用于计算庞大复杂系统的分子模拟方法，它主要依靠牛顿运动力学原理来模拟分子体系的运动，通过体系中分子坐标的变化来计算分子间的能量或者相互作用力。与蒙特卡洛方法相比较，分子动力学方法除了计算精度高外，还可以同时获得系统的动态与热力学统计信息，并广泛地适用各种系统及各类特性的研究。

要实现分子动力学模拟，首先确定所要分析结构的分子构型，建立分子的坐标系统，通常采用笛卡儿坐标系来进行描述（图 2.13）。确定分子的结构模型时，通常采用的是全原子模型，基于键价理论将每个原子看作一个粒子。当模拟更大的体系（如聚合物系统）时，为了进一步减少模拟中粒子的数目，采用粗粒化模型，将多个原子构成的基团（如甲基 CH_3—）或者多个基团用一个珠子代替（图 2.14）。

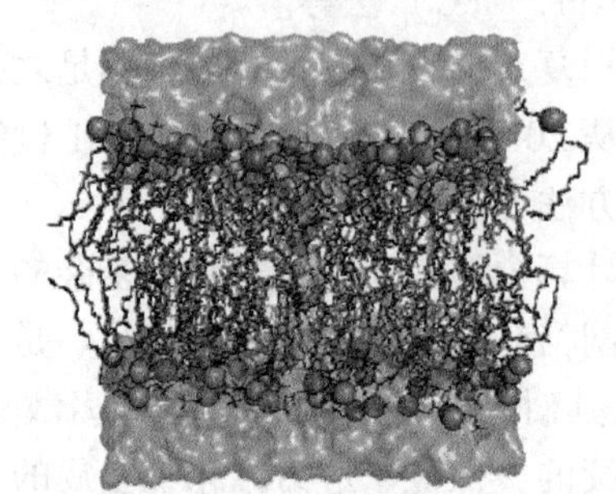

(a) 磷脂膜中的蛋白质

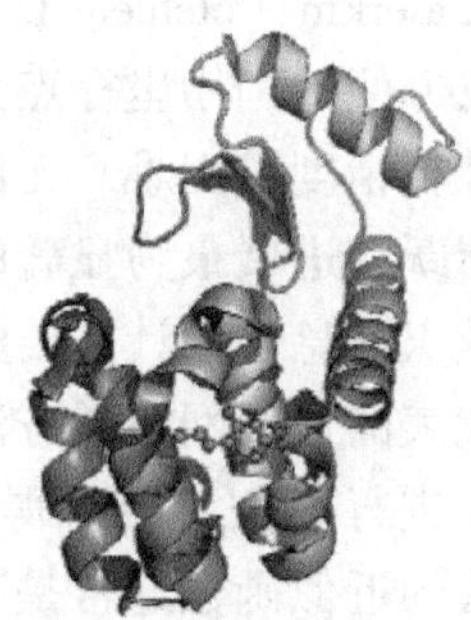

(b) 蛋白配体复合物

图 2.13　全原子模型图

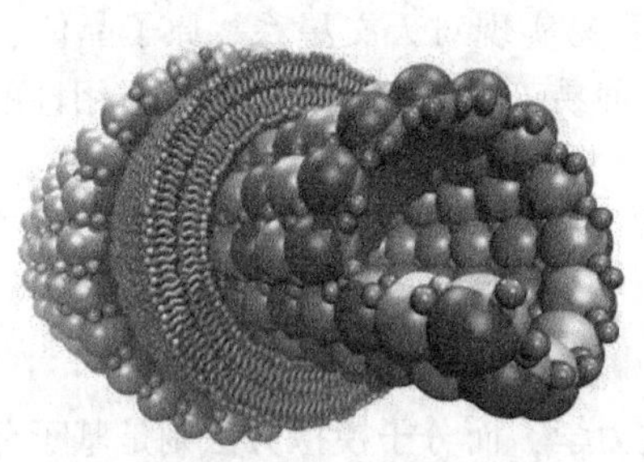

(a) 脂类蛋白的纳米管系统

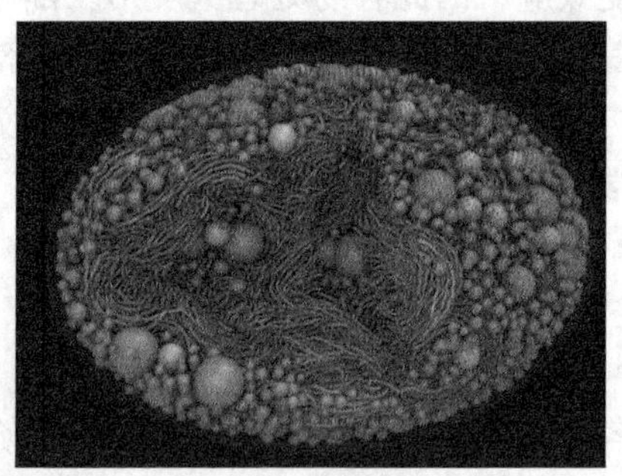

(b) 细胞

图 2.14　粗粒化模型示意图

确定分子结构模型后，需要确定描述原子间作用和分子间作用的分子力场。分子力场就是用经验势函数的数学解析式描述分子间的相互作用势，通过理论计算和实验结合的方式确定力场的参数。多数的力场包括四种相对简单的分子内和分子间相互作用。这些相互作用有两种来源：一是键长和键角的振动及旋转，二是体系非成键部分的相互作用。对于全原子模型，通常采用的力场有 OPLS 力场、AMBER 力场、CHARMM 力场、MM3 力场、CFF 力场、COMPASS 力场、通用力场等。对于粗粒化模型，典型的力学模型是 MARTINI 力场。

分子动力学模拟用统计力学原理来计算体系的性质，所有的模拟工作都要在特定的统计力学系综中进行。而系综是指宏观性质相同而微观性质各不相同的大数目体系组成的集合。统计力学认为，一个系综的宏观性质（如能量、压力、温度、密度等）代表着所有量子态的统计平均。系综可以分为两类，一类是粒子数不变的封闭体系，如微正则系综、正则系综和恒温恒压系综；另一类是粒子数变化的敞开系综。系综的选择由所研究的问题确定。

最后，模拟过程中系综中粒子的运动则要遵循经典力学原理。粒子的运动由牛顿定律、拉格朗日方程和哈密顿运动方程来决定。牛顿方程主要用于简单的原子体系，而后两者则更适合较为复杂的体系。一个完整的分子动力学模拟过程如图 2. 15 所示。

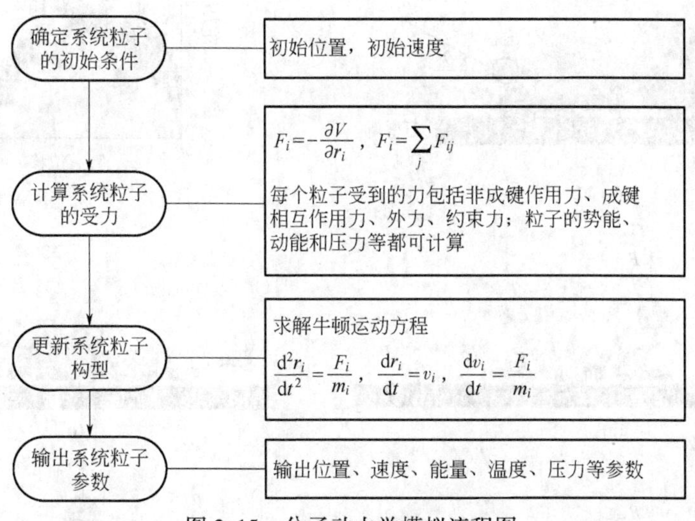

图 2. 15　分子动力学模拟流程图

对于一个完整的分子动力学模拟过程，首先确定粒子的初始条件，然后计算每个粒子受到的力，从而更新分子结构的位置等信息，最后将模拟数据进行存储。然后不断重复之前的过程，从而得到粒子的动态特性。分子动力学的功能非常强大，既能模拟一些金属材料的力学性质，也可以研究软物质（如高分子等）的变形行为。一个典型的例子为，通过分子动力学模拟可以研究材料微观破坏的机理，如 bcc 铁单晶体在冲击载荷下的破坏规律（图 2. 16），通过模拟可以为材料设计提供技术支撑。分子动力学甚至还可以用于研究粉尘吸附和解吸附的微观规律，如煤尘在物体表面的解吸附的规律（图 2. 17），为采煤工程提供计算分析模型。

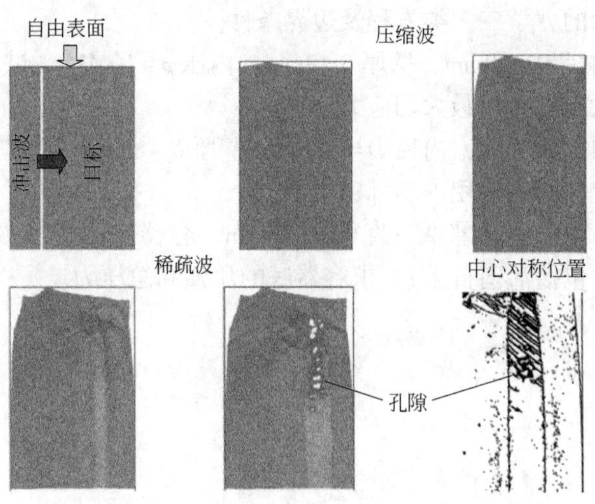

图 2. 16　bcc 铁单晶体在冲击载荷下的破坏过程

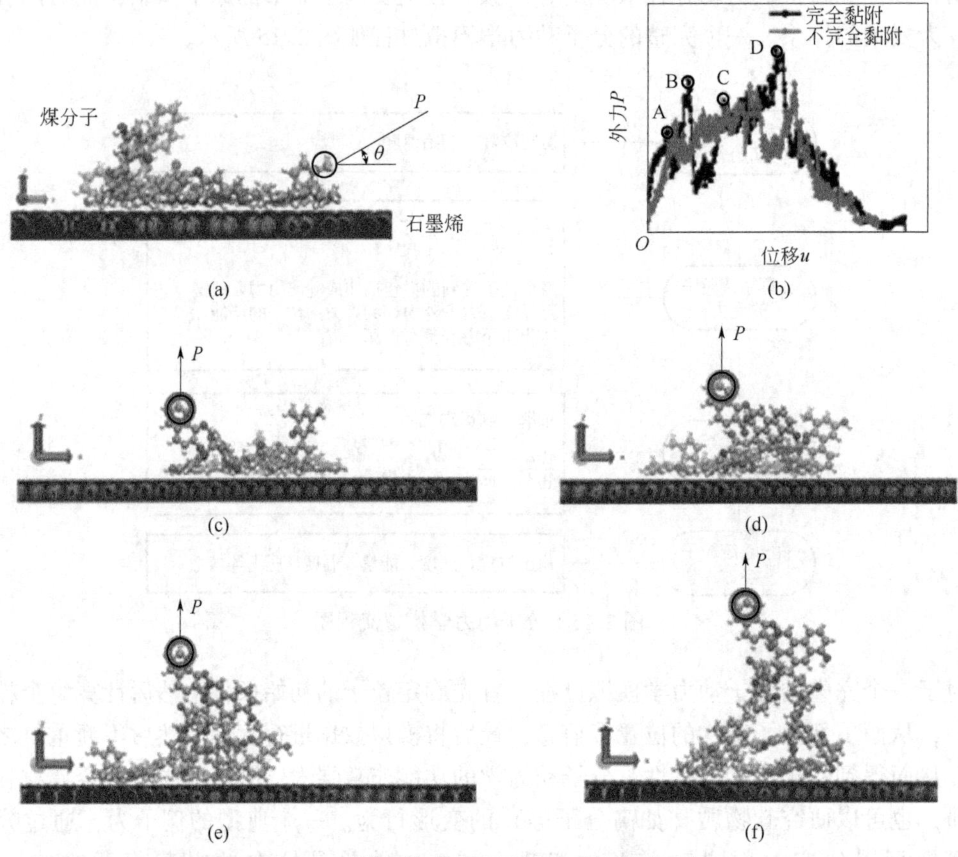

图 2.17　煤大分子在石墨烯表面的脱黏过程

习题

1. 简述弹性力学基本假设。

2. 写出用张量表示的力学三大类方程及边界条件。

3. 一薄壁圆筒，内径 $D=70$mm，壁厚 $\delta=3$mm，内压 $p=10$MPa。试计算筒壁的轴向正应力、周向正应力、最大拉应力与最大切应力。

4. 一承受内压的圆柱形气瓶，内径 $D=20$mm，壁厚 $\delta=8$mm，许用应力 $[\sigma]=200$MPa。试按第四强度理论确定气瓶的许用内压 $[p]$。

5. 盛满水的容器，顶口有活塞 A，直径 $d=0.1$m，容器底的直径 $D=1$m，高 $h=1.8$m，如活塞上加力 2520N（包括活塞自重），求容器底的压强和总压力。

第3章 地应力与岩石力学简介

在漫长的地质年代里，地壳经历了一系列的沉积和升降运动，并产生了内应力效应。这些内应力效应按照来源可以分为古应力场和现今地应力场。古应力场是指板块边界的挤压、地幔对流、岩浆活动和地质构造运动使地壳产生褶皱、隆起和断裂。现今地应力场是指地壳构造运动之后，古应力场已全部释放而又产生的较为稳定的应力场，它与地层构造断裂形态、方向、距离均相关。因此，地应力是一种客观存在的自然力，必将影响石油勘探与开发的全过程。

产生地应力的介质对应着岩石。岩石力学（rock mechanics）是一门研究岩石在外界因素（如荷载、水流、温度变化等）作用下的应力、应变、破坏、稳定性及加固的学科，又称岩体力学，是力学的一个分支。岩石力学的研究目的在于解决水利、土木工程等建设中的岩石工程问题。它是一门新兴的、与有关学科相互交叉的工程学科，需要应用数学、固体力学、流体力学、地质学、土力学、土木工程学等知识，并与这些学科相互交融发展。

3.1 地应力概述

3.1.1 地应力基本概念及分类

地应力的确切定义为存在于地壳中的内应力。它是地壳内部的垂直运动和水平运动的力及其他的力引起介质内部单位面积上的作用力。由此可知，在地壳岩石中处处、时时都会存在地应力。地应力的大小和方向随空间、时间的改变而变化，从而构成地应力场。1971年在加拿大第七届世界岩石力学讨论会上，对地应力从矿山应用的角度进行了分类（图3.1）。

目前公认的地应力主要由重力应力、构造应力、孔隙压力、热应力等耦合所构成。在油田应力场研究中，孔隙压力对地应力影响的研究是非常重要的。实际上，由于地层岩石的非线性特征，地应力的各种成因间不是独立的，人们只是在研究分析问题时才对地应力进行分类的。下面是几个重要地应力的定义：

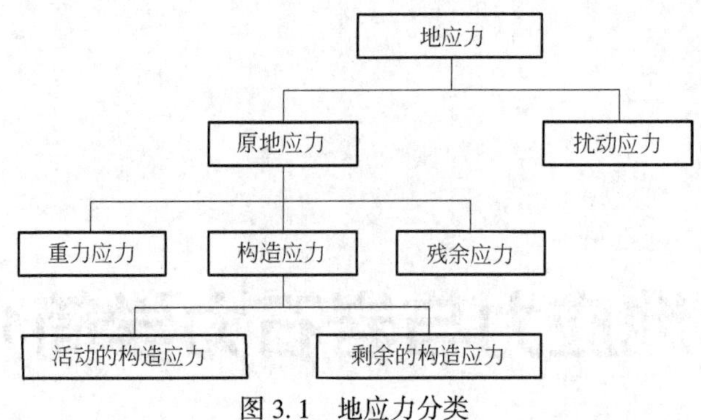

图 3.1　地应力分类

（1）原地应力：指地层岩石未经人工开挖或扰动以前的天然应力。有人又将原地应力称为初始应力或固有应力。在油田应力场研究中，原地应力是指钻井、油气开采等活动之前地层中地应力的原始数值大小。

（2）扰动应力：指由于地表和地下加载或卸载及开挖等，引起原地应力发生改变所产生的应力。在油田应力场的研究中，扰动应力是指钻井、油气开采、注水、注气等在地层中产生的地应力增量。

（3）古地应力和现今地应力：古地应力泛指燕山运动以前的地应力，有时也特指某一地质时期以前的地应力；现今地应力是目前存在的或正在变化的地应力。

（4）构造应力：对于构造应力定义有几种不相同的说法。在构造地质学研究中，构造应力是指导致构造运动、产生构造变形、形成各种构造形迹的那部分应力。这种构造应力的影响使两个水平方向的应力不相等。在油田应力场的研究中，构造应力常指构造运动引起的地应力的增量。

（5）残余应力：指除去外力作用以后，尚残存于地层岩石中的应力。这种残余应力很小，往往只有零点几兆帕，所以常忽略不计。

（6）重力应力：指上覆岩层的重力引起的地应力分量。

（7）热应力：指由于地层温度发生变化在其内部引起的内应力增量。热应力主要与温度的变化和岩石的热学性质有关。

（8）孔隙压力和有效应力：存在于储层中的地应力，一部分由储层孔隙中的流体承受，称为孔隙压力；一部分由储层岩石骨架承受，称为有效应力。

（9）垂直应力和水平应力：地壳中主应力为压应力。其中一个主应力基本上是沿着竖直方向的，叫作垂直应力，也叫垂向应力；另外两个主应力基本上是水平的，叫作水平主应力。垂直应力由重力应力构成，水平应力由构造应力构成。

（10）分层地应力：指按地层的分层分别给出的地应力值，它反映了不同地层的不同地应力特征和状态，能给出相邻地层的应力差。在油田开发中，单井垂向剖面上的地层应力大小和方向的研究非常重要，需要进行地应力分层。地应力分层与地质分层既有密切联系，又有显著区别。地质分层主要综合考虑测井资料及其他地质资料反映出的构造和岩石特征，以时代、岩性和岩层接触关系为依据进行分层；而地应力分层则是根据测井资料，按一定的地应力分层模式计算出连续的地应力剖面曲线，再对地应力曲线进行数值分层。地应力的分层主要综合考虑三个方向主应力的变化趋势，它有可能跨越地质分层。相邻的不同地质层其力学性质可能相似，因而它们应并入同一地应力层；而在同一地质层内，由于各种原因地应力也可能发生突变，此时应划分为几个不同的地应力层。

（11）绝对应力：指地应力的绝对值大小和方向。

（12）相对应力：指地应力随时间和空间的相对变化。

地壳内部地应力由一个垂向应力 σ_v（垂向静岩压应力 σ_z）和两个水平方向主应力（静岩压应力水平分量 σ_h 及构造应力 σ_t 合应力）组成（图 3.2），即垂向应力 σ_v 最大水平主应力（σ_{hmax}）和最小水平主应力（σ_{hmin}），这三个应力既互相垂直又不相等。

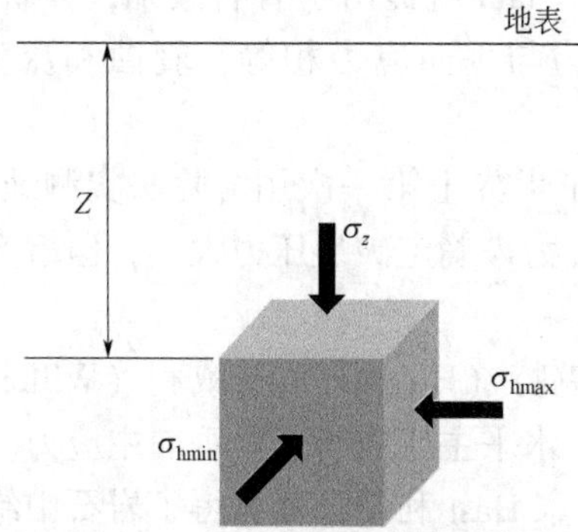

图 3.2 地下一点的应力状态

依据弹性理论，任意一点处的垂向静岩压应力 σ_z（单位为 Pa）为：

$$\sigma_z = \int_0^Z \rho g \mathrm{d}z = \rho g Z \tag{3.1}$$

式中，ρ 为岩石密度，g 为重力加速度，Z 为该点的深度。

在垂向静岩应力初始作用下，其水平分量为：

$$\sigma_h = \frac{\mu\sigma_z}{1-\mu} = \frac{\mu\rho g Z}{1-\mu} \tag{3.2}$$

式中，μ 为目的层岩石的泊松比。

（1）若考虑构造应力 σ_t，则：

$$\sigma_{hmax} = \sigma_h + \sigma_t = \frac{\mu\rho g Z}{1-\mu} + \sigma_t \tag{3.3}$$

$$\sigma_{hmin} = \sigma_h + \mu\sigma_t = \frac{\mu\rho g Z}{1-\mu} + \mu\sigma_t \tag{3.4}$$

（2）若考虑温度的影响，Engelder 认为温度对水平应力影响很大（特别在单轴应变状态下），造成的水平应力增量为：

$$\Delta\sigma_h = E\alpha_T \frac{T_h - T_0}{1-\mu} \tag{3.5}$$

式中，E 为弹性模量，α_T 为热膨胀系数，T_h 为目的层温度，T_0 为地表温度。

（3）若考虑孔隙弹性的影响，比奥特（Biot）认为：

$$\sigma_h = \frac{\mu\rho g Z}{1-\mu} + \alpha_b p_p \frac{1-2\mu}{1-\mu} \tag{3.6}$$

$$\alpha_b = 1 - \frac{\beta_i}{\beta_b} \tag{3.7}$$

式中，α_b 为 Biot 孔隙弹性系数，p_p 为孔隙压力，β_i 为无裂纹固体的压缩率，β_b 为裂纹和孔隙固体的总压缩率，β_b 取 0~1。

3.1.2 地应力测量研究历史

从历史上来看，对地应力的认识经历了由浅入深的过程。从世界范围来看，地应力研究涉及地质、水利水电、矿山、冶金、地震、铁路、建筑工程、煤炭和石油等行业。早在 1905 年，瑞士著名科学家 Ham 就提出了著名假说，即岩体深处的垂向应力与其上覆的岩体重力成正比，而水平应力与垂向应力相等，剥蚀和流变作用使得水平应力大于垂向应力。

1932 年，美国垦务局进行了世界上第一次用解除法实测地应力。1940 年，在设计油层压裂时，常常根据上覆岩层的重力来确定破裂压力大小，但事实上破裂压力往往小于上覆岩层的总重量。

1957 年，美国科学家哈贝克特（Hubbect）与威利（Willie）指出，地应力是三个互相垂直而又不相等的应力，即两个水平主应力与一个垂向主应力。

20 世纪 50 年代，瑞典科学家 Hast 利用仪器测得了岩石中绝对应力的大小和方向，发现存在于地壳上部岩石的地应力大多呈水平状态或接近水平状态，且水平应力高于垂向应力，甚至高出几十倍。Hast 等人认为地下介质处于压应力状态，其应力值随深度而线性增加。此后，通过全球大量的地应力测量结果，南非科学家盖伊（Gay）等人建立了临界深度的概念，即在地壳某一深度以上，水平应力大于垂向应力，而在这一深度以下，水平应力开始小于垂向应力。临界深度随地区而异，在南非，这一临界深度为 500m；在美国为 400~1000m；在冰岛为 200m。在不同的地区由于构造特征、岩性等因素的影响，其临界深度是不同的，如有油气聚集的构造，水平主应力绝大多数均小于垂向应力。图 3.3 为基于所提供的数

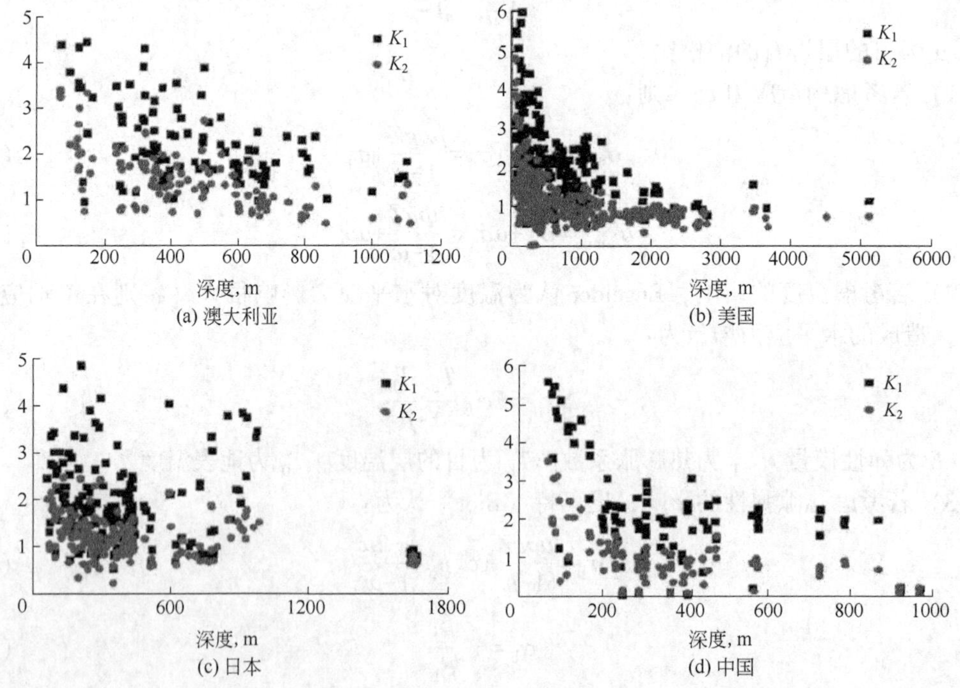

图 3.3 不同国家地应力随深度变化

据绘制的澳大利亚、美国、日本和中国的地应力随深度的变化趋势，其中 K_1、K_2 分别为 σ_{hmax}、σ_{hmin} 与 σ_z 的比值。从图中可以看出，随着埋深的增加，K_1、K_2 总体呈减小的趋势。

目前，地应力的测量方法已有近二十种，具体如图 3.4 所示。利用水力压裂测量地应力的方法首先在美国发展起来。1977 年美国的海姆森（Haimson）在深 5.1km 处进行了水力压裂地应力测量，海姆森和扎博克（Zobock）等人对此做了大量的理论和实验研究，并且取得了大量的野外应力测量资料。至今水力压裂是公认的测量地应力大小的最有效的矿场测量方法。

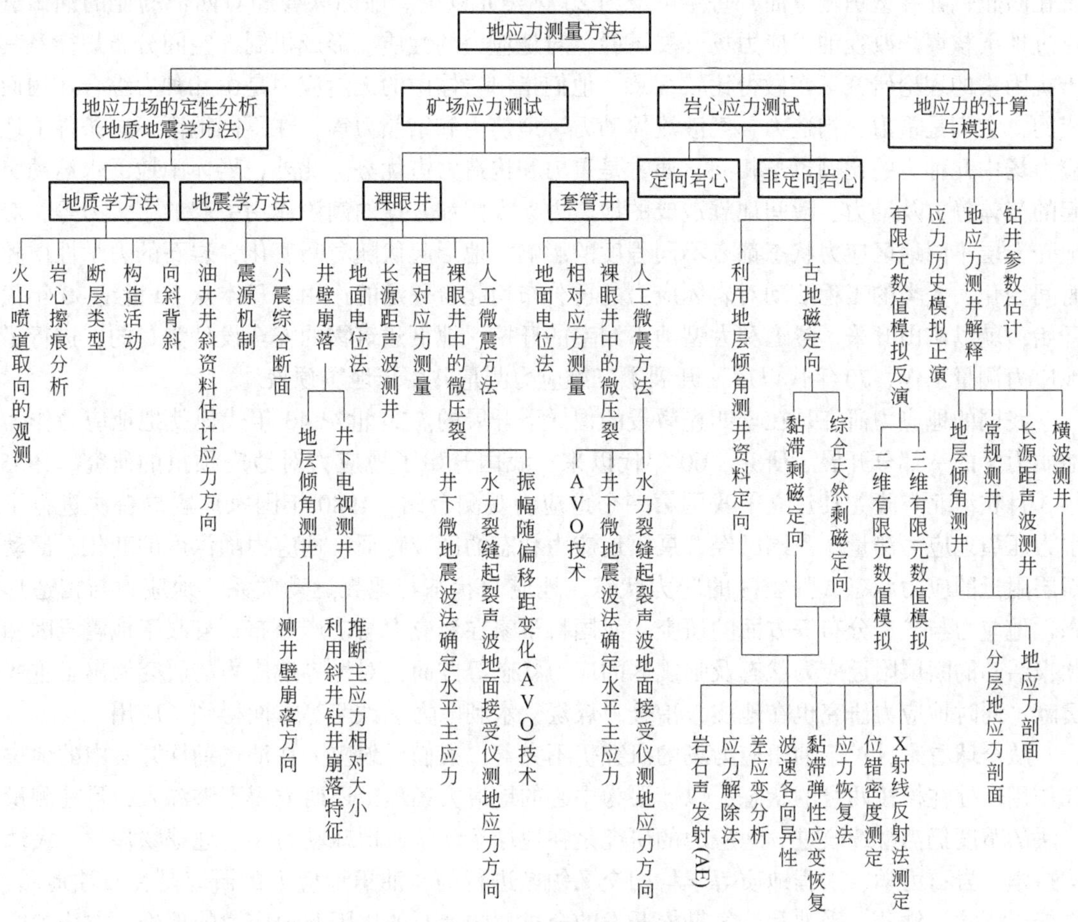

图 3.4　地应力测量方法分类

1964 年南非的利曼（Leeman）在金矿中发现当井眼深度较大时，在石英岩和砾岩中的局部井段出现剥落。他认为剥落是地应力作用的结果，且井眼扩大的方向垂直于井眼平面内的最大水平主应力方向。

1970—1979 年，加拿大的贝尔（Bell）研究阿尔伯塔油田四臂井径测量的地层倾角测井资料后，发现井眼扩大方向与区域内的最小水平主应力方向平行；1985 年美国的扎博克使用井下电视观测证实了贝尔的发现，并与海姆森等人对井眼崩落机制进行研究。现在井壁崩落法是测量水平主应力方向的可行方法。

20 世纪 70 年代，斯伦贝谢测井公司开始研究应用测井资料解释地层力学问题（地应力是中间过程），并用于解释石油工程中的地层破裂压力、地层坍塌压力及油层出砂等问题。尽管地应力计算模式所反映的物理本质和实际规律还有差距，但通过测井资料解释的地应力剖面已能给出深井地层中剖面上的连续地应力值。这种用测井资料解释地应力剖面的方法，已经能够解决石油工程中的许多问题。

地应力无论在构造地质学、地震预报和地球动力学等学科的研究中，还是在矿山开采、地下工程和能源开发的生产实践中，均有广泛的应用，因而日益受到国内外学术界和工程界的重视。例如，在美国和加拿大这两个最早进行地应力测量及应用的国家，地应力在水利工程、地下建筑（如内华达试验场）及油气田和地热能开发方面已得到广泛应用，这种应用仅在防止钻井井壁坍塌方面，每年可节约20亿美元以上。前苏联曾经对西伯利亚的油田进行过地下核爆炸改变油田应力场开展试验，对地应力的性质、形成机制、空间分布规律及其干扰因素的理论研究工作做得比较细致。他们指出岩体中的天然应力是由几种力综合作用而成的，它们是重力、构造力、气液流体动力、地热力和结晶力等，在不同地区不同条件下地应力场中几种力的比例也不相同，通常是重力和构造力占优势。此外，岩体中地下水运动引起的流体静力及动力、瞬间地震造成的地震力、太阳和月球的潮汐作用引起的宇宙力等，对地壳上层不同地区应力状态都有不同程度的影响。地形起伏随时间变化，岩石的力学性质随时间变化，人类的工程活动对岩体应力的再分布均起着一定的作用。日本从20世纪30年代开始，就以矿山开采、隧道和大型地下洞室的开挖、地下建筑物的安全设计为目的，进行了地应力测量工作，70年代以后又开展了三维应力测量并用于地震预报。

我国的地应力研究是在李四光教授的倡导下开展的。20世纪40年代他就把地应力作为地质力学的一部分开展了研究。60年代以来，我国开始了地应力对地震预报的研究。1966年3月在河北省隆尧县建立了我国第一个地应力观测台站，1980年国家地震局首次进行了水力压裂地应力测量。我国已经开展了地应力状态的区域特征、地应力随深度的变化、活动断层附近的应力状态、强震区的应力状态、地应力状态与地壳运动关系、地应力与构造形态、地应力与矿产分布等方面的研究。我国科学家在地应力与矿产分布、着眼于地震成因和预报活动的断层附近应力状态及强震区的应力状态等方面，对世界地应力的研究做出了重要贡献。同时地应力研究也在地质、冶金、煤炭、水利电力、铁路等方面得到了应用。

从全球看来，对于油田应力场的研究仍不完善，人们对地应力在油气勘探开发中的地位和作用还处在模棱两可的状态，以储层为中心的地应力场理论还研究得不够深入，目前测量方法的精度仍需继续改进。地应力的研究是在地球运动学、地球动力学、地球物理学、大地构造学、岩石力学、工程地质等学科的交叉领域进行的，油田地应力的研究是在石油地质、物探、测井、钻井、采油和油气勘探开发的全过程中展开的，因此地应力的理论、方法和应用研究任务仍十分艰巨。

3.1.3 储层地质学分类

1. 火山岩储层

随着油气勘探开发事业的发展，在20世纪90年代末期出现了一门边缘学科——火山岩储层地质学。火山岩储层（图3.5）作为一种特殊的油气储层类型引起油气地质工作者的广泛关注。其研究手段和方法不仅包括野外和岩心观察、微观测试分析，还包括测井和地震等地球物理资料的应用。含火山岩盆地的环境分析是火山岩相带分布预测及火山岩储层预测的基础，而火山岩储层表征是火山岩储集性评价和火山岩油藏评价的前提。火山岩储层地质学的任务是深入研究火山岩油气储层的宏观展布、内部结构、储层参数分布、孔隙结构等特征，以及在火山岩油气田开发过程中储层参数的动态变化特征，为油气田勘探和开发服务。火山岩储层地质学的研究内容包括储层地质特征、储层物理性质及储层非均质性、储层孔隙类型与孔隙结构、孔隙演化模式及其控制因素、储层地质模型、储层敏感性、储层预测与储层综合评价等 7 个方面。在整个环太平洋地区火山岩十分发育，尤其是安山岩，火山岩储层已成为油气勘探中的一个新目标。除新生代火山岩是潜在的油气储层外，某些油田的储层还出现在深部中、新生代火山岩中。这些火山岩储层的特点是产层厚、产率高、储量大。火山岩中还发现了数量可观的天然气，具有很好的储量和潜力。

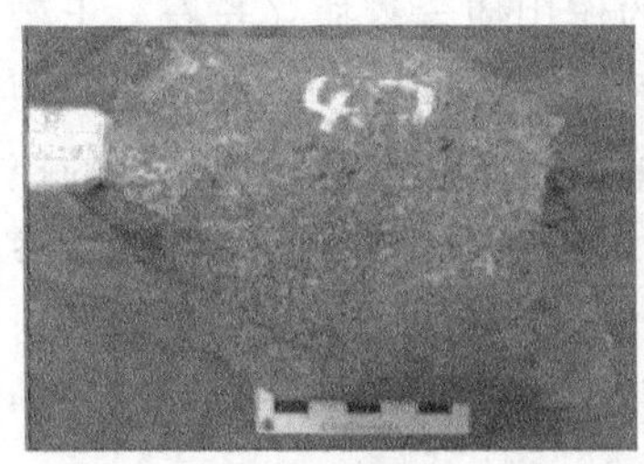
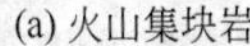

(a) 火山集块岩

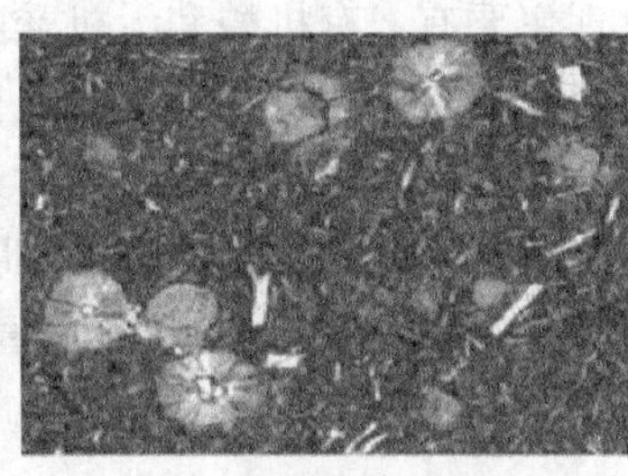

(b) 玄武岩

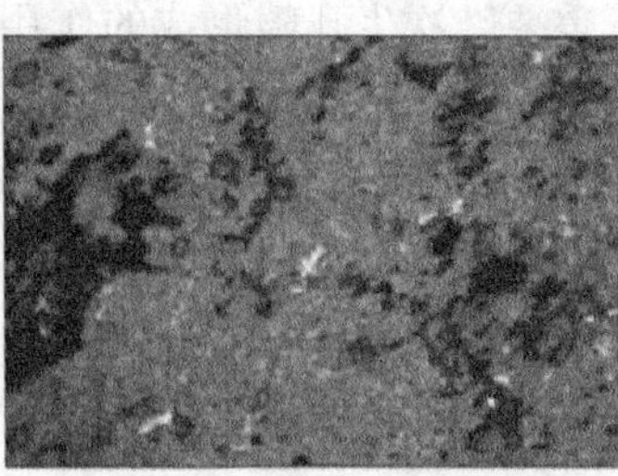

(c) 凝灰岩

图 3.5　川西南地区火山岩储层岩石

2. 基岩储层

基岩储层由几种类型的岩石组成，这些岩石包括不同成分的岩浆（从酸性岩类到超基性岩类）、喷出岩和岩墙，以及不同变质程度的原生沉积岩和火山沉积岩。孔隙发育良好的基岩在合适的条件下，有可能形成基岩油藏。尽管不同地区的基底具有不同类型的岩石，但初步计算表明，结晶基底的工业性油气聚集大多（近 80%）与花岗岩类（花岗岩、花岗闪长岩、浅色闪长岩）有关。我国任丘油田、渤海地区及西伯利亚、中亚和越南油气田基底的有关资料，以及世界其他地区公布的有关资料都表明，上述岩石中储层的形成是若干种不同作用的结果：自交代作用（图 3.6）、收缩作用、构造作用、岩浆期后作用及表生作用等。

图 3.6　潮间带波状叠层石——交代、沉积作用

3. 碳酸盐岩储层

碳酸盐岩储层（图 3.7）具有比碎屑岩储层更严重的非均质性，正是裂缝和孔洞的渗透作用构成了碳酸盐岩裂缝。裂缝和孔洞在油气运移及开采过程中起着重要的作用。碳酸盐岩

储层裂缝研究已经成为研究的重点内容之一，主要表现在裂缝的识别、几何参数的计算、裂缝发育程度和有效性的预测等方面。利用“数字地球”现代化的信息技术来整合地球科学数据资料，解释出的裂缝和孔洞系统与产油气带吻合性很好。由此可见，“数字地球”为碳酸盐岩储层地质学研究提供了一条新的途径。

4. 碎屑岩储层

碎屑岩储层（图 3.8）的研究集中在对次生孔隙成因和储层非均质性的研究。原生孔隙在成岩演化过程中的大量减少甚至丧失殆尽，使得次生孔隙在油气勘探开发中的作用显得尤其重要。次生孔隙形成的作用机理主要有：有机酸和无机酸的作用使含氧盐（长石、土矿物等）溶解，碱液作用下石英溶解，表生作用下渗滤作用，循环对流作用及深部热液作用等。储层非均质性包括层间非均质性和层内非均质性，前者主要受沉积层序和沉积相的控制；后者则是在前者的基础上，受成岩作用控制。由于储层非均质性的存在，因此，储层渗流单元的划分在油气勘探开发中的作用尤其重要，碎屑岩储层渗流单元的成因研究及体系划分将成为今后储层地质学研究的一个方向和热点。

图 3.7　碳酸盐储层露头

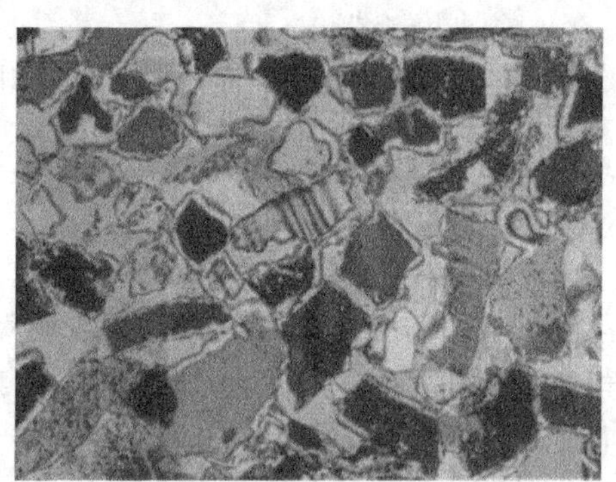
图 3.8　碎屑岩储层的矿物胶结

3.1.4　储层地应力研究发展方向

1. 从宏观向微观

岩性油气藏的勘探要求掌握沉积砂体的空间分布规律、几何学特征、地层组合特征等。随油气勘探与开发的深入，需要掌握单个砂体的几何学特征和连续性，即宏观非均质性的研究。图 3.9 显示了储层中复杂的组分，包括固相、液相和气相。而储层的微观孔隙结构、孔隙中的土杂基及自生土矿物不仅对驱油效率有明显的影响，还会对储层产生不同程度的伤害，这就要求研究储层的微观非均质性，为储层保护采取合理的措施提供依据。图 3.10 显示了一块页岩岩心 CT 微观数字重构结果，其中含有复杂的组分。随着注水开发技术的革新与深入，发现层内非均质性极大地影响波及体积及层内驱油效率的差异，然而储层内部渗透率的差异程度、渗透率的韵律类型、层内泥质隔层的分布是影响层内波及效率［定义参见第五章式（5.26）］的主要因素，故建立储层层内非均质性的地质模型尤为重要（视频 3.1）。沉积盆地次生孔隙随深度的分布规律是油气勘探与开发共同关注的内容，次生孔隙带的存在为寻找深层油气储量注入了活力，促进了成岩作用的研究；次生孔隙的成因机制、分布规律等成为储层地质学研究的重点。

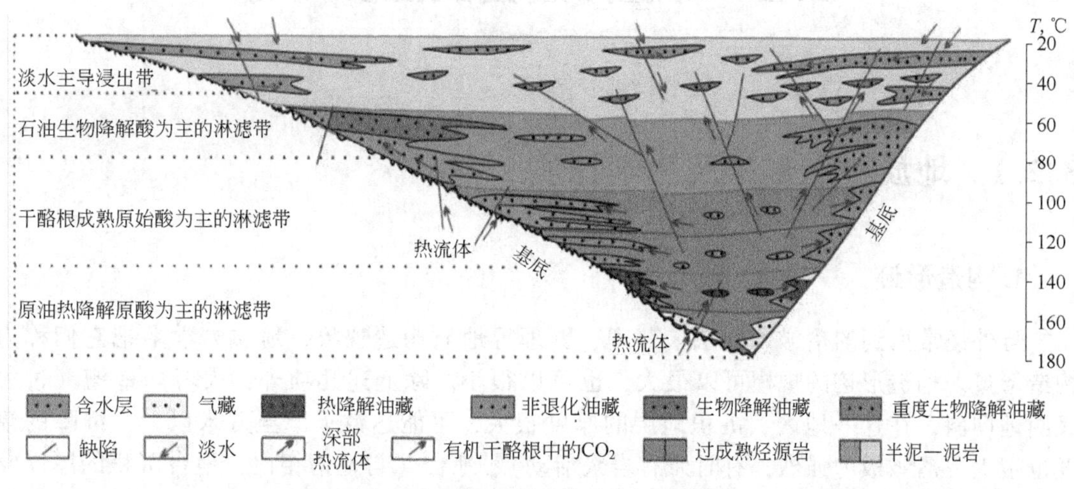

图 3.9　储层岩石流体及有机质分布

图 3.10　龙马溪组页岩岩心的微观数字重构

视频 3.1　岩心数字重构

彩图 3.9

2. 从定性到定量

定量描述储层物性参数的空间展布是近年来油藏数字模拟技术对储层研究提出的新要求。通过现代沉积考察和露头研究，建立储层地质知识库和原型地质模型，加上地质统计方法，得出多种经验公式，并利用高分辨率地震技术对储层进行横向追踪，预测砂体的空间展布，定量描述和预测砂体在横向上的连续性或空间展布特征，即开展储层建模或模拟研究已成为储层地质学家近年来的重点攻关内容。国内外研究人员把储层沉积学列在应用沉积学领域中的第一位，重点讨论建立储层地质模型的技术问题。当储层沉积物确定的情况下，接触力学、细观力学、界面力学、弹塑性力学、断裂力学等力学方法将在定量描述储层开挖时的力学响应情况中发挥重要作用。

视频 3.2
地应力测试技术

视频 3.2 介绍了地应力测试技术的发展。

3.2 地应力成因及主要特征

3.2.1 地质构造形迹及力学性质

1. 构造形迹

野外经常见到的褶皱、断层、节理、劈理等地质构造现象，地质力学上把它们称为构造形迹。构造形迹的规模可以很大，也可以很小。除上述几项外，大者如地槽（过去又叫地向斜，在这一地区，沉积地层的厚度很大，可能达数千米至万米以上，沉降的幅度也很大，褶皱极为强烈，有时兼有岩浆活动）、地台（与地槽相比，地台沉积的厚度较小，有数十米至数百米，除了基底以外，岩层很少显示褶皱或褶皱较为轻微）；小者如岩石中矿物晶格受力作用而形成的某些联晶面及矿物定向排列所组成的片理，等等。它们是岩石在地应力作用下形成的永久变形的形象（如褶皱）和岩块间相对位移的踪迹（如断层）。

2. 结构面

为了研究方便，上述构造形迹在空间上的方位都可以用平面或曲面表示，这些面就称为结构面（又叫构造面）。其中有些面是破裂面，如断层、劈理等，由于它们是破裂形成的，存在不连续界面，是分划性结构面，也叫破裂结构面。另一些结构面，如褶皱轴面，是连续变形，客观上并不存在一个界面，只有几何意义。这些结构面的移动对地下工程影响巨大。如图 3.11、图 3.12 所示，岩体沿结构面的滑动造成了输油管道的变形，当管道的最大应变量达到管道钢材的许用应变时，管道将遭到破坏，造成极大的经济损失，并可能产生重大的安全事故。

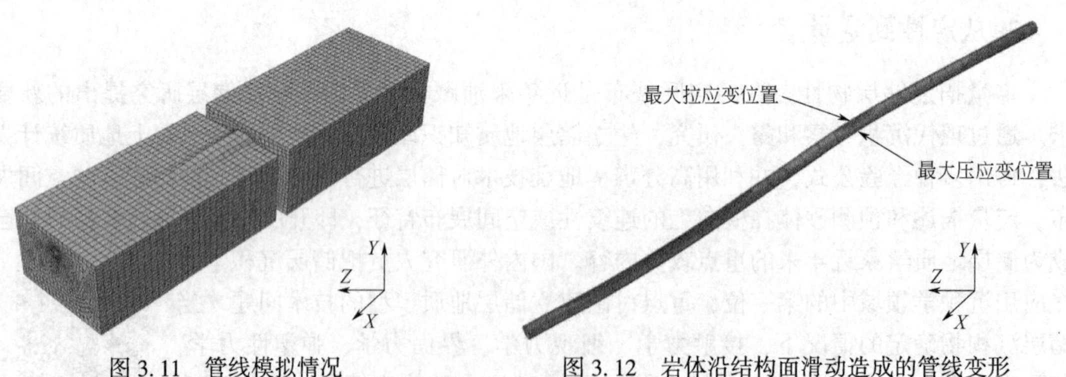

图 3.11　管线模拟情况　　图 3.12　岩体沿结构面滑动造成的管线变形

常见的结构面有压性结构面、张性结构面（或称张裂面）、扭（剪）性结构面（或称扭裂面）、压性兼扭性结构面（简称压扭性结构面），其特征如图 3.13 所示。

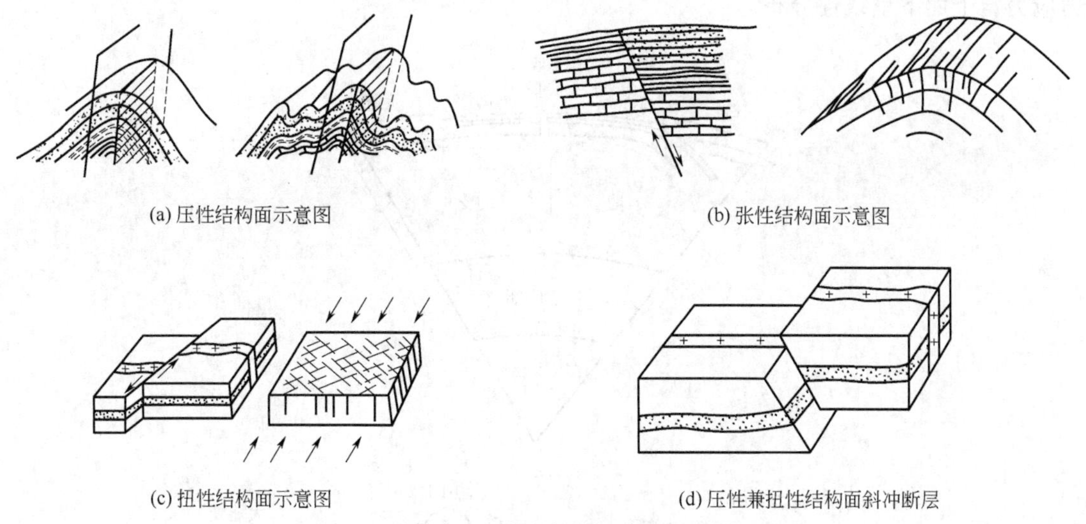
(a) 压性结构面示意图
(b) 张性结构面示意图
(c) 扭性结构面示意图
(d) 压性兼扭性结构面斜冲断层

图 3. 13　典型结构面示意图

3. 构造线

结构面与地面的交线，叫作构造线。构造线的方向，可以由各种构造的方向来代表，例如：褶皱轴迹，特别是紧闭的连续出现的褶皱轴迹最有代表性；大面积分布的陡倾直立岩层、片理、片麻构造等的走向；冲断层、逆掩断层、叠瓦式构造的走向，但要注意受横断层及撕裂断层、拖拉牵引的影响；线理排列展布方向和应力矿物定向排列方向等。

对上述构造形迹进行详细观察、测量、统计之后，构造线方向即可确定。

3. 2. 2　地应力成因及影响因素

产生地应力的原因是十分复杂的。地应力的形成主要与地球的各种动力运动过程有关，其中包括地幔热对流（图 3. 14）、板块边界受压、地球内应力、地心引力、地球旋转、岩浆浸入和地壳非均匀扩容等。另外，温度不均、水压梯度、地表剥蚀或其他物理化学变化等也可引起相应的应力场。其中，构造应力场和自重应力场为现今地应力场的主要组成部分。当前的地应力状态主要由最近的一次构造运动所控制，但也与历史上的构造运动有关。由于亿万年来，地球经历了无数次大大小小的构造运动，各次构造运动的应力场也经过多次的叠加、牵引和改造。另外，地应力场还受到其他多种因素的影响，造成地应力状态的复杂性和多变性。

地壳深层岩体地应力分布复杂多变，造成这种现象的原因是地应力的多来源性及其受多因素影响。

1. 岩体自重的影响

岩体应力的大小等于其上覆岩体自重。研究表明：在地球深部的岩体的地应力分布基本一致。但在初始地应力的研究中人们发现，岩体初始应力场形成的因素众多，剥蚀作用难以合理考虑，在常规的反演分析中，通常只考虑岩体自重和地质构造运动。图 3. 15 显示了均质岩体在重力作用下产生的应力分布，在不考虑应力历史、复杂结构面的前提下，岩体的重力应力自上而下呈线性分布。

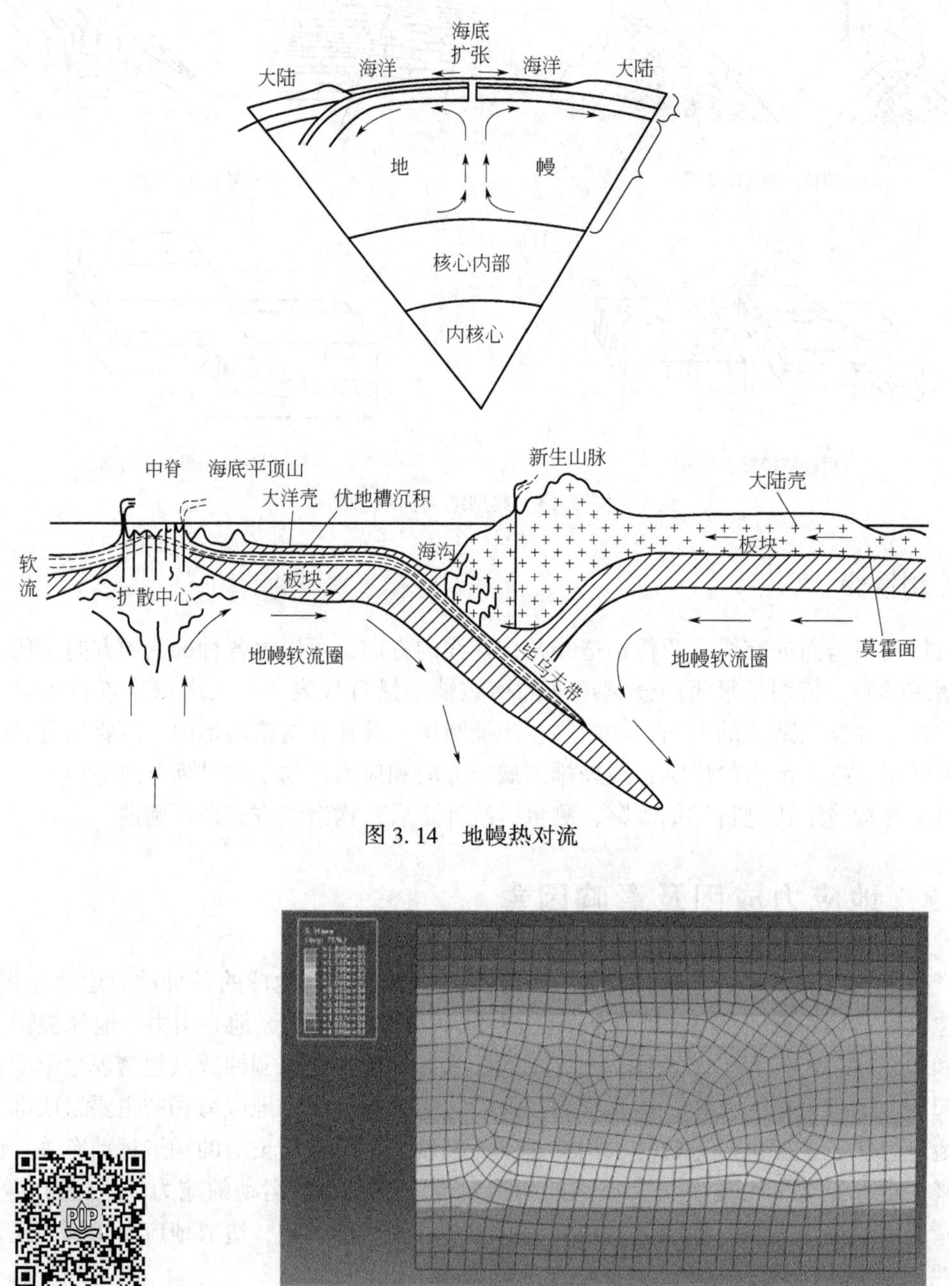

图 3.14　地幔热对流

彩图 3.15

图 3.15　岩体自重作用下的初始地应力模拟（ABAQUS）

2. 地形地貌和剥蚀作用对地应力的影响

地形地貌对地应力的影响是复杂的，剥蚀作用对地应力也有显著的影响。剥蚀前，岩体内存在一定数量的垂直应力和水平应力；剥蚀后，垂直应力降低较多，但有一部分来不及释放，仍保留一部分，而水平应力却释放很少，基本上保留为原来的应力，这就导致了岩体内部存在着比现有地层厚度所引起的自重应力还要大很多的应力数值。图 3.16 显示了岩体在风化前后垂直应力的变化情况，可以看出，风化作用将导致具有相似几何构型的岩体具有不同的应力场分布。

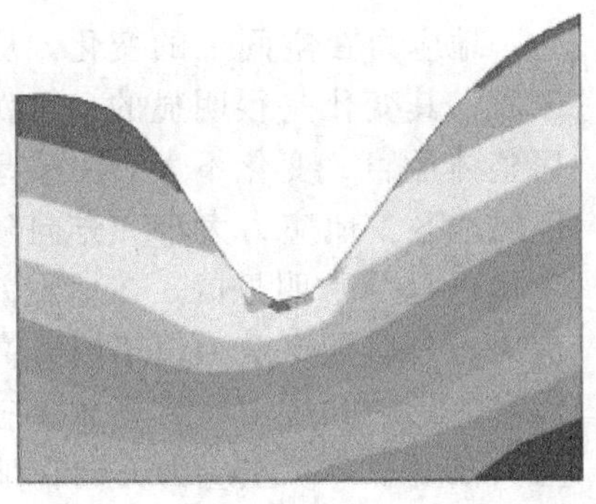
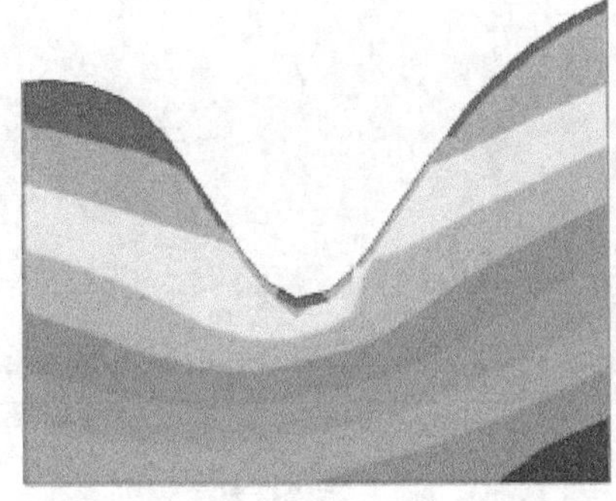

图 3.16　风化侵蚀前后的垂直应力变化模拟（ANSYS）

3. 构造运动对地应力的影响

彩图 3.16

在地壳深层岩体中，其地应力分布要复杂很多，此时构造运动引起的地应力对地应力的大小起决定性的控制作用。研究表明：岩体的应力状态，一般其垂直应力分量是由其上覆岩体自重产生的，而水平应力分量则主要由构造应力所控制，其大小比垂直应力要大得多。

4. 岩体的物理力学性质的影响

从能量的角度看，地应力其实是能量积聚和释放的结果，因为岩石中地应力的大小必然受到岩石强度的限制。可以说，在相同的地质构造中，地应力的大小是岩性因素的函数，弹性强度较大的岩体有利于地应力的积累，所以地震和岩爆容易发生在这些部位，而塑性岩体因容易变形而不利于应力的积累。

5. 地下水、温度对地应力的影响

地下水对岩体地应力的大小具有显著的影响。岩体中包含有节理、裂隙等不连通层面，这些裂隙面里又往往含有水，地下水的存在使岩石孔隙中产生孔隙水压力，这些孔隙水压力与岩石骨架的应力共同组成岩体的地应力。温度对地应力的影响主要体现在地温梯度和岩体局部受温度的影响两个方面。由于地温梯度而产生的地温应力，岩体的温度应力场为静压力场，可以与自重应力场进行代数叠加。如果岩体局部寒热不均，就会产生收缩和膨胀，导致岩体内部产生应力。

3.2.3　地应力分布规律及特征

根据世界各国所做的地应力测试，以最大水平主应力、最小水平主应力与垂直主应力比值系数 K_1、K_2 为主，可以绘制世界各国的地应力分布总体状况图。如图 3.17 可知，随岩层埋藏深度的增加，K_1、K_2 逐渐减小并趋于 1，在 1500m 以下，由于受构造应力影响，K_1、K_2 离散范围大；而当埋深在 1500~3500m 时，K_1、K_2 分布较为集中，基本在 1 附近变化；而当埋

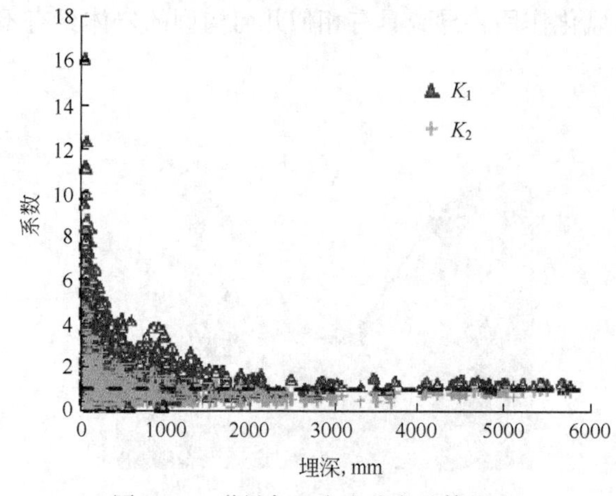

图 3.17　世界各地应力分布总体情况

深大于 3500m 时，K_1、K_2 基本趋于 1。

1. 地应力是时间和空间的函数

地应力在空间上的变化，从小范围来看，其变化是很明显的；但就某个地区整体而言，变化不大。在某些地震活跃的地区，地应力大小和方向随时间的变化也是非常明显的。在地震前，处于应力积累阶段，应力值不断升高；而地震时，集中的应力得到释放，应力值突然大幅度下降。主应力方向在地震发生时会发生明显改变，震后一段时间又恢复到震前状态。

2. 实测垂直应力基本等于上覆岩层的重量

霍克（Hoek）和布朗（Brown）总结出的部分地区的实测垂直应力 σ_z 随埋深 H 变化的规律如图 3.18 所示。在深度为 25~2700m 范围内，实测垂直应力呈线性增长。在埋深小于 1000m 时，测量值与预测值可能差别很大，有的甚至相差达到 5 倍。这个方程可以很好地估算出所有应力测量值的均值，但绝对不能用它来得到任一特定位置处的准确值，因此最好是通过测量而不是估算来确定垂直应力分量。

3. 水平应力普遍大于垂直应力

实测资料表明，几乎所有地区均有两个主应力位于水平或接近水平的平面内，其与水平面的夹角一般不大于 30°，最大水平主应力普遍大于垂直应力，两者之比（水平应力系数）一般为 0.5~5.5，在很多情况下都大于 2。

总结目前全世界地应力实测结果，得出水平应力系数 σ_{hmax}/σ_z 一般为 0.5~5.0，大多数为 0.8~1.5（图 3.19）。这说明，垂直应力在多数情况下为最小主应力，在少数情况下为中间主应力，极个别情况下为最大主应力。

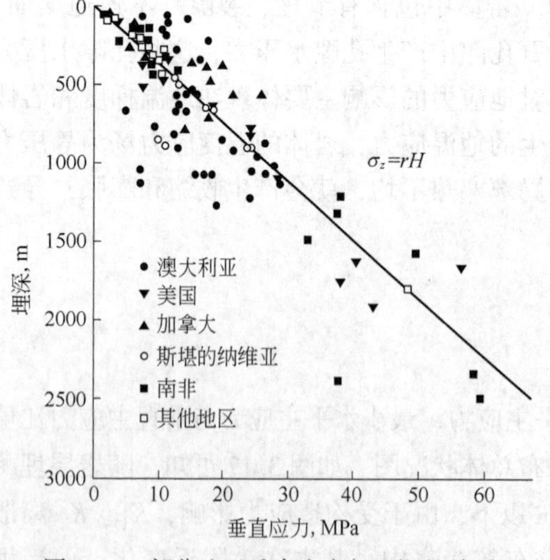

图 3.18　部分地区垂直应力与埋深的关系

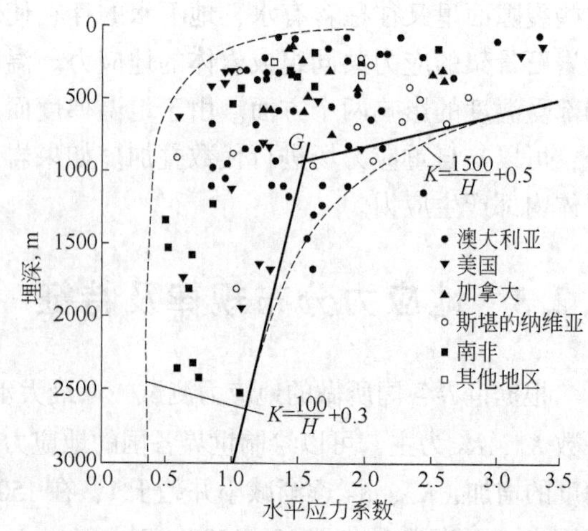

图 3.19　部分地区水平应力系数与埋深的关系

4. 平均水平应力与垂直应力的比值随深度增加而减小

霍克和布朗研究了世界各地 116 个现场地应力测量资料，发现平均水平应力与垂直应力的比值随深度增加而减小。

5. 最大主应力及最小主应力特征

最大水平主应力与最小水平主应力也随埋深呈线性增长关系，最大水平主应力与最小水平主应力的值一般相差较大，显示出很强的方向性。

地应力的上述分布规律还会受到地形、地表剥蚀、风化、岩体结构特征、岩体力学性质、温度、地下水等因素的影响，特别是地形和断层的扰动影响最大。最大主应力在谷底或河床中心近于水平，而在两岸岸坡则向谷底或河床倾斜，并大致与坡面平行。

3.3 岩石的基本性质和变形特征

岩石属于固体，因此研究岩石的力学行为，即岩石力学，应属于固体力学的范畴。一般从宏观的意义上，把固体看作连续介质。但是，岩体不但有微观的裂隙，而且有层理、片理、节理及断层等不连续面。岩体不是连续介质，而且表现为各向异性或非均质性。岩石中若含水，它又表现为两相体。

3.3.1 岩石的基本性质

岩石是由一种或几种矿物按一定方式结合而成的天然集合体。矿物是均匀的，通常是由无机作用形成的，是具有一定化学成分和特定原子排列（结构）的均匀固体，不能用物理的方法把它分成在化学上互不相同的物质。常见的矿物有长石、石英、辉石、角闪石、云母、橄榄石、方解石、白云石、石膏、石墨、黄铁矿等。岩石中矿物（及岩屑）颗粒相互之间的关系，包括颗粒的大小、形状、排列、结构联结特点及岩石中的微结构面（即内部缺陷）。岩石中矿物的联结方式主要分为结晶联结和胶结联结。图 3.20 为页岩样品的 CT 切片图像，其中亮白色为黄铁矿、长石等矿石，灰白色区域为石英、黏土，黑色及深灰色区域为孔隙。

岩石的基本性质主要包括物理、水理、热学性质。

1. 岩石的物理性质

岩石密度是指单位体积内岩石的质量，单位为 g/cm^3。它是建筑材料选择、岩石风化研究及岩体稳定性和围岩压力预测等必需的参数。岩石密度又分为颗粒密度和块体密度。

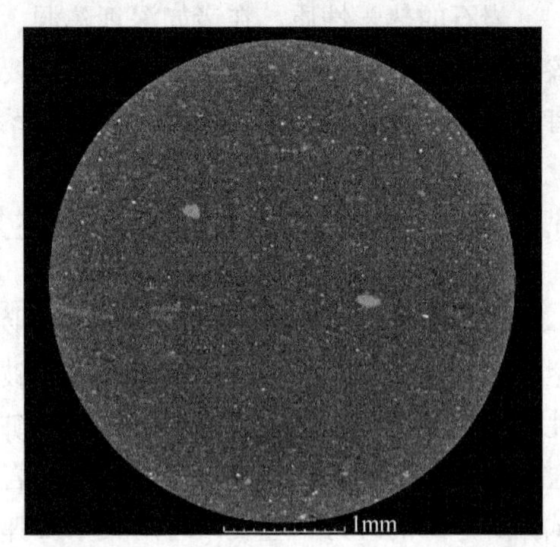

图 3.20 页岩 CT 扫描切片

岩石是有较多缺陷的多晶材料，因此具有相对较多的孔隙。同时，由于岩石经受过多种地质作用，还发育有各种成因的裂隙，如原生裂隙、风化裂隙及构造裂隙等。所以，岩石的孔隙性比土复杂得多，即除了孔隙外，还有裂隙存在。另外，岩石中的孔隙有些部分往往是互不连通的，而且与大气也不相通。因此，岩石中的孔隙有开型空隙和闭空隙之分。开型孔隙按其开启程度又有大、小开型孔隙之分。

2. 岩石的水理性质

岩石在水溶液作用下表现出来的性质，称为水理性质，主要有吸水性、软化性、抗冻性及渗透性等。

（1）岩石在一定的试验条件下吸收水分的能力，称为岩石的吸水性，常用吸水率、饱和吸水率、饱水系数等指标表示。

（2）岩石浸水饱和后强度降低的性质，称为软化性，用软化系数（K_R）表示。K_R 定义为岩石试件的饱和抗压强度 σ_{cw} 与干抗压强度 σ_c 的比值，即 $K_R=\dfrac{\sigma_{cw}}{\sigma_c}$。显然，$K_R$ 越小岩石软化性越强。

（3）岩石抵抗冻融破坏的能力，称为抗冻性，常用抗冻系数和质量损失率来表示。抗冻系数 R_d 是指岩石试件经反复冻融后的干抗压强度 σ_{c2} 与冻融前干抗压强度 σ_{c1} 之比，用百分数表示，即 $R_d=\dfrac{\sigma_{c2}}{\sigma_{c1}}\times 100\%$。

（4）在一定的水力梯度或压力差作用下，岩石能被水透过的性质，称为渗透性。一般认为，水在岩石中的流动，如同水在土中流动一样，也服从于线性渗流规律——达西定律。

3. 岩石的热学性质

岩石内或岩石与外界的热交换方式主要有传导传热、对流传热及辐射传热等几种，其交换过程中的能量转换与守恒等服从热力学原理。在以上几种热交换方式中，以传导传热最为普遍，控制着几乎整个地壳岩石的传热状态；对流传热主要在地下水渗流带内进行；辐射传热仅发生在地表面。热交换的发生导致了岩石力学性质的变化，产生独特的岩石力学问题。

岩石的热学性质，在诸如深埋隧洞、高寒地区及地温异常地区的工程建设、地热开发及核废料处理和石质文物保护中都具有重要的实际意义。在岩体力学中，常用的热学性质指标有比热容、热导率、热扩散率和热膨胀系数等。

3.3.2 岩石的强度与变形性质

岩块在外荷载作用下，首先产生变形。随着荷载的不断增加，变形也不断增加，当荷载达到或超过某一定限度时，将导致岩块破坏。与普通材料一样，岩块变形也有弹性变形、塑性变形和流变变形之分，但由于岩块的矿物组成及结构构造的复杂性，岩块的变形性质比普通材料要复杂得多。岩块的变形性质是岩体力学研究的一个重要方面，且常可通过岩块变形试验所得到的应力—应变—时间关系及弹性模量、泊松比等参数来进行研究，进而建立岩石的本构方程和破坏准则，为进一步研究分析提供一定模式与依据。

1. 岩石的强度性质

岩石在各种荷载作用下达到破坏时所能承受的最大应力称为岩石的强度。岩石同其他材料一样，也具有一定的抵抗外力作用的能力。但是，这种能力是有限的，当外力超过一定的极限时，岩石就要发生破坏。外力作用的方式不同，抵抗破坏的能力也不同，因而，通常根据外力的类型划分强度的类型，如单轴强度、三轴强度、抗剪强度等。常规的岩石单轴强度、三轴强度可以通过单轴和三轴试验仪获得（图 3.21、图 3.22、视频 3.3）。不同类型的强度均有相应的试验方法，同时也有相应的试验技术和要求。

视频 3.3
三轴压缩试验

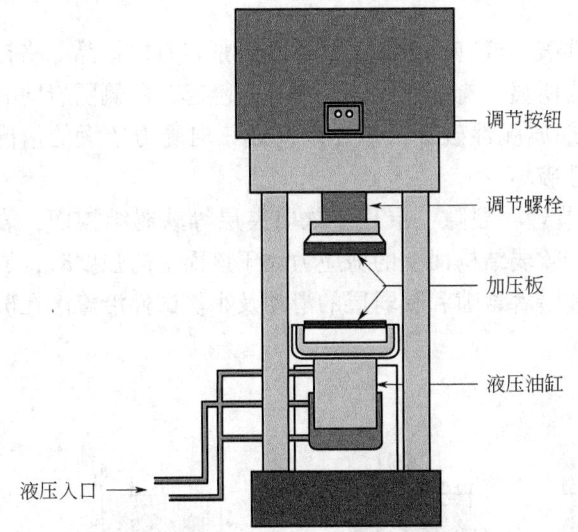

图 3.21　单轴压缩受力及试验设备示意图

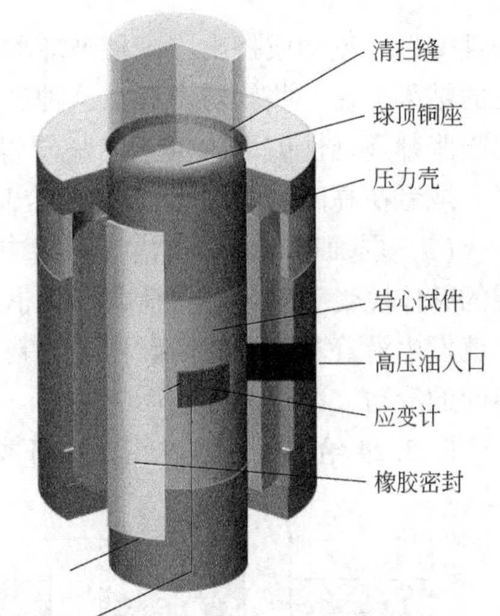

图 3.22　三轴压缩受力及试验设备示意图

研究岩石强度的意义如下：

（1）岩石强度是各种岩石分类、分级中的重要数量指标。

（2）可作为强度准则，以判断当前计算点处于全应力应变曲线的哪个区，以及所计算或测定处的岩土工程是否稳定。

（3）在简单地下工程条件下，可作为极限平衡条件（塑性条件），求解弹塑性问题的塑性区范围，以及弹性区和塑性区的应力与位移。

2. 岩石的破坏形式

大量的试验和观察证明，岩石的破坏常常表现为下列各种形式：

（1）脆性破坏：大多数坚硬岩石在一定的条件下都表现出脆性破坏的性质，也就是说，这些岩石在荷载作用下没有显著的变形就突然破坏。产生这种破坏的原因可能是岩石中裂隙的发生和发展。例如，地下洞室开挖后，由于洞室周围的应力显著增大，洞室围岩可能产生许多裂隙，尤其是洞顶的张裂隙，这些都是脆性破坏的结果。图 3.23 显示了应用 PFC 软件模拟岩石的脆性破坏的过程，可以清晰地看出岩石缺陷、裂纹的损伤演化直至破坏的过程。

（2）延性破坏：岩石在破坏之前的变形很大，且没有明显的破坏荷载，表现出显著的

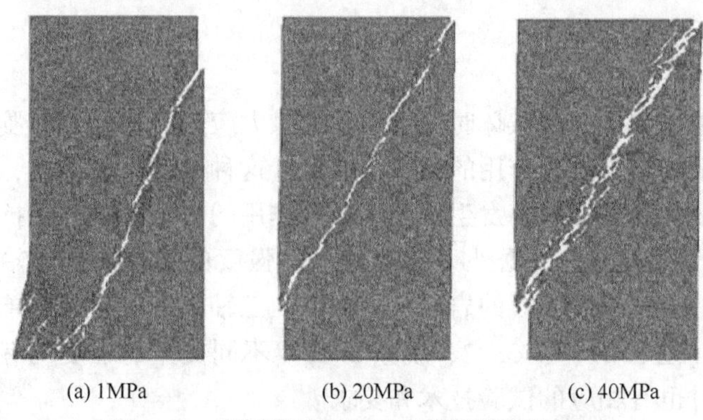

图 3.23　不同围压条件下岩体压缩脆性破坏

塑性变形、流动或挤出，这种破坏称为延性破坏或韧性破坏。塑性变形是岩石内结晶晶格错位的结果，在一些软弱岩石中这种破坏较为明显。有些洞室的底部岩石隆起，两侧围岩向洞内鼓胀都是延性破坏的例子。坚硬岩石一般属脆性破坏，但在两向或三向受力较大的情况下，或者在高温的影响下，也可能出现延性破坏。

（3）弱面剪切破坏：由于岩层中存在节理、裂隙、层理、软弱夹层等软弱结构面，岩层的整体性受到破坏。在荷载作用下，这些软弱结构面上的剪应力大于该面上的强度时，岩体就发生沿着弱面的剪切破坏。岩基、岩坡沿着裂隙和软弱层的滑动及小块试件沿着潜在破坏面的滑动，都是这种破坏的例子。

图 3.24 给出了几种典型的破坏类型。

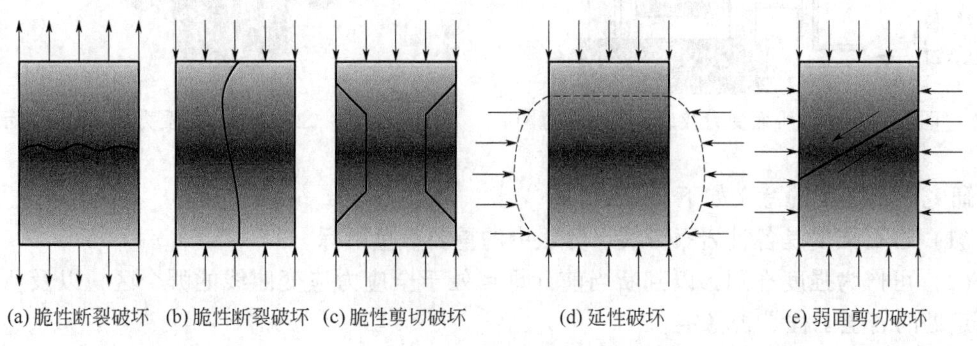

图 3.24　岩石的破坏形式

3. 岩石的变形性质

1）变形类型

材料在荷载作用下首先发生变形，即形状和尺寸上的改变。随着荷载的不断增加，或在恒定荷载作用下随着时间的增长，材料的变形逐渐增加，最终材料发生破坏。按应力—应变—时间的关系，可将材料的变形划分为弹性、塑性和黏性等三种变形（图 3.25）。

2）不同加载条件下的岩石变形特征

对一定形状的岩石试件，用材料试验机按一定的时间间隔施加单向压力，测量加压过程中各级应力及相应的轴向和横向应变值，并计算出体积应变值。以应力为纵坐标，以各种应变为横坐标，绘制出各种应力—应变曲线（图 3.26、图 3.27）。这些曲线反映了岩石的单向压缩条件下的变形特性。

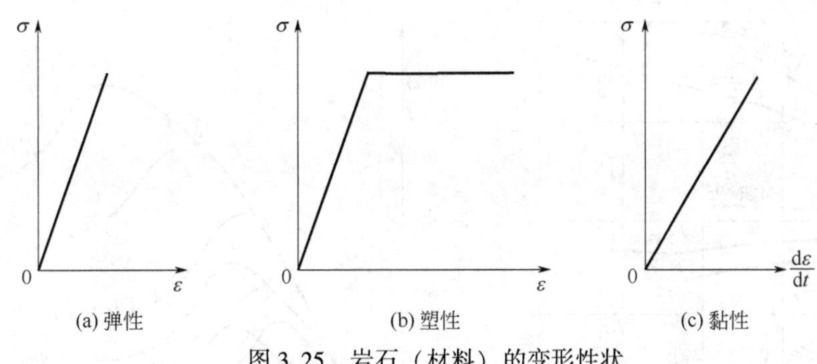

图 3.25　岩石（材料）的变形性状

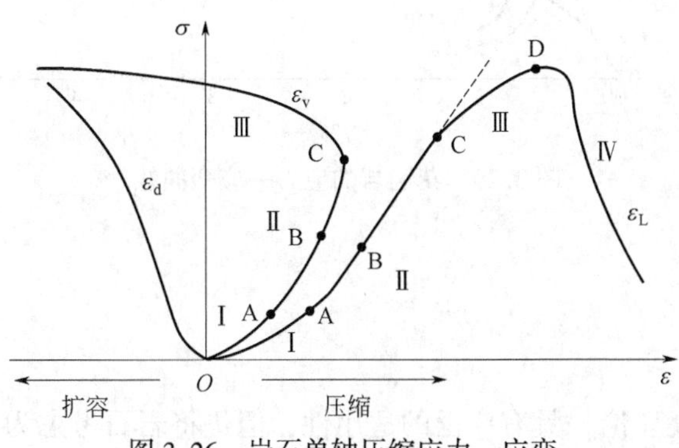

图 3.26　岩石单轴压缩应力—应变全过程曲线

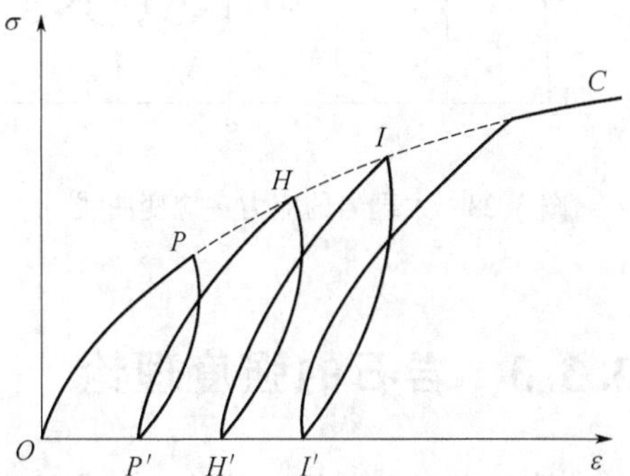

图 3.27　不断增大荷载循环加载、卸载时的应力—应变曲线

在图 3.26 中，ε_L、ε_v、ε_d 分别为单向压缩过程中岩石样品的轴向应变、体积应变和环向应变。整个压缩过程分为Ⅰ、Ⅱ、Ⅲ、Ⅳ四个阶段，A、B、C、D 为不同阶段的分界点：Ⅰ阶段试样内横向微裂纹闭合，体积应变呈现线性压缩状态；Ⅱ阶段竖向微裂纹稳定张开，环向膨胀抵消了一部分轴向的体积压缩，体积应变逐渐变缓，C 点之后意味着岩石开始屈服；Ⅲ阶段横向膨胀与轴向压缩速率几乎相等，应变增量接近于零；Ⅳ阶段，微裂纹扩展，横向体积膨胀超过轴向体积压缩，试样内部出现宏观裂纹，体积明显增大，最终岩石试样破坏。

在岩石工程中经常遇到循环荷载作用，在这种条件下岩石的强度往往低于静力强度(逐级加载条件下的强度)。非弹性岩石，当卸载点超过屈服应力（屈服极限）时，加载与卸载曲线不重合，两者之间形成一个环路，一般称为塑性滞回环。一般来说，卸载曲线的平均斜率与加载曲线的直线段的斜率相同，或与原点切线斜率相同。反复加载、卸载时，都形成一个滞回环（滞回环不重合，这是因为存在塑性变形即不可恢复的变形)。

试验表明，在有围压作用时，岩石的变形性质与单轴压缩时是不同的。图 3.28、图 3.29 为大理岩和花岗岩在不同围压下的（$\sigma_1-\sigma_3$）与应变 ε 之间的关系曲线。由图可知，破坏前，应变随着围压（σ_2、σ_3）的增大而增大（曲线上的峰值后移）；塑性随围压（σ_2、σ_3）的增大而增强（曲线呈现塑性材料的变形特征）；随着围压的增大，岩石由脆性转变为延性；围压较低时，岩石呈脆性；围压增大到一定数值后，表现为延性破坏。

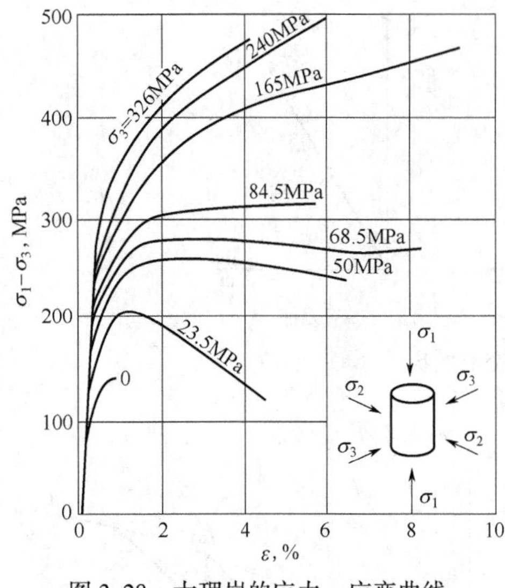

图 3.28　大理岩的应力—应变曲线

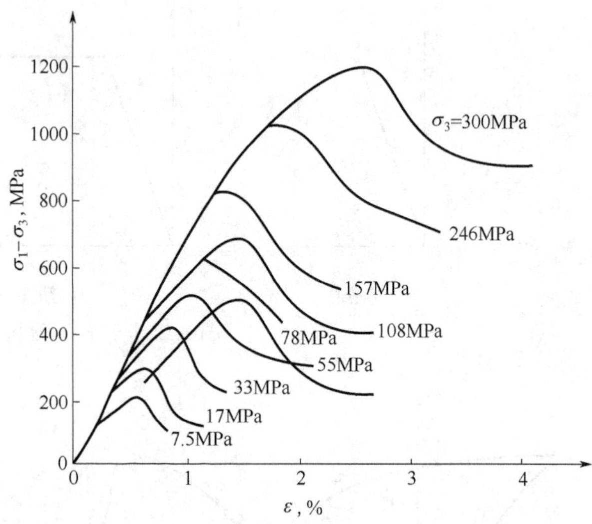

图 3.29　花岗岩的应力—应变曲线

3.3.3　岩石的强度理论

第 2 章所介绍的三种较为经典的岩石强度理论，具有广泛的适用性，但仍将岩石考虑为连续的线弹性材料，重点考虑主应力对岩石强度的影响。然而实际情况下，岩石并不是由单一组分组成的连续介质。岩石是由多种矿物在黏土等胶结物的作用下胶结形成的材料，其内部必然存在着一定的离散性，诸如裂纹、孔隙及胶结物之间的胶结强度都会对岩石的强度产生影响。当考虑裂纹、孔隙时，岩石在到达其强度极限前的损伤与断裂过程是如何演化的，对其强度的进一步精确描述影响重大。裂纹的扩展、不同组分之间胶结作用的强弱，仅仅依靠主应力无法描述，切应力同样会产生重要的影响。因此，本节在第 2 章的基础上，重点介绍几种从不同角度出发的更为精细化的强度理论。

1. 格里菲斯（Griffith）强度理论

尽管大量的研究工作把岩石看作完整的、没有裂隙的连续介质，但考虑到实际情况，会发现岩石为含有多裂隙的结构体。对于一般情况下呈脆性破坏的材料，很早就有人注意到其实际的破坏强度与理论强度具有一定的数值差异。

为解决这一问题，Griffith 指出，实际固体既不是绝对均匀的，也不是绝对连续的，实际上其内部含有大量的微孔隙和微孔洞。在裂纹或者缺陷边缘上往往存在应力集中，会产生局部的高应力，从而导致微裂纹扩展。随着微裂纹的扩展、串接、迁移，会进一步形成宏观裂纹，最终固体会沿某个方向产生破坏。

Griffith 强度理论认为，当裂纹周边的切应力大于某个临界值时，裂纹开始扩展，该临界值即为该点处岩石的抗拉强度。因此如果要应用 Griffith 强度理论，首先应该求得裂纹尖端附近的应力集中，其次要测得裂纹尖端附近岩石的抗拉强度。在实际工程中，一般对岩石进行如下简化：

（1）岩石中的微裂纹形状假设为一个近似扁平的椭圆；

（2）岩石性质相对均匀，其局部变化可以忽略不计；

（3）岩石内部相邻的微裂纹之间的相互作用不计入分析；

（4）椭圆形裂纹周围的系统可以视为平面问题进行处理。

基于上述假设，可以结合二维弹性理论计算椭圆周边上的应力。定义岩石的单轴抗拉强度为 T_0，在 $\sigma_1-\sigma_3$ 平面内，破坏准则可以写为：

$$\begin{cases}(\sigma_1-\sigma_3)^2=8T_0(\sigma_1+\sigma_3),\sigma_1+3\sigma_3>0\\ \sigma_3=-T_0,\sigma_1+3\sigma_3<0\end{cases} \tag{3.8}$$

在 $\tau-\sigma$ 坐标中，Griffith 强度理论可表示为：

$$\tau^2=4T_0(\sigma+T_0) \tag{3.9}$$

Griffith 强度理论在 $\sigma_1-\sigma_3$ 平面内为一条抛物线与直线的组合，在 $\tau-\sigma$ 平面上为一条抛物线。该准则可以给出单轴抗压与单轴抗拉强度之间的关系。但是这一理论忽略了裂缝在足够高的压应力下可能产生闭合的事实。如果裂缝发生闭合，则在闭合表面间将产生摩擦力，即此时裂隙面上作用有法向力和剪切力。当剪切力大于抗剪强度时，裂隙将继续破裂。根据这一理念，可以进一步修正岩石的强度准则，得到修正的 Griffith 强度理论。修正后的强度理论认为，高围压下的微裂纹充分闭合，导致 Griffith 强度理论向与 Mohr-Coulomb 强度理论相关的摩擦特性过渡。假定使裂缝闭合所需要的应力很小，小到可以忽略，修正的 Griffith 强度理论可以看作拉伸条件下的 Griffith 强度理论（$\sigma<0$）与压缩条件下的 Mohr-Coulomb 强度理论的耦合。当 $\sigma=0$ 时，由 Griffith 强度理论预测的临界剪切应力 $\tau=2T_0$ 可被视为 Mohr-Coulomb 强度理论中的内聚力 c。单轴抗压强度 C_0 与单轴抗拉强度 T_0 的比值为：

$$\frac{C_0}{T_0}=\frac{4}{\sqrt{\mu^2+1}-\mu} \tag{3.10}$$

式中，μ 为内摩擦系数，$\mu=\tan\varphi$。

2. 霍克—布朗（Hoek-Brown）强度理论

Hoek-Brown 强度理论是 E. Hoek 和 E. T. Brown 在参考了 Griffith 强度理论的基础上，基于大量岩石三轴试验和现场岩体试验结果于 1980 年提出的一种非线性经验强度准则。Hoek-Brown 强度理论不仅可以反映岩石和岩体固有非线性破坏的特点，以及结构面、应力状态和强度的影响，而且能够解释地应力区、拉应力区和最小主应力对强度的影响，并适用于各向异性岩体的描述。其经验性的强度准则公式的形式为：

$$\sigma_1=\sigma_3+C_0\left(m_i\frac{\sigma_3}{C_0}+1\right)^{0.5} \tag{3.11}$$

式中，m_i 为岩石的经验参数，反映岩石的软硬程度，取 0.001~25.0。

之后，Hoek 对 Hoek-Brown 强度理论进行了改进，使其可以同时适用于岩石和含有软弱结构面的非均质岩体，称为广义 Hoek-Brown 强度理论：

$$\sigma_1=\sigma_3+C_0\left(m_b\frac{\sigma_3}{C_0}+s\right)^a \tag{3.12}$$

式中，m_b、a 为针对不同岩体的经验参数；s 为反映岩体的破碎程度的参数。

3. 双剪强度理论

Mohr-Coulomb 强度理论和 Hoek-Brown 强度理论都是经典且应用广泛的强度准则，但不足之处在于没有考虑中间主应力的影响。我国力学家俞茂宏提出了双剪应力屈服准则。该准则认为材料的破坏不仅仅取决于最大主剪应力［$\tau=1/2(\sigma_1-\sigma_3)$］，而且是由三个剪应力中较大的两个剪应力及相应的主正应力决定的。当作用于某岩石单元上的两个占主导地位的主剪应力及相应的主正应力的函数达到某一极限值时，材料发生破坏。该准则在主应力空间中呈正十二面体，其强度准则的表达式为：

$$\begin{cases} f=\tau_{13}+\tau_{12}=\sigma_1-\dfrac{1}{2}(\sigma_2+\sigma_3)=C,\tau_{12}\geqslant\tau_{23} \\ f'=\tau_{13}+\tau_{23}=\dfrac{1}{2}(\sigma_1+\sigma_2)-\sigma_3=C,\tau_{12}\leqslant\tau_{23} \end{cases} \tag{3.13}$$

其中

$$\tau_{13}=\frac{1}{2}(\sigma_1-\sigma_3),\tau_{12}=\frac{1}{2}(\sigma_1-\sigma_2),\tau_{23}=\frac{1}{2}(\sigma_2-\sigma_3) \tag{3.14}$$

式中，τ_{ij} 表示相应的主应力差，i、$j=1$，2，3。

双剪应力屈服准则的提出是基于材料的拉伸和压缩屈服极限相等、围压不影响材料的假设的。这一假设适用于金属材料，但并不适用于岩石等脆性材料的断裂。因此俞茂宏在双剪应力屈服准则的基础上考虑了围压和岩石抗压不抗拉的特性后，提出了广义的双剪强度理论：

$$\begin{cases} F=\tau_{13}+\tau_{12}+\beta(\sigma_{13}+\sigma_{12})=C,F\geqslant F' \\ F'=\tau_{13}+\tau_{23}+\beta(\sigma_{13}+\sigma_{23})=C,F\leqslant F' \end{cases} \tag{3.15}$$

式中，β 为正应力对材料破坏的影响系数，C 为材料的强度参数，β 与 C 的具体形式为：

$$\beta=\frac{C_0-T_0}{C_0+T_0},C=\frac{2C_0-T_0}{C_0+T_0} \tag{3.16}$$

且有：

$$\sigma_{13}=\frac{1}{2}(\sigma_1+\sigma_3),\sigma_{12}=\frac{1}{2}(\sigma_1+\sigma_2),\sigma_{23}=\frac{1}{2}(\sigma_2+\sigma_3) \tag{3.17}$$

4. 统一强度理论

统一强度理论是俞茂宏以双剪强度理论为基础提出的一种将线性准则统一的强度理论，该理论在主应力空间中呈扁平状正交八面体，不仅反映了中间主应力对材料屈服的影响，而且反映了从广义拉伸状态向广义压缩状态的改变。该理论考虑了双剪切单元体正应力的影响，更符合岩土类材料拉压强度不相等的性质，其具体形式为：

$$\begin{cases} F=\tau_{13}+b\tau_{12}+\beta(\sigma_{13}+b\sigma_{12})=C\tau_{12}+\beta,\sigma_{12}\geqslant\tau_{23}+\beta\sigma_{23} \\ F'=\tau_{13}+b\tau_{23}+\beta(\sigma_{13}+b\sigma_{23})=C\tau_{12}+\beta,\sigma_{12}\leqslant\tau_{23}+\beta\sigma_{23} \end{cases} \tag{3.18}$$

式中，b 为中间主剪应力作用的权系数。

式(3-18) 的主正应力表达形式为：

$$\begin{cases} F=\sigma_1-\dfrac{\alpha}{1+b}(b\sigma_2+\sigma_3)=C_0,\sigma_2\leqslant\dfrac{\sigma_1+\alpha\sigma_3}{1+\alpha} \\ F'=\dfrac{1}{1+b}(\sigma_1+b\sigma_2)-\alpha\sigma_3=T_0,\sigma_2\geqslant\dfrac{\sigma_1+\alpha\sigma_3}{1+\alpha} \end{cases} \tag{3.19}$$

式中，$\alpha=T_0/C_0$。

5. 修正莱特（Lade）准则

Lade 准则是三维破坏准则，用于描述无内聚力的摩擦材料（颗粒状土壤），该准则的包络线为弯曲状，其表达式为：

$$\left(\frac{I_1^3}{I_3}-27\right)\left(\frac{I_1}{p_a}\right)^{m'}=\eta_1 \tag{3.20}$$

式中，I_1、I_3 为应力张量的第一、第三不变量，p_a 为大气压力，m'、η_1 为材料常数。

尤伊（Ewy）对 Lade 准则做了修正，为了得到随平均应力（$I_1/3$）变化的线性抗剪强度，将 m'设置为零。为了研究内聚力不等于零的材料，Ewy 不仅引入了孔隙压力，而且还引入了材料参数 S 和 η，S 与岩石内聚力有关，η 由内摩擦系数决定，最终得到的破坏准则为：

$$\frac{(I_1')^3}{I_3'}=27+\eta \tag{3.21}$$

其中

$$\begin{cases}I_1'=(\sigma_1+S)+(\sigma_2+S)+(\sigma_3+S)\\ I_3'=(\sigma_1+S)(\sigma_2+S)(\sigma_3+S)\end{cases} \tag{3.22}$$

式中，S、η 可以通过 Mohr-Coulomb 强度理论中的内摩擦角和单轴抗压强度计算获得，其具体公式如下：

$$\begin{cases}S=\dfrac{C_0}{2\tan\varphi\tan\left(\dfrac{\pi}{4}+\dfrac{\varphi}{2}\right)}\\ \eta=\dfrac{4\tan^2\varphi(9-7\sin\varphi)}{1-\sin\varphi}\end{cases} \tag{3.23}$$

由修正 Lade 准则可知，随着中间主应力 σ_2 的增大，材料强度增加，当 σ_2 继续增大时，材料强度稍有降低。该准则考虑了内摩擦角 φ 和单轴抗压强度 C_0，使其能够更加全面地描述井眼的破坏问题。

6. 岩石强度的各向异性

层状砂岩或页岩中存在软夹层面，明显影响岩石的强度。软弱层理面对岩石强度的影响称为岩石强度的各向异性，影响程度通常取决于层理面的相对软弱程度和层理面相对于最大主应力的方向。

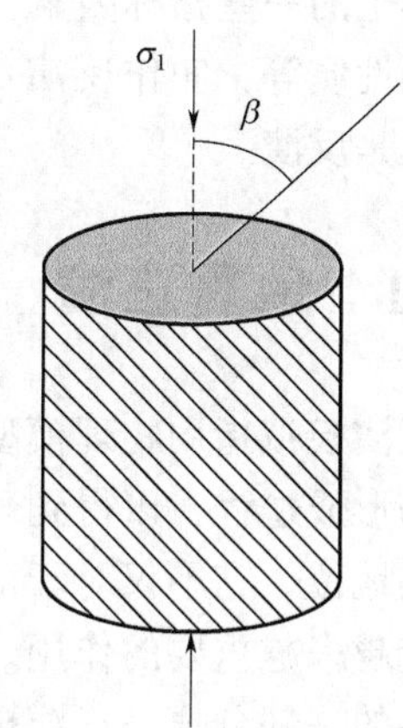

图 3.30 含层理岩石的加载试验

β—最大主应力 σ_1 与软弱层面法线方向的夹角

含层理岩石的加载试验如图 3.30 所示，当 β 接近 0°或 90°时，层理面对岩石强度几乎没有影响。当接近 60°时，层理面很容易滑动。岩石可认为有两种强度，即完整岩石的正常强度和岩石弱节理层面的低强度，可由节理面的内聚力 c_w 和内摩擦角 φ_w 定义。

当岩石发生本体破坏时，此时岩石表观强度等于岩石本体的强度，此时岩石发生常规破坏，岩石强度为：

$$\sigma_1=\sigma_3+\frac{2(c_0+\sigma_3\tan\varphi_0)}{(1-\tan\varphi_0\cot\beta_0)\sin2\beta_0} \tag{3.24}$$

式中，c_0、φ_0 分别为岩石本身的内聚力和内摩擦角，$\beta_0=\pi/4+\varphi_0/2$。

当节理面弱面是最危险的截面时，岩石的表观强度受节理的强度控制，岩石的强度为：

$$\sigma_1=\sigma_3+\frac{2(c_w+\sigma_3\tan\varphi_w)}{(1-\tan\varphi_w\cot\beta)\sin2\beta} \tag{3.25}$$

自 Mohr-Coulomb 强度理论提出以来，关于岩石的破坏准则（强度理论）的研究一直在进行中，至少出现了 20 余种破坏准则，以上列举的是有代表性的破坏准则。目前提出的所有破坏准则（强度理论）均有不完善之处。实际上，早在 1901 年，德国哥廷根大学的沃伊特（Voigt）教授就认为，对于各种不同材料，应用一种强度理论是不可能的。斯坦福大学的铁摩辛柯（Timoshenko）在他的材料力学发展史中写道：“沃伊特进行了大量复杂应力实验，以校核莫尔的理论，试验的材料均为脆性材料，所得结果并不与莫尔的理论相符合。沃伊特由此得出结论，认为强度问题是非常复杂的，要想提供一个单独的理论有效地应用到各种建筑材料上是不可能的。”因此对于种类繁多且复杂的岩石而言，针对不同类型的岩石，考虑不同类型的破坏形式，选择或继续细化相应的岩石破坏准则（强度理论），是一项具有重要意义的工作。

3.4 地应力场正反演分析

在地球物理中，已经知道地球介质的性质，如地震波传播速度等，求地震波在地层中的传播时间是正演问题；又如，已知地下介质结构、物质特性等，求波速、重力值及电磁学、地热学上的一些指标因素，也是正演问题。反过来，已经知道如地震波的传播速度，求地球介质的性质等，叫作反演；又如，已经知道某地的重力异常值，求该地区地下的物质特性等，也是反演。

3.4.1 地震正演

正演模拟指用物理模型和数学模型代替地下真实介质，用物理实验和数学计算模拟地震记录的形成过程，以得到理论地震记录的各种方法、技术。在地震勘探中，正演模拟占据着重要的地位。它不仅对于地震勘探基础理论的研究具有十分重要的意义，而且在生产实际中也起着越来越重要的作用。例如，前述的某些补偿处理需要用到正演模拟，人机联作解释中很重要的一部分也是正演模拟。

正演模拟主要分为物理模拟和计算模拟。物理模拟是用一些已知参数的介质做成一定几何形态的模型来模拟地下地质结构，采用超声波模拟地震波，专用换能器模拟震源和检波器，将野外地震勘探过程在实验室内重现，得到理论地震记录的方法技术，具有与实际情况更为接近的优点。计算模拟是用计算机实现的正演模拟，其流程如图 3.31 所示。它包括一维和二维、三维模拟，其效率高，计算、修改参数方便，使用更为广泛。

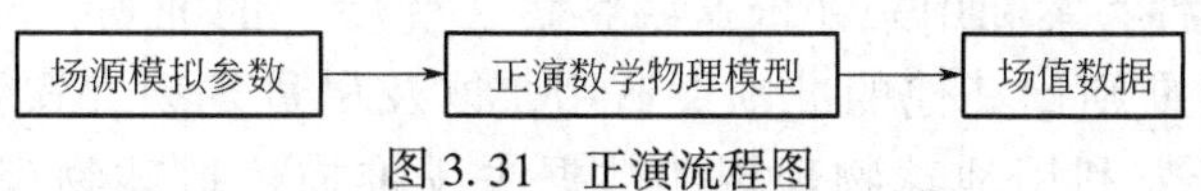

图 3.31　正演流程图

下面对一个基本的一维计算模型进行简要概述。一维模型，通常称为古皮特模型，其基本假定为：

(1) 地层横向均匀，纵向由一系列不同弹性性质的平行薄层所组成；

(2) 薄层假设为等时厚，每层时间厚度均为半个 Δ（采样间隔）；

(3) 地震波为平面波法线入射；

(4) 每一界面的反射子波形状都相同，仅振幅和符号依据各界面反射系数而变；

(5) 忽略透射影响和多次反射。

在上述假设条件下，反射地震记录 $x(t)$ 可以看作是地震子波 $b(t)$ 与反射函数 $R(t)$（离散时为反射系数序列）的卷积，即：

$$x(t) = b(t)R(t) = \int_0^t b(\tau)R(t-\tau)\mathrm{d}\tau \tag{3.26}$$

此即一维计算模拟的基本公式。若已知 $b(t)$ 和 $R(t)$，按上式可计算出理论地震记录，称为合成地震记录。因此，一维模拟又称为合成地震记录的制作，它用于记录标定。

之后以离散形式进行数值计算：

$$x_n = \Delta\sum_{m=0}^{N} b_m R_{n-m} = b_n R_n \tag{3.27}$$

式中，$x_n = x(n\Delta)$，为 $x(t)$ 在 $t = t_n = n\Delta$ 时刻的样值，其余类推，n 为子波的全部采样个数，$R_n = R(n\Delta)$ 为反射系数序列。

3.4.2　地震反演

反演问题是相对正演问题而言的，是由结果反过来推测原因。这里的结果应该是可以观测到的，称为观测资料。地球物理学中的反演就是研究把地球物理学中的观测数据映射到相应的地球物理模型的理论和方法，即：观测数据→反演数学物理模型→场源模型参数（图 3.32、视频 3.4）。

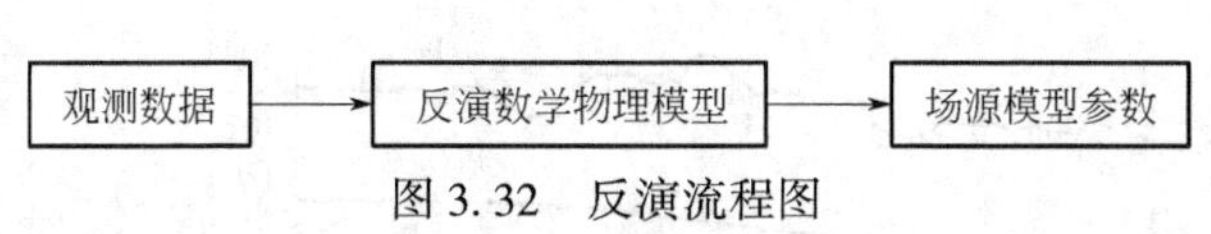

图 3.32　反演流程图

视频 3.4　一分钟了解反演

由于地面观测条件及地下情况的复杂多变，反演受到许多限制，一般的反演过程为：

(1) 根据物理原理做某些简化之后再作数学抽象，提出初始模型，建立理论公式；

(2) 通过正演，明确规律及法则，提出地球物理泛函，根据初始模型给出计算值；

(3) 给出稳定可行的反演算法；

(4) 在一定约束下调整模型参数，使其符合规则数据的最佳地球物理模型。

反演问题存在多种答案和用来评价这些答案“优度”的准则，反演理论的研究课题都涉及识别何时某些准则比其他的准则更适用，以及尽量发现并避免可能出现的失误。地球物理反演问题研究利用地球物理观测数据去反推描述地球物理模型特征的理论和方法。

3.4.3 关于正反演的一点讨论

地球物理数据从来都不是精确的。这不但增加反演问题的非唯一性，而且带来模型重建的数字运算的困难。理想情况下，正演问题产生观测数据为 $F(m)=e$，若有附加噪声，则观测数据为：$e^0=e+\delta e$。反演算子作用于不精确的数据。令 m_c 表示反演求得的模型，即：$m_c=F^{-1}(e^0)$。且在地球物理问题中一般假设附加噪声具有统计特性。若已知噪声的统计规律，并可得到一个观测数据样本集，则唯一可说的是真正的观测数据 e 存在于的某个区域内（图 3.33）。

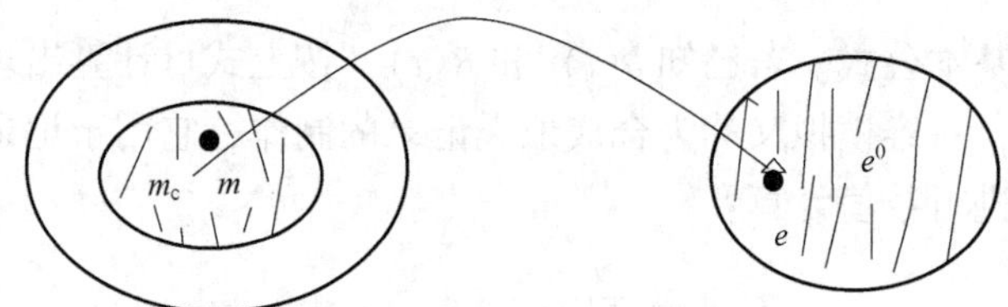

图 3.33　阴影部分表示所有可能的数据向量

但是阴影区（边界其实是模糊的）内的每个点都可能是真实的数据 e。而且这个集合内的每个点都能映射到模型空间的一个点。模型空间的阴影表示所有可以接受的模型。因而需要考虑的问题变成：当附加噪声较小时，$e^0\approx e$，是否有 $m_c\approx m$。

一般说来该问题的回答是否定的。令 $\delta e=e^0-e$，$\delta m=m_c-m$，则大部分问题是：即使 $|\delta e|$ 很小，$|\delta m|$ 也可能很大。也就是说反演问题本性是不稳定的。数学家则说反演问题是病态（ill-posed 或 ill-conditioned）的。

产生病态的原因为地球物理实验本身的特性，核函数一般比较宽，因而“平滑”了模型。观测数据在某种意义上可以说是模型的平滑。下面给出一个实际的层速度和相应的叠加速度例子，如图 3.34 所示，显然均方根速度 $V(t)$ 比层速度 $v(t)$ 平滑很多。

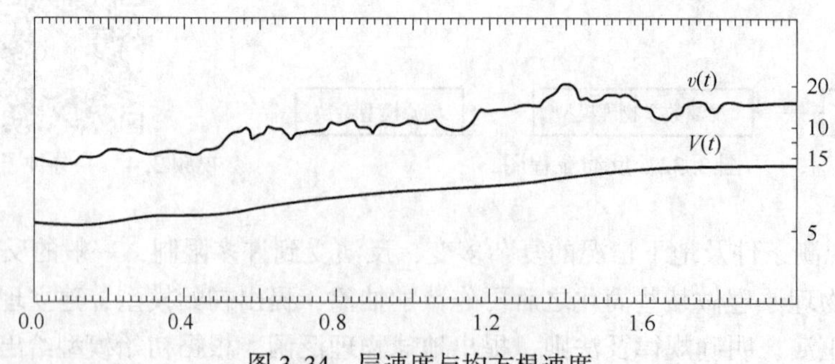

图 3.34　层速度与均方根速度

3.4.4 地应力反演实例

本实例为位于安徽省淮南市北部潘集区的潘一矿东区。潘一矿井东起第 0 勘探线与潘二矿毗邻，西至第 IX 勘探线及技术边界线与潘三矿相接，北以 F2、潘集背斜轴、F4、F5、F5-1 断层与潘二、潘北矿为界，南至 13-1 煤层 800m 底板等高线地面投影线。矿井东西走向长 14.6km，倾斜宽约 4km，面积约 58.4km^2 [图 3.35(a)]。

勘查报告显示潘一东区地层自老至新有石炭系、二叠系、第四系，主要由 30 多层层厚从 1m 至 100m 的砂质泥岩、粉砂岩、中砂岩、泥岩、细砂岩、煤层组成。数值模型中很难详尽地反映地层情况，有些岩层厚度 0.5~2.0m，通过数值模拟计算得到上述交互岩层等效的各向同性和横观各向同性材料参数。如图 3.35(b) 所示，根据通过上述方法，可得潘一矿东区地层概化模型。

结合地应力的实测工作，将地应力特征实测数据转化为模型中的坐标点数据，并作为反演计算的边界条件。采用多元回归方法对受复杂地质构造影响的复杂地应力进行分解求解。通过多元回归拟合，得到地应力回归方程，获取反演所需的各项参数。地应力反演通过编制 FLAC 计算文件进行模拟，本实例的模拟结果如图 3.36 所示。

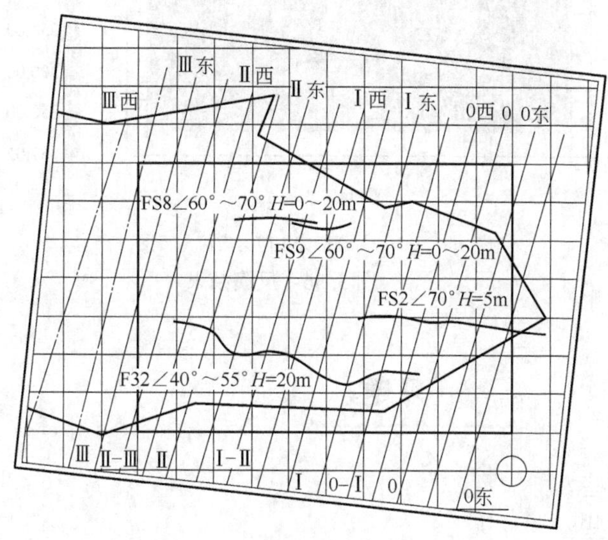

(a) 矿区范围示意

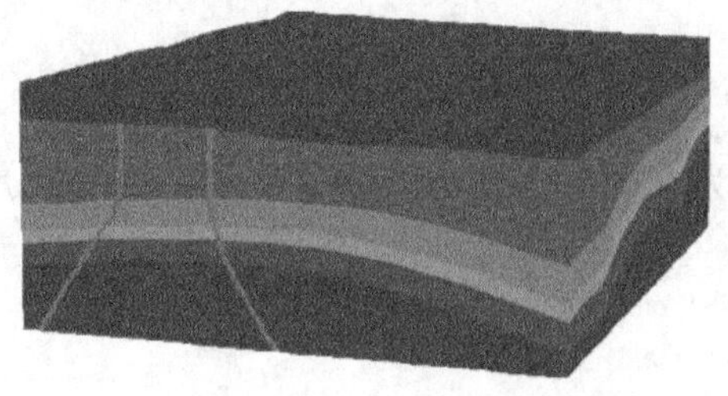

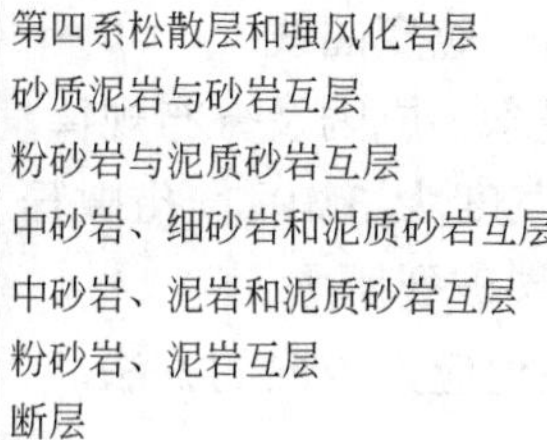

(b) 矿区地质概化分区

图 3.35 潘一东矿区地质信息

彩图 3.35

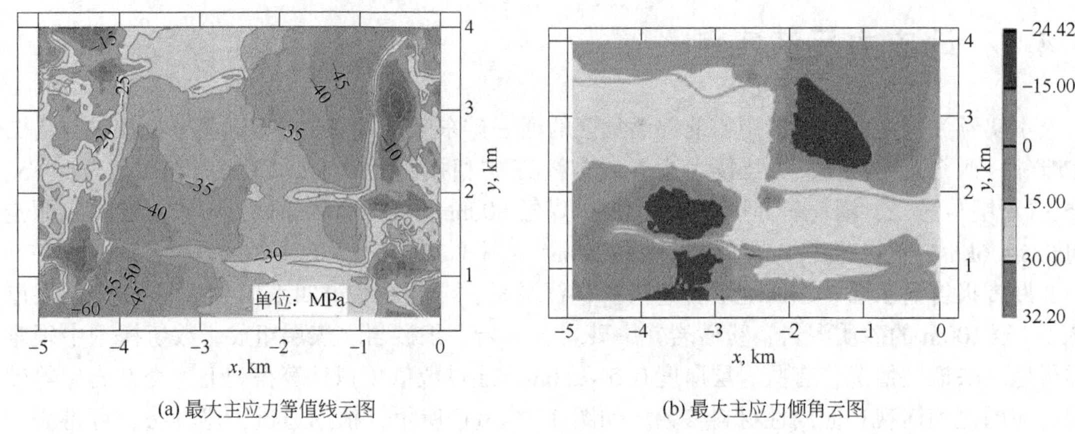

(a) 最大主应力等值线云图　　(b) 最大主应力倾角云图

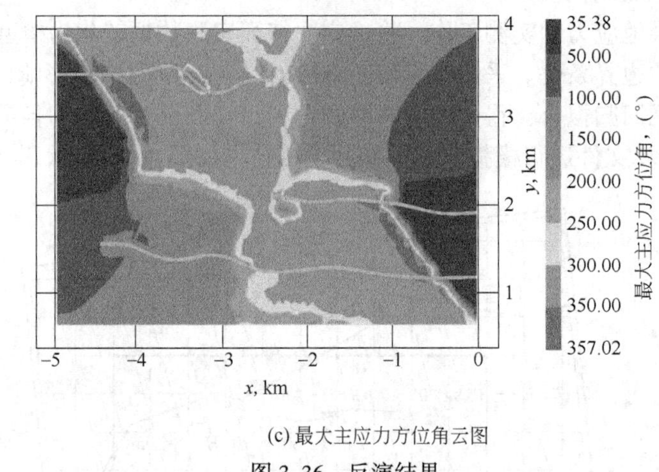

(c) 最大主应力方位角云图

彩图 3.36

图 3.36　反演结果

习题

1. 岩石的工程性质包括哪些？

2. 岩石的物理性质包括哪些？

3. 对某岩样进行单轴抗压强度实验，已知岩样破坏时轴向载荷为 134kN，岩样直径为 5cm，求岩样的抗压强度。

4. 详述完全的应力—应变曲线。

5. 简述地应力的概念、成因及分布规律。

6. 已知地层抗拉强度为 3MPa，孔隙压力为 20MPa，最大、最小水平主应力分别为 55MPa、38MPa，求地层破裂压力。

7. 简述确定最大主地应力方向的方法。

第4章 油气井工程中的力学问题

油气井工程的诸多理论、工艺、方法、装备、材料都与力学密不可分。从钻井和采油工艺的设计、施工到井下复杂事故的分析，都涉及大量的力学知识，本章主要从油气井工程中涉及的几个典型力学问题进行简单介绍，以说明石油工程与力学的内在联系。

4.1 石油钻采管柱力学分析

4.1.1 管柱屈曲分析

石油管柱（如钻柱、套管柱、油管柱及抽油杆等）的屈曲行为是石油工程中的关键问题，对石油工程中的诸多方面（如钻井、完井、测试、生产等）都有不良影响，例如会引起钻头方向改变及井下摩阻和扭矩显著增加（甚至使管柱“锁死”），导致钻具疲劳破坏、油管密封失效、管柱连接失效、管柱无法下入及采油杆管柱偏磨等。特别是随着水平井、大位移井、多分支井和连续油管技术的推广应用，受井眼约束管柱的屈曲问题更加突出，已成为油气井工程中的关键技术问题之一。图4.1为钻杆的弯曲和屈曲示例。

图4.1 钻杆弯曲与屈曲

1. 管柱屈曲行为研究方法

自1962年鲁宾斯基（Lubinski）等首次利用能量法研究直井中管柱的螺旋屈曲行为以来，经过半个多世纪的发展，目前已形成了几种比较典型的研究方法，即经典微分方程法、能量法、有限单元法等。

经典微分方程法是管柱力学中应用最早的研究方法。该方法是把钻柱看成一条弹性曲线，并要求在满足经典材料力学的基本假设的前提下，通过应用弹性力学基本理论，建立管柱线弹性的经典微分方程。这种方法在考虑因素较多时，建立的微分方程很复杂，求解比较困难。

能量法是一种求解简单的弹性力学问题的方法。它要求势能函数不仅要满足弹性力学的控制方程，而且要满足边界条件，通过解的形式的假设及有关参数的确定，可得到问题的解答。由于满足以上两个条件是一件非常困难的事情。因此，这一方法的应用受到了限制。

有限元法也是一种近似数值计算方法，这种方法是通过将管柱分解为有限的离散梁单元，再通过适当的合成方法将这些单元组合成一个整体，用以代表原来的管柱状态，并最终得到一组以节点位移为未知量的代数方程组。有限元法的物理概念清楚、简单，实用性强。不限制管柱的材料和几何形状，且对单元尺寸也无严格的要求；又可以较容易地考虑非线性的影响。目前发展的接触有限元法，考虑了管柱、稳定器与井壁之间的初始接触摩擦力，力学模型比较准确，考虑因素较多，求解的速度虽然是这几种方法中最慢的，但也可满足需要。

管柱在井眼中有 4 种不同的平衡状态和空间构型：稳定状态、正弦屈曲状态、螺旋屈曲状态和自锁状态。在这 4 种不同的平衡状态之间存在 3 个临界点。

2. 管柱屈曲行为状态

一般情况下，当结构受到的载荷超过其临界载荷时，将导致结构损坏。由于井壁为管柱后屈曲平衡提供了约束条件，管柱都是在高于其临界载荷条件下工作的。要计算管柱的载荷、变形和应力，必须先知道实际工况条件下管柱的屈曲形态。自鲁宾斯基等首次利用能量法研究直井中管柱的螺旋屈曲行为以来，已有许多学者对受井眼约束管柱的屈曲行为进行了研究。然而，由于后屈曲表现出的强非线性使问题非常复杂，如受弯曲井眼约束管柱在不同的受力情况下，可以观察到不同的屈曲模态（图 4.2）。就弯曲井眼中受压管柱的螺旋屈曲行为而言，可以利用能量法得到三种不同的螺旋屈曲临界载荷。

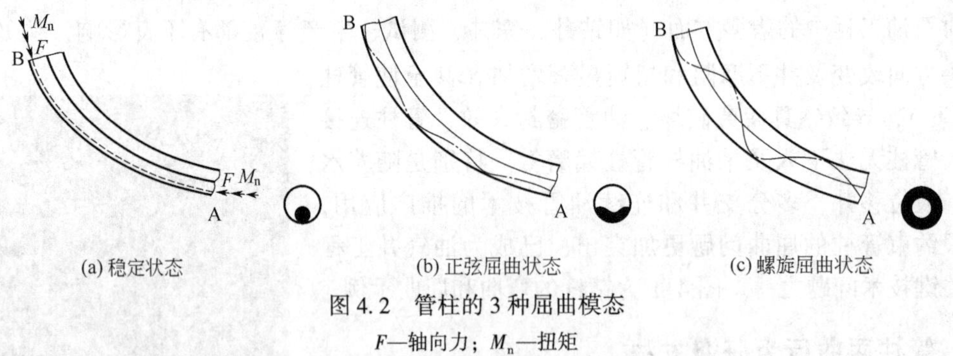

图 4.2　管柱的 3 种屈曲模态

F—轴向力；M_n—扭矩

管柱在井筒内经常处于压扭状态，有时会发生屈曲和塑性变形。受井眼约束管柱发生屈曲后，屈曲构型随着载荷的增加而变化，除了稳定状态、正弦屈曲状态、螺旋屈曲状态及相互之间的转化外，在每种屈曲构型中管柱的模态也会随着载荷的增加而变化。管柱屈曲为复杂的多层次屈曲行为，对其受力和变形进行精确分析有利于进行管柱优化设计和钻井措施设计。

3. 管柱屈曲行为研究现状

1）垂直井眼中管柱屈曲

1950 年，鲁宾斯基首先研究了钻柱在垂直井眼中的稳定性，导出了钻柱在垂直平面内的弯曲方程，并利用边界条件给出了钻柱在垂直平面内发生失稳弯曲的临界载荷计算公式。1957 年，鲁宾斯基、布伦卡恩（Blenkarn）等对抽油井中油管及抽油杆柱的螺旋弯曲进行了研究，首次提出了抽油杆、油管在轴压及内外压作用下发生空间螺旋屈曲的概念和内压引起管柱失稳的概念。1962 年，鲁宾斯基、艾哈豪斯（Ahhouse）、洛根（Logan）等又研究了带封隔器管柱的螺旋屈曲行为。1996 年，高国华等分析了管柱在垂直井眼中的屈曲，将管柱的 3 种平衡状态（稳定、正弦屈曲、螺旋屈曲）有机地统一起来。采用有限元法可以对直井中钻柱非线性屈曲控制微分方程进行求解，给出了钻柱非线性螺旋屈曲临界载荷定义，从而进一步分析位移高阶项在钻柱弯矩计算中的影响。

2）斜直井中管柱屈曲

1964 年，帕斯利（Paslay）等利用能量法对管柱在斜直圆孔中的稳定性进行了理论分析，导出了管柱发生正弦屈曲时的临界载荷计算公式。1984 年，道森（Dawson）、帕斯利等给出了斜直井中钻柱失稳载荷的计算公式。1988 年，米切尔（Mitchell）利用三维弹性梁理论首次导出了管柱在斜直井眼中发生失稳时的屈曲方程。后续学者的工作包括：考虑自重和井斜的影响，用能量法推导出了斜直井中钻柱正弦屈曲的临界载荷一般形式；引入单元荷载刚度矩阵，建立斜直井中钻柱正弦屈曲的有限元方法；应用伽辽金法求得斜直井管柱正弦屈曲构型的解析解；利用多尺度法得到斜直井管柱螺旋屈曲构型的解析解；利用能量法推导出了斜直井中考虑残余应变的连续油管螺旋屈曲载荷计算新公式。

3）水平井中管柱屈曲

1990 年，有学者利用能量法导出了管柱在水平井中发生正弦及螺旋屈曲时的临界载荷计算公式。后续的学者们利用能量法分析了管柱在大位移、水平井中的螺旋屈曲和摩擦阻力的计算问题，给出了螺旋屈曲临界载荷计算公式。后续学者的工作包括：导出了杆柱在水平井眼中的屈曲方程，给出了屈曲方程的通解，分析了不同边界约束条件对杆柱临界失稳载荷的影响；研究了水平井中管柱受压扭的几何非线性弯曲，用解析法分析了无重无摩擦力受压扭细长圆杆（管）在水平井中的等螺距螺旋屈曲；利用经典微分方程法建立了连续油管在水平井中的稳定性方程，讨论了井斜角、环空间隙、管柱长度和摩擦系数对连续油管在水平井中的稳定性的影响；应用有限元法对不同约束下水平井中钻柱从稳定到非线性屈曲的整个过程进行了分析；对水平井眼约束管柱的后屈曲行为进行了系统的讨论，利用能量稳定性判据分析两种屈曲平衡状态的稳定性。

4）弯曲井眼中管柱屈曲

由于管柱在弯曲井眼中的变形和载荷描述要比直井中复杂得多，因此弯曲井眼中管柱稳定性和螺旋屈曲的分析也很复杂。1993 年有学者通过类比分析认为：屈曲前井壁对管柱的法向支反力与管柱临界载荷之间存在一定的关系。在此基础上考虑重力及井眼弯曲的影响，用能量法可以得到水平井眼、弯曲井眼的正弦屈曲和螺旋屈曲临界载荷。后续学者的工作包括：利用经典微分方程法导出了弯曲井眼中受压管柱的屈曲方程——含参数的四阶非线性常微分方程；利用能量法研究了弯曲井眼中钻柱的屈曲问题，认为随着曲率的增大，其临界荷载随之增大，当弯曲井眼的曲率增大到一定的数值时，钻柱由稳定问题转变为强度问题；引入单元荷载刚度矩阵，建立了等曲率井中钻柱正弦屈曲的有限元方法；利用经典微分方程法对三维弯曲井眼中管柱屈曲进行了系统的分析；利用经典微分方程法建立了在弯扭组合作用时管柱的屈曲微分方程，并求得屈曲方程对应管柱正弦屈曲和螺旋屈曲构型的解析解。

5）摩擦对管柱屈曲的影响研究

摩擦对管柱屈曲的影响分析很复杂，考虑摩擦时，管柱的内力、应力和变形状态不仅与最终的受力状态有关，而且与载荷的变化历史有关。1984 年，约翰斯科（Johancsik）等提出了定向井中钻柱摩阻和摩擦力矩计算软管模型，但该模型仅适用于处于稳定状态的管柱。1986 年，米切尔提出了考虑摩擦时垂直井眼中管柱螺旋屈曲分析的简单模型，分析了摩擦对钻压传递效率及管柱轴向位移的影响。1993 年，有学者分析了管柱在弯曲井眼中处于稳定状态及螺旋屈曲状态时的摩擦力计算方法，并提出了“自锁”的概念。继而很多学者研究了水平井、斜直井和弯曲井眼中管柱正弦及螺旋屈曲时的摩擦力计算问题。1996 年，米切尔提出了基于位移分析，考虑摩擦影响的管柱屈曲综合分析方法。同年，米切尔分析了弯曲井眼中流体对管柱受力的影响。后续学者还分析了摩擦系数对整个管柱上的轴力分布、“中性点”位置、“自锁点”位置及“自锁力”的影响。

6）管柱屈曲试验研究

20 世纪 70 年代，鲁宾斯基等对全尺寸钻柱在斜直井眼中的临界载荷进行了实验测定，并给出了试验结果的拟合公式。1990 年，后续学者通过实验证明了他们用能量法导出的临界载荷公式的合理性。1993 年，有学者利用小尺寸模拟实验证明了他们所提出的弯曲井眼中管柱发生螺旋屈曲临界载荷计算公式的合理性。1994 年，萨利（Salies）等对垂直井眼中的正弦屈曲临界载荷进行了实验研究。实测到临界屈曲载荷、管柱与井筒的接触点及摩擦对管柱后屈曲行为的影响。1994 年，麦克恩（Mccann）和苏里亚纳拉亚纳（Suryanarayana）等进行了井眼曲率和摩擦对管柱失稳弯曲影响的实验研究，证明了临界载荷计算公式的相对合理性。

4. 管柱屈曲行为研究中存在的主要问题

从以上分析可以看出，现有的研究工作还存在以下不足之处：

（1）大多着重于理论简化分析，与实际的管柱作业工况还存在一定差距，定量分析尚有欠缺，关于实际应用研究的探索还不够。

（2）没有综合考虑井眼轨迹、管内外流体压力、温度梯度变化、流体密度变化、黏滞阻力、弯曲失稳后法向支反力及库仑摩擦力对管柱屈曲的影响，无法做到对复杂条件下管柱屈曲行为的准确描述。

（3）多局限于对井下管柱单一屈曲形式的分析，对同一井眼中更复杂的各种屈曲状态并存问题研究甚少。

故而针对上述存在问题，关于管柱屈曲的深入研究将关注以下几个方面：

（1）随着水平井、大位移井、多分支井和连续油管技术的推广应用，受井眼约束管柱的屈曲问题更加突出，在今后的研究中有必要在理论、试验和现场三者紧密结合下，建立科学、系统的研究方法，进行管柱屈曲行为研究。

（2）与各种现代钻井随钻测量仪器结合起来，更精确地研究钻柱屈曲摩阻问题。随着 MWD 及 LWD 钻井随钻仪器的不断完善及广泛使用，人们对井下钻柱及钻头的状态更加清楚，这就为事先预测钻柱屈曲摩阻提供了精确验证的条件。

（3）随着计算机技术、数值仿真技术、虚拟现实技术不断发展，虚拟仿真技术已经成为科学研究的重要手段，正在得到越来越广泛的应用。大力开展虚拟仿真技术研究能够再现管柱屈曲的实际工况，大幅度降低科研成本。

4.1.2 连续油管变形

1. 连续油管简介

连续油管（coiled tubing，CT）也称为挠性油管、蛇形管或盘管，是由若干段长度在百米以上的柔性管通过对焊或斜焊工艺焊接而成的无接头连接管。连续油管是相对于螺纹连接下井的常规油管而言的，长度一般可达几百米至几千米。它可以卷绕在卷筒上，拉直后直接下井。连续油管及其操纵设备称为盘管作业机或连续油管作业机（coiled tubing unit，CTU）。

连续油管作业机是移动式液压驱动的连续油管起下运输设备。它的基本功能是在连续油管作业时向生产油管或套管下入和起出连续油管，并把起出的连续油管卷绕在卷筒上以便运移。连续油管作业机基本组成如图 4. 3 所示，包括卷筒、牵引起下设备、防喷器组、动力机组和控制台等主要设备。

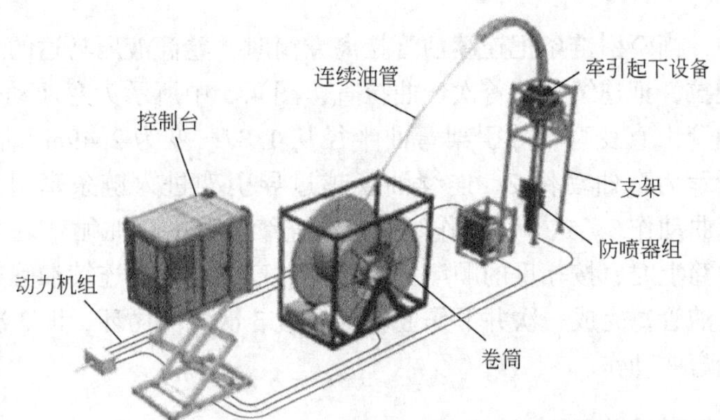

图 4. 3 连续油管作业机基本组成示意图

连续油管技术主要用于石油工业，是石油界探索和研究了 40 多年的产品。自 20 世纪 80 年代以来，基于生产的需要及新技术的应用，连续油管技术作业领域不断扩大，除清蜡、酸化、压井、冲洗砂堵、负压射孔、试井、大斜度井电测、打捞及作为生产油管等常规应用外，它还广泛应用于钻井、完井、采油、修井等作业的各个领域。连续油管各种工艺的应用情况如图 4. 4 所示。该技术解决了许多常规作业技术难以解决的问题，应用效果明显。

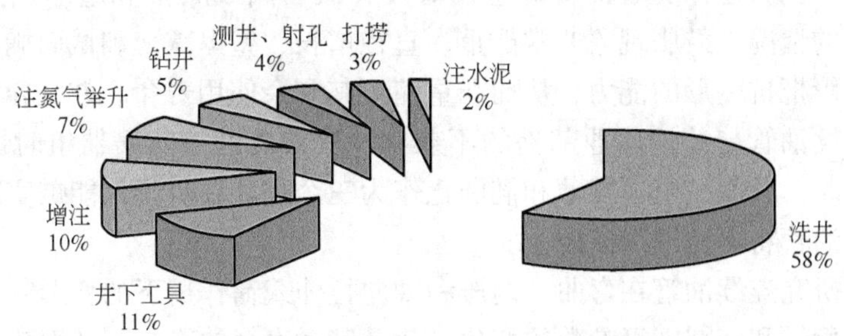

图 4. 4 连续油管各种工艺的应用情况

2. 连续油管的变形过程

连续油管从油管滚筒放出，在经导向架、注入头进入油井过程中有 3 处弯曲、3 处不弯曲，历经 3 次拉伸—弯曲交替变形，因此在每次起下作业过程中要经受 6 次拉伸—弯曲交替变形。这些拉伸—弯曲交替变形发生的位置如图 4.5 所示。

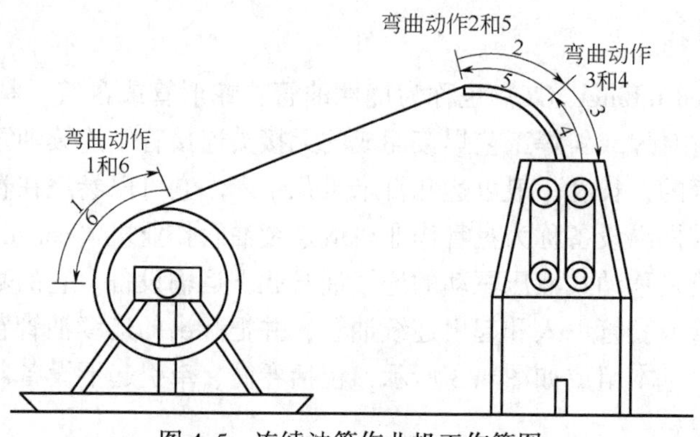

图 4.5　连续油管作业机工作简图

在下井操作中，当牵引链条把连续油管拉离卷筒时，卷筒液压马达的反向扭矩阻止油管离开，此时油管受拉，把连续油管首次弯曲拉直，图 4.5 中所示为弯曲动作 1。当连续油管进入导引架时，油管由直变弯，导引架弯曲半径从 1.37m 变为 2.49m，油管发生塑性弯曲变形，图 4.5 中所示为弯曲动作 2。连续油管越过导引架进入链条牵引总成时又被拉直，图 4.5 中所示为弯曲动作 3。这 3 个动作组成一次连续油管的弯曲循环。当把连续油管从井中起出并卷绕在卷筒上时，按相反的顺序发生同样的弯曲动作，连续油管遭受到另一次弯曲循环。这样，连续油管每完成一次井下作业就要经过 3 次弯曲循环，即 3 次弯曲变形和 3 次拉直变形，共 6 个弯曲动作。

3. 连续油管变形行为研究的意义

工作状态下连续油管受力情况复杂，由于滚筒和导向拱的半径都远小于使连续油管仅产生弹性变形的最小弯曲半径，故每次弯曲都会使连续油管截面产生显著的塑性变形，应力必然超过其材料的屈服极限，从而在起下井的周期性作业过程中产生低周疲劳失效，所以疲劳寿命比较低。资料表明，连续油管疲劳寿命通常只有几百次循环。

连续油管作业期间，在内压、弯曲和轴向拉伸等载荷作用下，油管会出现截面扁化现象，又叫椭圆化，同时还伴随着油管的直径增大（或者叫鼓胀）和壁厚减薄现象。试验表明：在内压较高的情况下鼓胀现象非常严重。直径增长、壁厚减薄和截面椭圆化在一定程度上会减低连续油管抵抗变形的能力，从而严重缩短其剩余使用寿命。鼓胀和截面扁化过于严重必然会引起连续油管与其他作业部件的不兼容，比如在通过防喷器组时影响压力密封效果。在现场作业时，鼓胀、壁厚减薄和椭圆化作为三个重要评价指标能被实时监测，若超过规定标准，连续油管将不能继续使用。

因此，通过研究连续油管在弯曲、内压和轴向拉伸载荷作用下的变形行为，分析截面直径增长、壁厚减薄量和椭圆度等参数的变化规律及其对寿命的影响，从而建立或改进其疲劳寿命预测模型，为提高连续油管剩余工作寿命提供可靠的建议是非常必要的，这对连续油管的安全使用和普遍推广有着重要的工程意义。

4. 连续油管变形的力学研究状况

为了更好地推广应用连续油管技术，有效解决连续油管在使用中出现的故障，国内外专家学者对连续油管进行了大量的试验和研究，取得了许多有益的进展。在现场实践和试验观察的基础上，总结归纳出部分力学分析计算模型，同时也研制了适应连续油管作业的井下工具。

自连续油管问世以来，国外就对连续油管进行了研究，20 世纪 60 年代到 70 年代末主要研究连续油管的物理机械性能，并研制了不同尺寸、不同屈服强度的连续油管。20 世纪 70 年代末到 80 年代初，连续油管制造商对连续油管的牵引起下和卷绕设备的设计及操作规范做了许多改进，改善了地面设备的性能和可靠性，显著地降低了设备的损坏率。20 世纪 80 年代，制造商又对连续油管加工工艺及热处理进行研究，提高了连续油管的疲劳强度和使用寿命。

20 世纪 90 年代，为了解和模拟连续油管在循环负荷及各类型应力下的物理和机械性能，国外一些连续油管制造商进行了大量研究和试验工作，建立了连续油管寿命预测的计算机模型，可以较好地预测连续油管的疲劳寿命，如美国 Stewart & Stevenson 公司开发的连续油管疲劳试验装置。国外开发了连续油管强度状态实时监测器，可随时了解连续油管的损害状况。大多数连续油管作业服务公司都有计算程序，用来模拟连续油管下入井筒后在各种轴向压载下的几何形状和受力状况，并预先分析连续油管进入水平段的可行长度。近年来，国外专家学者不断研究连续油管在作业时的抗内外挤压力、摩阻力、传输至井底的松弛力等问题，建立了抗外挤压力的理论模型、预测小椭圆度（不大于 3%）连续油管抗外挤压力值的理论模型、在井中弯曲度的力学模型，设计了连续油管应用于水平井的计算机模型（CIRCA）等。

连续油管在作业时的摩阻分析、疲劳寿命及破坏机理研究更为国外专家学者所重视。在美国休斯敦，每年都要举行几次有关连续油管方面的专题研讨会。美国莫尔工程公司（Maurer Engineering Inc.）在这方面的研究处于领先水平。该公司采用实验与理论研究相结合的方法，开发了连续油管疲劳寿命预测的计算机软件，随大型钻井与完井技术分析软件一起向世界各大油田推出。

4.1.3 杆管柱动力学分析

杆管柱是油气井工程中最重要的下井工具。油气井杆管柱在充满流体的狭长井筒内工作，在各种载荷的作用下，处于十分复杂的受力、变形和运动状态。对油气井杆管柱进行系统全面、准确的力学分析，可以达到如下目的：

（1）快速、准确、经济地控制油气井的井眼轨道；

（2）准确地校核各种杆管柱的强度，优化杆管柱设计；

（3）优化油气井井身结构；

（4）及时、准确地诊断、发现和正确处理各类井下问题；

（5）优选钻采设备和工作参数。

下面通过对油气井杆管柱进行力学和运动分析，建立油气井杆管柱动力学基本方程，即用于对油气井杆管柱进行动静力学分析的几何方程、运动平衡方程和本构方程（视频 4.1）。

视频 4.1
钻柱有限元动画

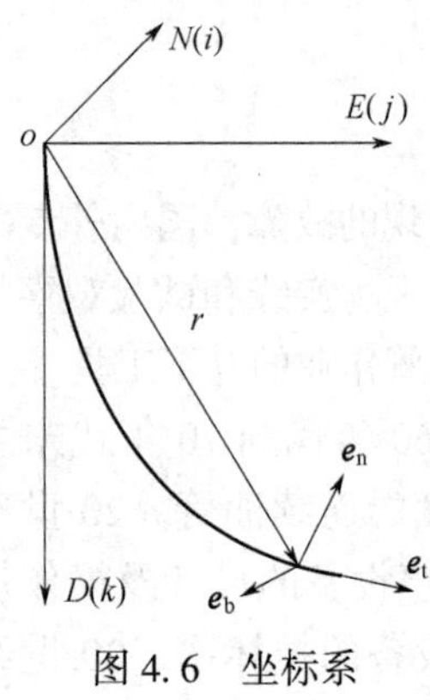

图 4.6　坐标系

1. 基本假设

（1）杆管柱处于线弹性变形状态；

（2）杆管柱横截面为圆形或圆环形；

（3）略去剪力对杆管柱变形的影响。

2. 坐标系

采用直角坐标系 *ONED* 和自然曲线坐标系，其中$\boldsymbol{e}_t$、$\boldsymbol{e}_n$ 和$\boldsymbol{e}_b$ 分别为油气井杆管柱变形线的切线方向、主法线方向和副法线方向的单位向量，如图 4.6 所示。

3. 几何方程

设油气井杆管柱变形线任意一点的矢径为 $\boldsymbol{r}=\boldsymbol{r}(l,\ t)$，其中 l 和 t 分别为油气井杆管柱变形前的弧长和时间变量。若用 $s=s(l,\ t)$ 表示油气井杆管柱发生位移和变形后的曲线坐标，由微分几何可知：

$$\begin{cases}\boldsymbol{e}_t=\dfrac{\partial \boldsymbol{r}}{\partial s}\\ \dfrac{\partial \boldsymbol{e}_t}{\partial s}=k_b\boldsymbol{e}_n\\ \dfrac{\partial \boldsymbol{e}_n}{\partial s}=k_n\boldsymbol{e}_b-k_b\boldsymbol{e}_t\\ \dfrac{\partial \boldsymbol{e}_b}{\partial s}=-k_n\boldsymbol{e}_n\end{cases} \tag{4.1}$$

其中 k_b 和 k_n 分别为 $\boldsymbol{r}$ 点的曲率和挠率，且满足：

$$\begin{cases}k_b^2=\dfrac{\partial^2 \boldsymbol{r}}{\partial s^2}\cdot\dfrac{\partial^2 \boldsymbol{r}}{\partial s^2}\\ k_n=\left(\dfrac{\partial \boldsymbol{r}}{\partial s},\dfrac{\partial^2 \boldsymbol{r}}{\partial s^2},\dfrac{\partial^3 \boldsymbol{r}}{\partial s^3}\right)\Big/k_b^2\end{cases} \tag{4.2}$$

4. 运动平衡方程

取油气井杆管柱微元受力如图 4.7 所示，运动状态如图 4.8 所示，其中 $\boldsymbol{F}$ 表示油气井杆管柱的内力，$\boldsymbol{h}$ 表示单位长度油气井杆管柱上的外力，$\boldsymbol{M}$ 表示油气井杆管柱的内力矩，$\boldsymbol{m}$ 表示单位长度油气井杆管柱上的外力对油气井杆管柱中心 O_2 的矩，$\boldsymbol{H}$ 表示单位长度油气井杆管柱对井眼中心 O_1 的动量矩。

通过受力分析，建立如下运动平衡方程：

$$\begin{cases}\dfrac{\partial \boldsymbol{F}}{\partial s}+\boldsymbol{h}=\dfrac{\partial^2(A\rho\boldsymbol{r})}{\partial t^2}\\ A=\pi(R_o^2-R_i^2)\end{cases} \tag{4.3}$$

$$
\begin{cases}
\dfrac{\partial \boldsymbol{M}}{\partial s}+\boldsymbol{e}_{\mathrm{t}}\times\boldsymbol{F}+\boldsymbol{m}=\dfrac{\partial \boldsymbol{H}}{\partial t} \\
\boldsymbol{H}=A\rho(\boldsymbol{r}-\boldsymbol{r}_{\mathrm{o}})\times[\boldsymbol{\Omega}\times(\boldsymbol{r}-\boldsymbol{r}_{\mathrm{o}})]+I_{\mathrm{o}}\boldsymbol{\omega} \\
I_{\mathrm{o}}=A\rho(R_{\mathrm{o}}^2+R_{\mathrm{i}}^2)/2
\end{cases}
\tag{4.4}
$$

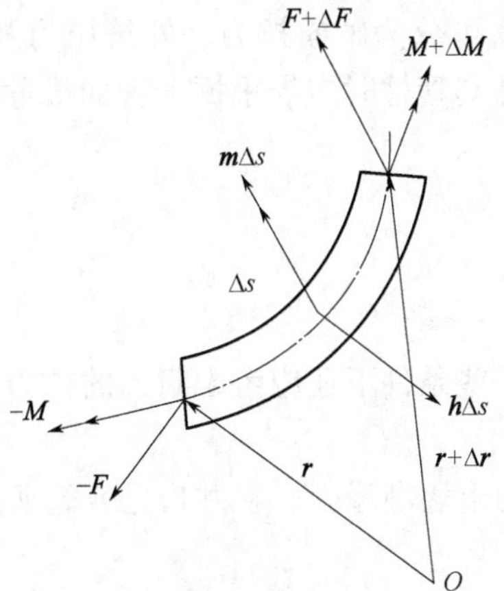

图 4.7 钻柱微元受力分析

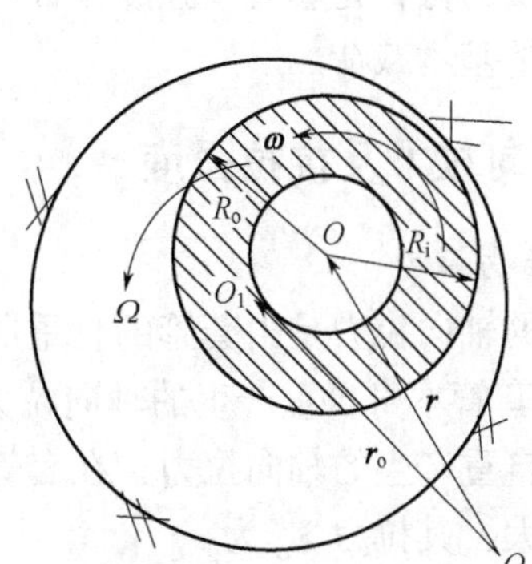

图 4.8 钻柱的运动状态

式中，A 为油气井杆管柱的截面积，ρ 为油气井杆管柱材料密度，t 为时间，$\boldsymbol{\Omega}$ 为油气井杆管柱绕井眼中心公转角速度矢量，$\boldsymbol{\omega}$ 为油气井杆管柱自转角速度矢量，I_{o} 为单位长度油气井杆管柱绕自身轴线的转动惯量，R_{o} 为油气井杆管柱外半径，R_{i} 为油气井杆管柱内半径，$\boldsymbol{r}_{\mathrm{o}}$ 为井眼中心的矢径。

对于图 4.7 所示微元，根据动量定理有：

$$
\frac{\partial^2(A\rho \boldsymbol{r})}{\partial t^2}=\frac{\partial \boldsymbol{F}}{\partial s}+\boldsymbol{h}
\tag{4.5}
$$

对于井眼轴线 O_1 的动量矩定理可表达成：

$$
\frac{\partial \boldsymbol{M}}{\partial s}+\boldsymbol{e}_{\mathrm{t}}\times\boldsymbol{F}+\boldsymbol{m}=\frac{\partial \boldsymbol{H}}{\partial t}
\tag{4.6}
$$

5. 本构方程

设油气井杆管柱的抗弯刚度为 EI，抗扭刚度为 GJ，忽略剪力的影响，则本构方程为：

$$
\begin{cases}
\boldsymbol{M}=EI\left(\boldsymbol{e}_{\mathrm{t}}\times\dfrac{\partial \boldsymbol{e}_{\mathrm{t}}}{\partial s}\right)+GJ\dfrac{\partial \gamma}{\partial s}\boldsymbol{e}_{\mathrm{t}} \\
F_{\mathrm{t}}=EA\left(\dfrac{\partial s}{\partial l}-1-\varepsilon T\right) \\
M_{\mathrm{t}}=GJ\dfrac{\partial \gamma}{\partial s}
\end{cases}
\tag{4.7}
$$

式中，E 为弹性模量，I 为截面惯性矩，G 为剪切弹性模量，J 为截面极惯性矩，γ 为杆管柱的扭转角，F_{t} 为轴向拉力，T 为温度的增量，ε 为线膨胀系数，M_{t} 为杆管柱的扭矩。

由于油气井杆管柱动力学基本方程统一了现有一切油气井杆管柱力学分析的微分方程，即现有的油气井杆管柱力学分析的微分方程都可由该动力学基本方程通过适当简化而得到，所以，该基本方程在石油钻采工程界具有广泛的应用。

4.1.4 套管强度分析

套管柱下入井中之后要受到各种力的作用。在不同类型的井中或在一口井的不同生产时期，套管柱的受力是不同的。套管柱所受的基本载荷可分为轴向拉力、外挤压力及内压力。套管柱的受力分析是套管柱强度设计的基础，在设计套管柱时应当根据套管的最危险情况来考虑套管的基本载荷。

1. 轴向拉力及抗拉强度

1）轴向拉力

套管的轴向拉力是由套管的自重所产生的，在一些条件下还应考虑附加的拉力。

（1）套管本身自重产生的轴向拉力。

套管自重产生的轴向拉力，在套管柱上是自下而上逐渐增大，在井口处套管所承受的轴向拉力最大，其拉力 F_o 为：

$$F_o = \sum qL \tag{4.8}$$

式中，q 为套管单位长度的名义重力，L 为套管长度，F_o 为井口处套管的轴向拉力。

实际上套管下入井内是处在钻井液的环境中，套管要受到钻井液的浮力，各处的受力要比在空气中受的拉力要小。考虑浮力时拉力 F_m 为：

$$F_m = \sum qL\left(1 - \frac{\rho_d}{\rho_s}\right) \tag{4.9}$$

式中，ρ_d 为钻井液密度，ρ_s 为套管钢材密度。

我国现场套管设计时，一般不考虑在钻井液中的浮力减轻作用，通常是用套管在空气中的重力来考虑轴向拉力，认为浮力被套管柱与井壁的摩擦力所抵消。但在考虑套管双向应力下的抗挤压强度时采用浮力减轻下的套管重力。

（2）套管弯曲引起的附加力。

当套管随井眼弯曲时，由于套管的弯曲变形，增大了套管的拉力载荷，当弯曲的角度及弯曲变化率不太大时，可用简化经验公式计算弯曲引起的附加力：

$$F_{bd} = 0.0733 d_{co} \theta A_c \tag{4.10}$$

式中，F_{bd} 为弯曲引起的附加力，d_{co} 为套管外径，A_c 为套管截面积，θ 为每 25m 长度的井斜变化角度。

在大斜度定向井、水平井及井眼急剧弯曲处，都应考虑套管弯曲引起的拉应力附加量。

（3）套管内注入水泥浆引起的套管柱附加力。

在注入水泥浆时，当水泥浆的量较大，水泥浆与管外液体密度相差较大，水泥浆未返出套管底部时，管内液体较重，将使套管产生一个拉应力，可近似按下式计算：

$$F_c = h\frac{\rho_m - \rho_d}{1000} d_{cin}^2 \frac{\pi}{4} \tag{4.11}$$

式中，F_c 为注入水泥浆产生的附加力，ρ_m 为水泥浆密度，ρ_d 为钻井液密度，d_{cin} 为套管内径。

当注水泥浆过程中活动套管时应考虑该力。

(4) 其他附加力。

在下套管过程中的动载，如上提套管或刹车时的附加拉力，注水泥时泵压的变化等，皆可产生一定的附加应力。这些力是难以计算的，通常是考虑用浮力减轻来抵消或加大安全系数。

另外，套管在生产中会受到温度作用，引起未固结部分套管的膨胀，也会引起附加应力。如果温度变化较大，引起附加力很大时，应当从工艺上予以解决。

2) 抗拉强度

套管柱受轴向拉力一般在井口处最大，是危险截面。套管柱受拉应力引起的破坏形式有两种：一种是套管本体被拉断；另一种是螺纹处滑脱，称为滑扣（thread slipping）。大量的室内研究及现场应用表明，套管在受到拉应力时，螺纹处滑脱比本体拉断的情况多，尤其是使用最常见的圆扣套管时更是如此。

圆扣套管的螺纹滑脱负荷比套管本体的屈服拉力要小，因此在套管使用中，给出了各种套管的滑扣负荷，通常用螺纹滑脱时的总拉力来表示，在设计中可以直接从有关套管手册中查用。

2. 外挤压力及抗挤强度

1) 外挤压力

套管柱所受的外挤压力，主要来自管外液柱的压力、地层中流体的压力、高塑性岩石的侧向挤压力及其他作业时产生的压力。

在具有高塑性的岩层（如盐岩层段、泥岩层段），在一定的条件下垂直方向上的岩石重力产生的侧向压力会全部加给套管，给套管以最大的侧向挤压力，会使套管产生损坏。此时，套管所受的侧向挤压力应按上覆岩层压力计算，其压力梯度可按照 23~27kPa/m 计算。

在一般情况下，常规套管的设计中，外挤压力按最危险的情况考虑，即按套管全部掏空（套管无液体），套管承受钻井液液柱压力计算，其最大外挤压力为：

$$p_{oc}=9.81\rho_d D \tag{4.12}$$

式中，p_{oc} 为套管外挤压力，D 为计算点深度，ρ_d 为管外钻井液密度。

式(4.12) 表明，套管柱底部所受的外挤力最大，井口处最小。

2) 抗挤强度

如图 4.9 所示，套管受外挤作用时，其破坏形式主要是丧失稳定性而不是强度破坏，丧失稳定性的形式主要是在压力作用下失圆、挤扁。

在实际应用中，套管手册给出了各种套管的允许最大抗外挤压力数值，可直接使用。

3) 有轴向载荷时的抗挤强度

在实际应用中，套管处于双向应力的作用，即在轴向上套管承受有下部套管的拉应力，在径向上存在有套管内的压力或管外液体的外挤力。轴向拉力的存在，使套管承受内压或外挤的能力会发生变化。

当存在轴向拉力时，套管抗挤强度的计算公式可采用近似公式：

$$p_{oc}=p_c\left(1.03-0.74\frac{F_m}{F_s}\right) \tag{4.13}$$

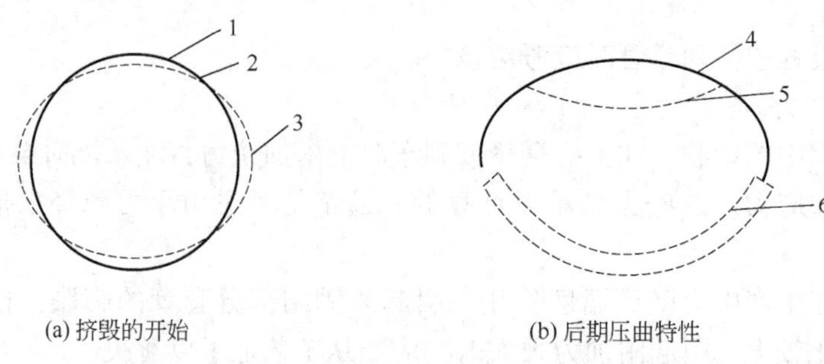

(a) 挤毁的开始　　(b) 后期压曲特性

图 4.9　套管截面抗外挤失效

1—原始截面；2—交替平衡位置；3—继续变形后期压曲特性；
4—继续变形；5—较弱一侧压凹；6—挤毁截面的最后形状

式中，p_{oc} 为存在轴向拉力时的最大允许抗外挤强度，p_c 为无轴向拉力时套管的抗外挤强度，F_m 为轴向拉力，F_s 为套管管体屈服强度。其中 p_c 及 F_s 皆可由套管手册查出。该公式在 $0.1 \leqslant F_m/F_s \leqslant 0.5$ 范围内的计算误差与理论计算值相比在2%以内。

3. 内压力及抗内压强度

套管柱所受内压力的来源有地层流体（油、气、水）进入套管产生的压力及生产中特殊作业（压裂、酸化、注水）时的外来压力。在一个新地区，由于在钻开地层之前，地层压力是难以确定的，故内压力也是难以确定的。对已探明的油区，地层压力可参考邻井的资料。

当井口敞开时，套管内压力等于管内流体产生的压力，当井口关闭时，内压力等于井口压力与流体压力之和。井口压力的确定方式有以下三种：（1）假定套管内完全充满天然气时，采用井口处内压力近似值来计算；（2）以井口防喷装置的承压能力为井口压力；（3）以套管鞋处的地层破裂压力值决定井口内压力。在此三种方式中，一般采用套管内完全充满天然气时的井口处内压力来计算。

套管的抗内压强度指套管在内压作用下发生爆裂时的内压值。各种套管的允许内压力值在套管手册中均有规定，在设计中可以直接查用。实际上套管在承受内压时的破坏形式除管体的破坏之外，螺纹连接处密封失效也是一种破坏形式，密封失效的压力比管体爆裂时要小。螺纹连接处密封失效的压力值是难以计算的。对于抗内压要求较高的套管，应当采用优质的润滑密封油脂涂在螺纹处，并按规定的力矩上紧螺纹。

4.2　井壁稳定

4.2.1　井壁稳定概述

井壁稳定是指钻井过程中通过钻井液密度、钻井液体系和钻井工艺三者的协同来确保井眼不坍塌、不破裂、不缩径。井壁失稳主要是指钻井过程中井壁坍塌、井眼缩径和地层破裂。从力学上看，其主要失稳机理为井壁围岩张性破裂和剪切破坏。井壁稳定问题是钻井过程中经常遇到的复杂问题。根据哈里伯顿公司的最新统计，全球每年花在井壁稳定问题上的开支不低于60亿美元。井壁失稳问题的原因很多，包括天然和人为因素两个方面。在天然因素方面有：地质构造类型和原始地应力，地层的岩性和产状，黏土矿物的类型，弱面的存在及其倾角，层面的胶结情况，地层强度，裂隙节理的发育，孔隙度，渗透率及孔隙中流体压力等。在人为因素方面有：钻井液的性能（失水、黏度、密度），钻井液和泥页岩化学作用的强弱（水化膨胀），井眼周围钻井液侵入带的深度和范围，井眼裸露的时间，钻井液的环空返速对井壁的冲刷作用，循环波动压力和起下钻的抽吸压力，井眼轨迹的形状，钻柱对井壁的摩擦和碰撞等。

钻井过程中的井壁失稳是一个世界性难题，但长期以来其研究重点多集中于化学防塌方面。在这方面，钻井液工作者进行了大量行之有效的工作，从化学的角度出发研制抑制泥页岩水化、膨胀和实现离子活度平衡的新型钻井液处理剂及配方，使井壁失稳现象大幅度减少，但是仍然解决不了水化程度弱、强度低的泥页岩及强地应力条件的山前构造、弱面地层和井斜、井斜方位引起的井壁失稳难题。可见，解决井壁失稳仅通过使用优质钻井液是不够的，还需进行井壁稳定力学研究。井壁稳定力学研究应从三个方面入手：井壁围岩岩石力学特征、地应力和井壁稳定力学模型研究。岩石力学特征是基础，地应力是井壁失稳的根本诱因，合理的井壁稳定力学模型是解决井壁失稳的有效途径。结合三个方面研究，掌握地应力状态和地层力学参数，采用合理的力学模型，获得能控制井壁失稳的钻井液密度范围，再配合使用优质钻井液，才能最大程度确保井壁稳定。

4.2.2 井壁失稳的影响因素

1. 构造地应力的影响

水平构造地应力的各向异性对坍塌压力和破裂压力有着显著的影响，水平地应力比值（即最大水平地应力与最小水平地应力的比值）越大，坍塌压力和破裂压力的差值就越小，即安全钻井液密度窗口越窄，井壁失稳风险越大。当水平地应力比值达到一定程度时，坍塌压力和破裂压力几乎相等，甚至出现“负压力窗口”，导致无法安全钻进，由此可见，井壁的力学失稳主要诱因是强地应力的非均匀性。

2. 井眼轨迹的影响

井斜角和井斜方位角对斜井的井壁稳定性有着显著的影响。国内外大多采用孔隙弹性理论，考虑钻井液的渗流效应，建立了大斜度井的井壁稳定力学模型。模型考虑了地应力的非均匀性、孔隙压力和井眼几何形状的影响，得出如下斜井稳定的一般性结论：上覆压力为中间主应力时，随着井斜角的增大，破裂压力值将增加，而坍塌压力值将减小，安全钻井液密度窗口变大。这说明，在同样条件下，井斜角越大，钻井越安全，换句话说，只要直井是安全的，斜井和水平井也安全。上覆压力为最大主应力时，随着井斜方位角的增大，破裂压力值将增大，坍塌压力值将减小，这说明，朝着最小地应力方向钻井较为安全，而最大地应力方位一般不利于钻井。随着井斜角的增大，破裂压力值增大，而坍塌压力值虽有局部减小但总体是增大的。这说明，如果钻井液密度对直井不安全，则对斜井和水平井也不一定安全。

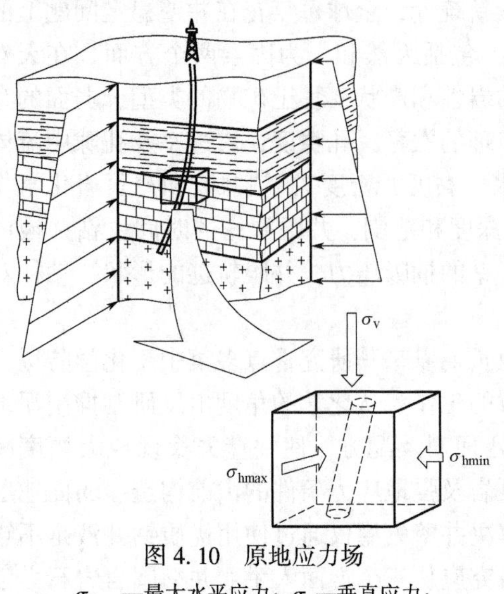

图 4.10　原地应力场
σ_{hmax}—最大水平应力；σ_v—垂直应力；σ_{hmin}—最小水平应力

大位移井的井眼方位要视三个主地应力状态而定（图 4.10），当垂向主地应力大于水平最大地应力且差值不大，或水平最大地应力为最大地应力时，最佳的井眼方位在水平最小地应力方向或近水平最小地应力方位，此时钻井所要求的钻井液密度最低。但是，当垂向地应力比水平最大地应力大得多时，最佳井眼方位要具体分析。

3. 钻井液造壁性的影响

钻井液的造壁性对井壁稳定有着显著的影响。不同的钻井液性能在井壁上形成的滤饼性能差别显著，钻井液滤液在井壁上的渗透能力也不同，从而导致钻井液液柱压力的扩散程度不一样，钻井液液柱压力的扩散程度越好，井壁稳定性越差，当井壁完全渗透时，井壁稳定性最差。根据计算，渗透系数为零时，井壁不渗透，井段井壁稳定性最高；渗透系数为 1 时，井壁全渗透，井段井壁稳定性最低，此时，坍塌压力接近或超过破裂压力，几乎不可能进行钻井作业。因此，钻井时要求钻井液具有良好的造壁性能，在井壁形成薄而韧的滤饼。

4. 地层强度的影响

地层强度包括地层的黏聚力、内摩擦角和抗拉强度，地层强度增大，坍塌压力降低，破裂压力增大，安全钻井液密度范围扩大，井壁稳定性就提高，钻井也越安全。尤其要指出的是，地层强度对浅井井壁稳定性有着显著的影响，如果浅部地层强度太低，就要求大幅度提高钻井液密度来满足井壁稳定。

5. 垮塌几何形态的影响

随着钻井设备、定向井控制系统和钻井液体系技术的进步，以及对油藏特征掌握程度的加深，大斜度井、水平井钻井的数量日益增加。在常规地应力（$\sigma_v>\sigma_{hmax}>\sigma_{hmin}$）的情况下不断碰到井壁失稳和出砂问题。通常水平井设计的指导原则是井眼方位平行于最小水平地应力，这样有助于减小井眼轴向与垂向的主应力差，井周的应力集中程度达到最小。上述指导原则是基于努力降低井眼压力来维持零坍塌。

井壁稳定研究表明：稳定的垮塌井眼是由应力转移造成的，应力集中从裸眼垮塌起始端转至垮塌区域的顶端，并产生准静水压力状态。因此，垮塌后的井眼应该比圆形井眼稳定。近年来利用垮塌后的几何形态来增强隧道稳定性的实验研究表明，在相同的地应力条件下，垮塌后的几何形态比圆形具有更高的开挖强度。但在某些地层，井壁垮塌后相邻地层的强度有弱化趋势，在这种情况下，较低的钻井液密度反而加剧了井壁失稳。

6. 钻柱振动的影响

井眼的稳定性（井眼扩大）与钻柱的振动有明显的联系，高强度地层（如火成岩井壁）

失稳的原因是钻柱振动过于剧烈，钻柱撞井壁，在井壁处形成裂缝，从而导致钻井液侵入，引起井壁岩块剥落。利用能量法对由钻柱振动产生的失稳进行定性分析，对井壁的撞击力利用牛顿第二定律计算，再根据动量守恒，可估算出钻柱将多少动能传递给井壁岩石，使井壁岩石内能显著增加，促使裂缝的发育。解决的方法是：利用“非侵入型”钻井液，封堵裂缝，阻止钻井液侵入，从而降低井壁失稳，同时最大限度地减少钻柱振动。

4.2.3　井壁失稳的研究方法

1. 弹塑性力学理论方法

井壁围岩材料受井周应力作用以后产生变形，从变形开始到失稳破坏一般要经历两个阶段，即弹性变形阶段和塑性变形阶段。利用弹塑性力学理论，研究井壁围岩受到外界应力、温度变化及边界约束变动等作用时，井壁围岩弹塑性变形、破坏和应力状态的方法叫井壁失稳弹塑性力学理论方法。

井壁围岩弹塑性变形受控于井周应力状态和围岩材料性质。井周应力状态的形成与变化取决于原始三维地应力状态、井内和地层流体的压力差、岩石的物理化学性质、井眼的几何形状及完善程度；同时，井周应力的变化反作用于岩石材料本身，导致岩石力学性质、材料屈服和破坏模式发生变化。井壁围岩材料特性不同，有的弹性阶段较明显，如硬脆性泥页岩、低强度砂岩，往往弹性阶段后紧跟着就破坏；有的则弹性阶段很不明显，变形一开始就伴随着塑性变形，弹塑性变形总是耦合产生，如软泥岩和盐膏岩；大部分都呈现明显的弹性变形阶段和塑性变形阶段，如膨胀性泥岩。此外，采用适合地层围岩特性的本构关系和井壁稳定力学模型也是弹塑性力学研究方法的重点。

对于脆性泥页岩、低强度砂岩，一般采用线弹性模型，而对于易发生塑性变形的软泥岩、盐膏岩地层，目前国内外学者就岩石塑性本构关系模型进行了详细深入的研究，有理想塑性模型、硬化模型和软化模型等各种不同理论，还有考虑岩石的弹性参数随塑性变形变化的弹塑性耦合模型及岩石塑性理论的非关联流动法则弹塑性模型等。它们各有一定的优点和不足。若把这些计算模型应用于井眼稳定计算，这些模型都需要通过实验确定许多重要的参数，而且实验的工作量非常大，这也给实际应用带来许多不便。一般来讲，计算模型越简单，所需实验确定的参数越少，应用也越方便，但是不能精确描述岩石的弹塑性变形规律；计算模型越复杂所需实验确定的参数也越多，应用也不方便，但是能够精确描述岩石的弹塑性变形规律。

对于软泥岩、盐膏岩等塑性地层来说，在井眼围岩应力状态下，软泥岩产生弹塑性变形，发生塑性流动，用小变形假设无法正确描述软泥岩的弹塑性变形规律，此时必须用大变形理论求解软泥岩的弹塑性变形规律。一般情况下将模型的应力边界考虑为均匀地应力情况，这与工程实际情况不符，其解析解只能解决最简单的工程问题。采用基于拉格朗日元法的 FLAC 程序，用差分格式显式迭代求解，可以解决大变形问题，分析软泥岩、盐膏岩地层的缩径变形。

对于膨胀性泥页岩，地下的泥页岩在原始状态下处于物理、化学、力学、热力学的各种平衡状态，井眼的打开破坏了这种平衡状态。考虑到井壁稳定失稳的根本原因在于地应力和化学力的作用，可以建立描述泥页岩水化膨胀应力、水化膨胀应变、水化对材料本构关系的影响、水化对页岩强度的影响的基本方程组。根据方程的解答，可以分析膨胀性泥页岩地层井壁稳定性和钻井坍塌周期，解决低压钻井的井壁稳定性和应力敏感性油气藏的泥页岩水化的损伤问题。

2. 井壁稳定统计方法

对钻井情况分组进行回归分析，用于油田评估，以实现显著的降低钻井成本。这种井壁稳定分析方法克服了以前方法的缺点：在描述岩石特性时，仍考虑线弹性理论，而这对于砂岩和黏性地层等是过于简化的；井内复杂的边界条件仍不能清楚地确定；影响低渗透物质的热孔隙力学效果几乎被系统忽略了；考虑岩石为连续孔隙介质，而自然界却提供的大量例子为天然裂缝地层；大部分井壁失稳都产生在诸如页岩、泥岩和泥灰岩中，膨胀是问题的中心。

以统计误差分析方法为基础进行不确定分析。通过不确定分析发现参数对井眼稳定的影响程度，可以提出如何控制这些因素提高井壁稳定的方法。这些参数包括页岩膨胀量、地应力、孔隙压力、井斜等，这些参数会引起岩石强度的变化，从而影响井眼稳定。不确定性分析需用到经过钻井校正和实验室现场数据验证的井眼稳定模型。

通过对实际应用结果的分析发现：尽管漏失实验和坍塌压力的估计误差很大，但安全钻井液范围仍较宽。即使岩石非固结（强度弱至 80psi），如果断层是隔离的，那么仍有一个能防止井塌或循环漏失的安全钻井液范围。对于多层断层，如果钻井时没有进行分层隔离，那么各层的安全钻井液范围是不同的，这样在钻井时是无法避免井塌或循环漏失问题的。为此需要提高数据精确度，并建立采用对数据误差不敏感的井眼条件。精确的数据可提高对漏失循环压力和井壁坍塌估测精度，可将套管下在地层中更合适的位置，提高井壁的稳定性。

3. 井壁失稳引起的钻井作业失败风险评估

结合传统的井壁稳定分析方法和利用相应准则确定的井壁失稳的作业允许程度，可以定量地计算出井壁失稳引起的钻井作业失败风险，并提供优于传统井壁稳定分析且更合理的钻井液密度。风险评估的关键是不同坍塌程度对应的坍塌压力与钻井复杂情况间的关系。

4.2.4 井壁稳定力学机理研究趋势

直至目前，井壁稳定力学机理的研究取得了一定的成果，但由于勘探的深入及特殊油气藏的开发，高温、高压和高地应力等复杂地质条件导致井壁稳定研究具有高度复杂性，积极探索复杂地层井壁力学机理，可以促进井壁稳定技术的积极、健康发展，具体体现在以下几个方面：

（1）对于膨胀性泥页岩地层，模拟高温高压条件下泥页岩水化过程，描述应力变形及岩石特征参数变化规律，确定泥页岩水化的非线性变形本构模型，建立直井、大斜度井的动态井壁稳定力学、化学耦合模型，形成不同井型水化泥页岩井壁失稳程度和时效的评估方法，为泥页岩井壁稳定应用技术提供理论基础。

（2）对于硬脆性泥页岩地层，重点描述高温高压条件下井壁围岩缝网体的形成、发育和贯穿过程，确定井筒流体与围岩缝网内流体的传导机理，建立井壁围岩缝网体动态模型，形成硬脆性泥页岩地层井壁稳定控制技术。

(3) 对于软泥岩、盐膏岩地层，研究超高温（200℃）、超高压（120MPa）和超深层（7000m）盐膏层蠕变规律，确定盐岩蠕变本构关系，建立不同工艺方法下盐膏层井壁稳定力学模型，确定超深盐膏层井壁失稳力学机理，为超深层油气勘探成功提供理论支撑。

(4) 以提高油气采收率和钻速为目的的特殊工艺井、新技术带来的井壁稳定力学机理的研究，如盐下水平井盐膏层造斜井段井壁失稳力学机理的研究、气体钻井转换钻井液后带来井壁稳定力学机理的研究等。

4.3 固井

4.3.1 固井水泥环力学分析

固井过程中有三个阶段会使环空失去压力平衡或封隔失效，它们分别是注水泥过程、水泥环硬化过程和水泥硬化后的后期过程。固井水泥环在后期过程要受到各种载荷的作用，如经套管传递的内压力的作用、地层岩石围压的作用、井眼温度变化引起的温度应力的作用等。而在整个的油气井寿命周期内，这三种载荷往往同时作用并发生变化。这些载荷的作用与变化，会导致水泥环受力状态的变化，严重时造成水泥环破坏，封隔失效，出现环空冒油冒气、地层流体互窜、水泥环失去对套管的保护作用，使得套管载荷不均匀，加速套管损坏，降低油井寿命，给油田生产产生较大影响。

油气井固井水泥环力学分析具有以下两个主要特点：

(1) 油气井固井水泥环力学研究是研究水泥浆凝结硬化形成水泥环后的环空封隔问题，而不是注水泥过程中的压力平衡问题，也不是水泥浆凝结硬化过程中由于失重导致的环空封隔问题。该研究是从固体力学角度研究油气井固井的后期封隔问题。

(2) 该问题属于较为复杂的固体力学问题。首先，套管在井内一般不易居中，所以形成的水泥环周向上是不均匀的。其次，井眼几何形状可能不规则，使得水泥环的几何形状也不规则。最后，在油气井钻井生产过程中，各种钻井完井施工、增产作业等可能会使套管内压力发生变化，进而影响水泥环内部的应力、应变分布，严重时可能导致封隔失效或水泥环破坏（视频 4.2）。

视频 4.2 挖压固井技术

1. 套管居中条件下的水泥环力学分析模型

根据弹性力学基本原理可知套管居中条件下的水泥环力学问题属于轴对称的平面应变问题，为简化该力学模型做如下基本假设：

(1) 井眼为垂直井眼，且为规则的圆形；

(2) 套管理想居中，固井过程中水泥浆完全充满环形空间；

(3) 地层为各向同性、均匀连续的线弹性材料，水平方向地应力沿周向均匀分布；

(4) 水泥环在破坏前，水泥石材料为均质、连续、各向同性的线弹性材料；

(5) 水泥环两个胶结面产生微间隙前与套管和井壁完全接触。

如图 4.11 所示，套管内压为 p_1，套管与水泥环界面接触压力为 p_2，水泥环与井壁界面接触压力为 p_3，岩石圈外边界压力为 p_4，径向原始地应力为 p_e，套管内半径为 r_1，外半径为 r_2，井眼半径为 r_3，地层岩石圈半径为 r_e。

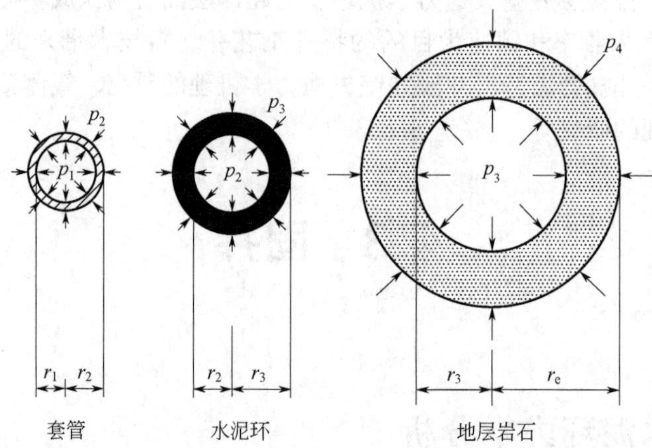

图 4.11　套管—水泥环—地层力学系统受力示意图

套管弹性模量为 E_1，泊松比为 μ_1；水泥石弹性模量为 E_2，泊松比为 μ_2；地层弹性模量为 E_3，泊松比为 μ_3。由弹性力学厚壁圆筒理论可知，内半径为 a、外半径为 b、受内压力 q_a 和外压力 q_b 作用下的弹性厚壁圆筒应力表示为：

$$\begin{cases}\sigma_r=-\dfrac{a^2b^2}{b^2-a^2}\left[\left(\dfrac{1}{r^2}-\dfrac{1}{b^2}\right)q_a+\left(\dfrac{1}{a^2}-\dfrac{1}{r^2}\right)q_b\right]\\ \sigma_\theta=\dfrac{a^2b^2}{b^2-a^2}\left[\left(\dfrac{1}{r^2}+\dfrac{1}{b^2}\right)q_a-\left(\dfrac{1}{a^2}+\dfrac{1}{r^2}\right)q_b\right]\\ \sigma_z=\mu(\sigma_r+\sigma_\theta)\end{cases} \tag{4.14}$$

平面应变条件下的径向位移表示为：

$$u_r=\frac{1+\mu}{E(b^2-a^2)}\left\{\left[(1-2\mu)a^2r+\frac{a^2b^2}{r}\right]q_a-\left[(1-2\mu)b^2r+\frac{a^2b^2}{r}\right]q_b\right\} \tag{4.15}$$

对于套管，设径向位移为 u_1，有：

$$u_1=\frac{1+\mu_1}{E_1(r_2^2-r_1^2)}\left\{\left[(1-2\mu_1)r_1^2r+\frac{r_1^2r_2^2}{r}\right]p_1-\left[(1-2\mu_1)r_2^2r+\frac{r_1^2r_2^2}{r}\right]p_2\right\} \tag{4.16}$$

对于水泥环，其径向位移为 u_2，有：

$$u_2=\frac{1+\mu_2}{E_2(r_3^2-r_2^2)}\left\{\left[(1-2\mu_2)r_2^2r+\frac{r_2^2r_3^2}{r}\right]p_2-\left[(1-2\mu_2)r_3^2r+\frac{r_2^2r_3^2}{r}\right]p_3\right\} \tag{4.17}$$

对地层，其径向位移为 u_3，有：

$$u_3=\frac{1+\mu_3}{E_3(r_e^2-r_3^2)}\left\{\left[(1-2\mu_3)r_3^2r+\frac{r_3^2r_e^2}{r}\right]p_3-\left[(1-2\mu_3)r_e^2r+\frac{r_3^2r_e^2}{r}\right]p_4\right\} \tag{4.18}$$

当 $r_e\to\infty$ 时，其地层外边界压力为地层原地应力 p_e，则式(4.18) 变为：

$$u_3=\frac{(1+\mu_3)r_3^2}{E_3}\left\{\frac{1}{r}p_3-\left[\frac{1}{r}+\frac{r}{r_3^2}(1-2\mu_3)\right]p_e\right\} \tag{4.19}$$

则套管外壁位移为：

$$u_{12}=f_1p_1+f_2p_2 \tag{4.20}$$

其中

$$\begin{cases} f_1=\dfrac{2r_1^2r_2(1-\mu_1^2)}{E_1(r_2^2-r_1^2)} \\ f_2=-\dfrac{1+\mu_1}{E_1(r_2^2-r_1^2)}[r_1^2r_2+(1-2\mu_1)r_2^3] \end{cases} \tag{4.21}$$

水泥环内壁位移为：

$$u_{21}=f_3p_2+f_4p_3 \tag{4.22}$$

其中

$$\begin{cases} f_3=\dfrac{1+\mu_2}{E_2(r_3^2-r_2^2)}[r_2r_3^2+(1-2\mu_2)r_2^3] \\ f_4=-\dfrac{2r_2r_3^2(1-\mu_2^2)}{E_2(r_3^2-r_2^2)} \end{cases} \tag{4.23}$$

水泥环外壁位移为：

$$u_{22}=f_5p_2+f_6p_3 \tag{4.24}$$

其中

$$\begin{cases} f_5=\dfrac{2(1-\mu_2^2)r_2^2r_3}{E_2(r_3^2-r_2^2)} \\ f_6=-\dfrac{1+\mu_2}{E_2(r_3^2-r_2^2)}[r_2^2r_3+(1-2\mu_2)r_3^3] \end{cases} \tag{4.25}$$

井壁处位移为：

$$u_{31}=f_7p_3+f_8p_e \tag{4.26}$$

其中

$$\begin{cases} f_7=\dfrac{1+\mu_3}{E_3}r_3 \\ f_8=-2\dfrac{1+\mu_3}{E_3}(1-\mu_3)r_3 \end{cases} \tag{4.27}$$

此时水泥环两个胶结面上还没有产生微间隙时应满足位移连续条件，即有：

$$\begin{cases} u_{12}=u_{21} \\ u_{22}=u_{31} \end{cases} \tag{4.28}$$

则水泥环两个界面处的接触压力 p_2、p_3 为：

$$\begin{cases} p_2=\dfrac{f_1p_1-f_4p_3}{f_3-f_2} \\ p_3=\dfrac{f_5f_1p_1-(f_3-f_2)f_8p_e}{(f_3-f_2)(f_7-f_6)+f_5f_4} \end{cases} \tag{4.29}$$

由式(4.14) 可表示出套管、水泥环、地层三种介质在套管内压力和均匀地应力作用下的应力表达式。对于套管，有：

$$\begin{cases}\sigma_{r1}=-\dfrac{r_1^2r_2^2}{r_2^2-r_1^2}\left[\left(\dfrac{1}{r^2}-\dfrac{1}{r_2^2}\right)p_1+\left(\dfrac{1}{r_1^2}-\dfrac{1}{r^2}\right)p_2\right]\\ \sigma_{\theta1}=\dfrac{r_1^2r_2^2}{r_2^2-r_1^2}\left[\left(\dfrac{1}{r^2}+\dfrac{1}{r_2^2}\right)p_1-\left(\dfrac{1}{r_1^2}+\dfrac{1}{r^2}\right)p_2\right]\\ \sigma_{z1}=\mu_1(\sigma_{r1}+\sigma_{\theta1})\end{cases}\quad (r_1\leqslant r\leqslant r_2) \tag{4.30}$$

对于水泥环，有：

$$\begin{cases}\sigma_{r2}=-\dfrac{r_2^2r_3^2}{r_3^2-r_2^2}\left[\left(\dfrac{1}{r^2}-\dfrac{1}{r_3^2}\right)p_2+\left(\dfrac{1}{r_2^2}-\dfrac{1}{r^2}\right)p_3\right]\\ \sigma_{\theta2}=\dfrac{r_2^2r_3^2}{r_3^2-r_2^2}\left[\left(\dfrac{1}{r^2}+\dfrac{1}{r_3^2}\right)p_1-\left(\dfrac{1}{r_2^2}+\dfrac{1}{r^2}\right)p_3\right]\\ \sigma_{z2}=\mu_2(\sigma_{r2}+\sigma_{\theta2})\end{cases} \tag{4.31}$$

对于地层，有：

$$\begin{cases}\sigma_{r3}=-r_3^2\left[\dfrac{1}{r^2}p_3+\left(\dfrac{1}{r_3^2}-\dfrac{1}{r^2}\right)p_{\mathrm{e}}\right]\\ \sigma_{\theta3}=r_3^2\left[\dfrac{1}{r^2}p_3-\left(\dfrac{1}{r_3^2}+\dfrac{1}{r^2}\right)p_{\mathrm{e}}\right]\\ \sigma_{z3}=\mu_3(\sigma_{r3}+\sigma_{\theta3})\end{cases} \tag{4.32}$$

2. 水泥石（环）破坏的强度准则

（1）当水泥环的径向和切向应力均为压应力时，由式(4.14）知水泥环轴向应力为：$\sigma_z=\mu(\sigma_r+\sigma_\theta)<0$，也表现为压应力。根据材料强度理论，可选用第四强度理论进行水泥石（环）的强度破坏判断，即：

$$\sigma_{\mathrm{eq}}=\sqrt{\frac{1}{2}[(\sigma_r-\sigma_\theta)^2+(\sigma_\theta-\sigma_z)^2+(\sigma_z-\sigma_r)^2]} \tag{4.33}$$

当 σ_{eq}（简称为等效应力）达到水泥石的单轴抗压强度，水泥石（环）就发生破坏。对于常规油井水泥来说，高温高压养护条件下水泥石的单轴抗压强度一般为25~35MPa。

（2）当水泥环切向应力出现拉应力时，由于水泥石抗拉强度与抗压强度相比较低，为简单起见，这里采用第一强度理论来判断水泥石（环）的破坏。即当 $\sigma_\theta\geqslant[\sigma_{\mathrm{t}}]$ 时，水泥石（环）发生破坏，这里 $[\sigma_{\mathrm{t}}]$ 表示水泥石的单轴抗拉强度。

4.3.2 固井水力学分析

1. 非牛顿流体的环空流动

理想情况下，套管与井眼中心应重合。但实际工程中，套管与井眼中心往往有偏离，如图4.12所示，其中 R_1、R_2 分别为套管和井眼的半径，e 为偏心距，偏心度定义为：

$$\varepsilon=\frac{e}{R_2-R_1} \tag{4.34}$$

偏心度越大，则环形空间（简称环空）中宽隙越宽，窄隙越窄。偏心度为零时，表示同心环空；偏心度为 1 时，套管与井壁一侧接触。

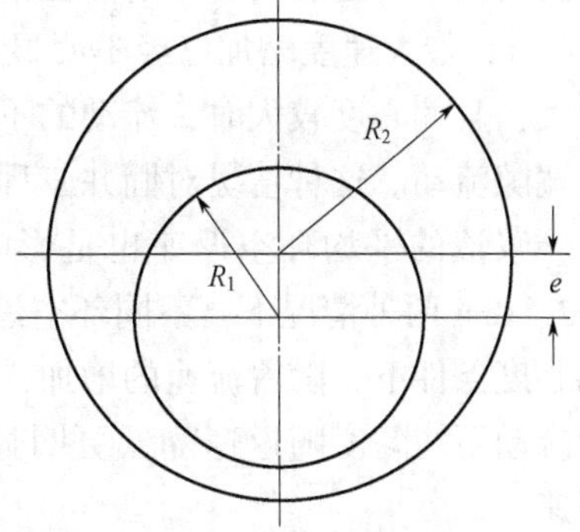

图 4.12　偏心环空截面示意图

为了简化问题，人们更多研究的是同心环空的轴向流动。同时在偏心度不是很大的情况下，同心环空流作为偏心环空流的理论简化模型，它具有很大的理论价值。近年来，许多学者、专家专门研究钻井液或水泥浆在同心环空中的流动规律与特点，已经形成了环空流体动力学这一新型分支学科。

随着油田开发力度的加大和石油钻井技术的发展，定向井或丛式井增多，人们有意识地将井眼钻成偏斜或水平的，进而达到方便施工和提高原油产量的目的。在斜井或水平井的情况下，由于重力作用，套管会偏离井眼中心，甚至可能触及底侧井壁。此时，固井套管与井壁之间构成的水泥浆上返流道的横截面将不再是同心环空，而是偏心环空。偏心环空将对钻井液和水泥浆的流动规律产生影响，钻井环空水力学中惯用的同心环空假设也不再成立。由于黏性作用，属于非牛顿流体的钻井液、固井前置液和水泥浆在偏心环空中的轴向层流流动规律（如速度分布、压降和流量等），与同心环空时有很大不同。于是，固井工程便遇到了钻井液和水泥浆这类非牛顿流体在偏心环空中流动的复杂流动问题，对这一问题认识和重视的程度，将直接影响固井设计和现场固井施工的程序，从而影响固井质量。因此，研究钻井液、水泥浆偏心环空轴向流动具有更明显的理论意义和实用价值。

有大量学者对偏心环空中的流动规律进行了研究。为了便于研究，定义环空流速不均匀度为：

$$\delta=\frac{V_w}{V_n} \tag{4.35}$$

式中，V_w、V_n 分别为宽、窄隙处的最大流速。δ 越大，则环空中宽隙与窄隙的流速差别越大，速度分布越不均匀。运用 FLUENT 软件对水泥浆屈服幂律流体在相同流量、不同偏心度下的流动规律进行的数值模拟结果表明：环空的偏心度对速度分布的影响非常明显，偏心度越大，环空流速分布越不均匀。如图 4.13、图 4.14 所示，当偏心度增大时，流动的不均匀

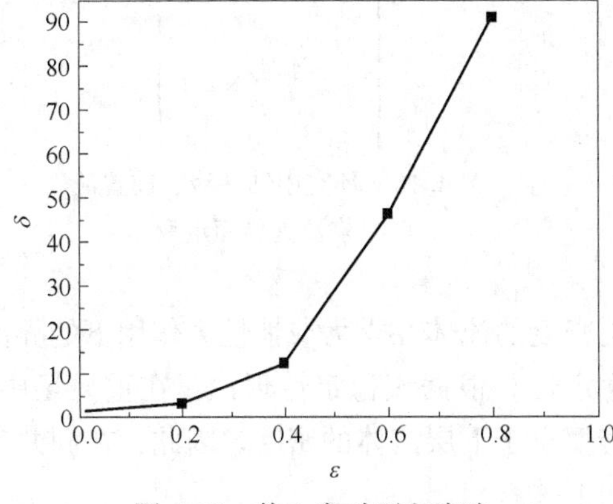

图 4.13　偏心度对环空流速不均匀度的影响

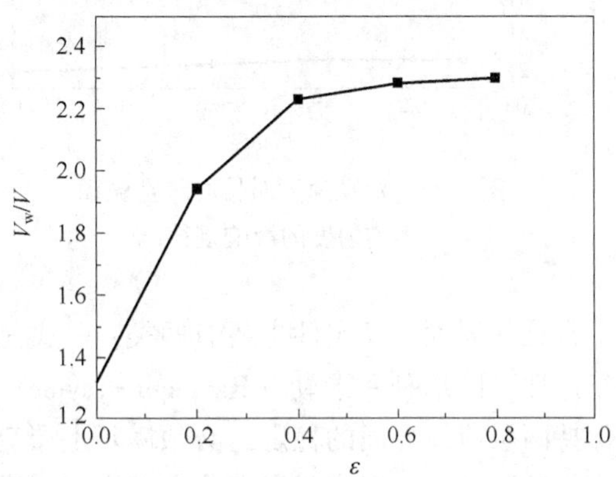

图 4.14　偏心度对宽隙最大流速与环空平均速度比的影响

性变大，因平均速度（V）不变，则宽隙的最大速度也增加，偏心度为0.4时，宽隙的最大速度约为平均速度的2.2倍。但偏心度继续增加时，最大速度增长趋势变缓，当偏心度大于0.6时，最大速度增加已经不明显；而宽、窄间隙中的最大速度比则随着偏心度的增加持续增大，且偏心度较大时，流动的不均匀度陡增，这说明窄隙中的流速明显降低，浆液主要通过宽隙流动。这种情况对固井工程非常不利，应尽量避免。

浆液的平均环空返速也是影响流动不均匀度的主要因素。图4.15表示偏心度分别为0.2、0.4两种情况下，不同环空返速（V）对不均匀度影响的数值结果。可以看出，在某一偏心度条件下，随着流速的增加，流动不均匀度逐渐降低，流动逐渐变得均匀，大偏心度时的流动不均匀度随返速降低更明显。所以，在偏心度越大的情况下，越应尽量提高水泥浆泵速。

现场发现，提高水泥浆的环空返速往往有利于提高固井质量。在因机械或地层原因，不可能提高环空返速时，通过在水泥浆前注入一段轻质流体或低密度水泥浆有时也能达到不错的效果。据此推测，环空中的湍流很可能有利于固井质量的提高，因为上述两种途径都将提高流动的雷诺数（惯性力与黏性力之比）。但由于湍流的复杂性，人们以往对偏心环空中非牛顿流体流动的研究大多局限于层流阶段。

2. 环空流体驱替界面的稳定性

油气井固井工程中，环空上返的钻井液、前置液、水泥浆间存在两层界面，即钻井液—前置液界面、前置液—水泥浆界面（图4.16）。它们的稳定性对固井质量有重要影响，前者不稳定将使钻井液污染前置液，从而影响前置液的功效；后者不稳定将导致前置液与水泥浆相互掺混，从而增加混浆段长度，降低水泥环的胶结质量，影响固井质量。

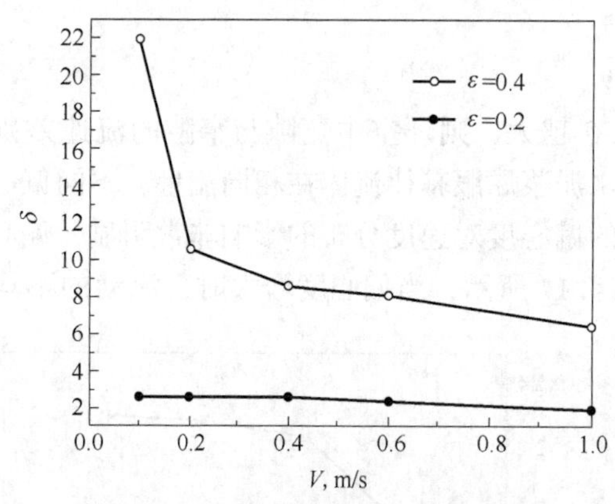

图4.15　流动速度对偏心环空流动不均匀度的影响规律

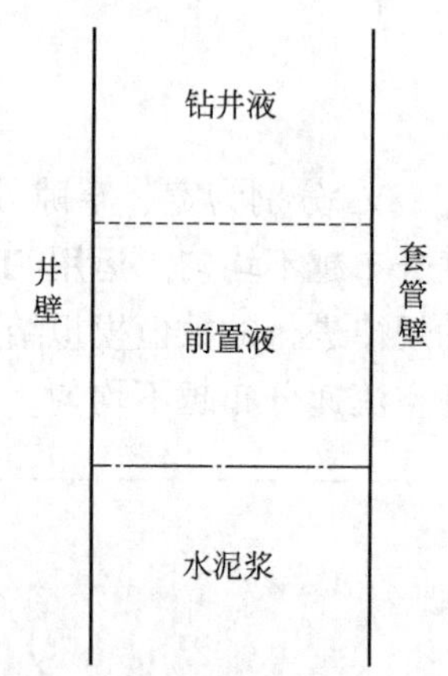

图4.16　环空中钻井液、前置液、水泥浆及其界面示意图

常见的界面不稳定性主要有两类：一类是不同密度的流体在重力或惯性力作用下的界面不稳定性，即瑞利—泰勒（Rayleigh-Taylor）不稳定性。根据该稳定性理论，在重力场中，要保持两层流体界面的稳定，必须满足上层流体密度小于下层流体的密度。因此，在固井工程中，钻井液、前置液和水泥浆密度之间应满足如下关系：

$$\rho_m < \rho_s < \rho_c \tag{4.36}$$

式中，ρ_m、ρ_s、ρ_c 分别为钻井液、前置液、水泥浆的密度。

即使如此，水泥泵的起停仍然可能使上述两界面不稳定，因为水泥泵突然启动将使环空上返浆液获得向上的加速度，该加速度的方向由密度大的流体指向密度小的流体，其作用恰好与重力加速度的作用相反。因此，施工过程中，应尽量避免开关泵的次数，开泵时也应缓慢加大排量。

另一类是两流体间存在有切向速度差时，造成交界面上扰动的发展，例如风在水面会刮起大的波浪，此即开尔文—赫姆霍兹（Kelvin-Helmholtz）不稳定性。对于偏心环空中的密度分层流动，由于宽窄隙的流速有差异，且分层流体的流变性也不相同，则界面间可能存在有切向速度梯度，因而可导致该界面不稳定。

数值模拟结果表明，偏心度不为零时，由于宽窄隙的速度差异，前置液—水泥浆界面发生倾斜，从而产生尾迹，当尾迹变长断裂时，两相流体互相掺混，界面失稳，驱替效率大大降低。上返流动达到湍流状态，此时虽然界面倾斜角度较大，但是没有出现失稳现象，驱替效率也较高。这说明流动达到湍流后，速度的继续提高对驱替效率的提高影响不大。这可能是因为湍流的脉动有利于使速度分布趋于比层流均匀化。因此，现场注水泥作业不应过分强调提高流量，只需要达到足够的雷诺数，能使整个环空充分湍流，就可以达到满意的注水泥结果。

偏心度对界面稳定性影响很大。在偏心度为零时，界面较稳定，只是在速度较高时略有波动，此时固井质量容易保证。而随着偏心度的增加，驱替界面将产生倾斜，直至产生尾迹，界面失稳。这主要是因为偏心时速度分布不均匀，偏心度越大，速度差异越明显，界面就越不稳定，驱替效率也越差。由于在工程实际中存在水泥浆的脱水固化现象，难以采用低速的层流驱替，而高速的湍流驱替也受到工程装备的限制，因此降低套管的偏心度是保证驱替界面稳定、提高驱替效率的有效手段。

4.4　射孔

4.4.1　射孔和射孔弹的原理

在油气井完井工程中，高能炸药爆炸形成射流，射穿油气井套管壁、水泥环及部分地层，从而形成油气层和井筒之间油气通道，这个过程称为射孔。油气井射孔质量的好坏对完井工程及石油开采具有重要意义，直接影响到油气产量。

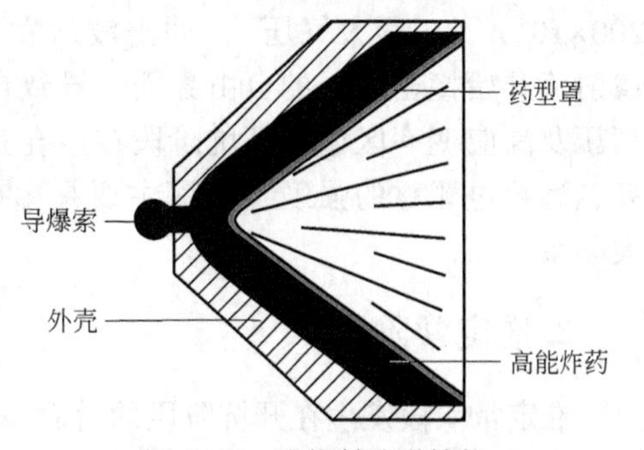

图 4.17　聚能射孔弹结构

如图 4.17 所示，聚能射孔弹是石油射孔器射孔的核心部分，其结构由外壳、炸药、起爆炸药和药型罩四部分组成。聚能装药破甲是聚能射孔弹的原理，高能炸药爆破使金属药型罩发生变形并且炸药爆炸产生超高温，超高压使金属药型罩分解，然后形成携带极高能量的金属射流，进而使石油矿井下的油气层受到聚能金属射流的侵彻作用，形成射孔，建立油气流的通道，连通产层与井筒。

当引爆射孔枪时，导爆索以7000m/s的速度和（15～20）×10^9MPa的压力燃烧传爆，而导爆索的传爆使射孔弹的起爆药被引爆，同时引爆射孔弹的炸药。射孔弹炸药爆炸产生8000m/s和30×10^9MPa的冲击力，此冲击力作用于圆锥形衬套并将其沿轴线方向往外推，由于射孔弹的炸药和衬套都是轴向对称的锥形结构，圆锥衬套受爆炸力的对称推压形成轴向射流束。由于爆炸力的对称冲击，在圆锥衬套顶端附近的轴向射流束上形成冲击力的汇集点，汇集点的压力剧增到100×10^9MPa以上，而形成超高压的汇集点把衬套射流束分为两部分，一部分是高速向前移动的射流束束尖，另一部分是低速移动的射流束束尾，射流束束尖的速度约为7000m/s，而束尾只有约500m/s。射流束前端和末端的速度差，使射孔弹圆锥衬套被拉伸成细长的射流束。射流束在炸药爆炸力汇集形成超高压的作用下，以7000m/s的高速和100×10^9MPa的冲击力穿透套管、水泥环和地层，形成射孔孔道。

4.4.2 射孔弹穿孔过程

射孔弹穿孔过程如图4.18所示。

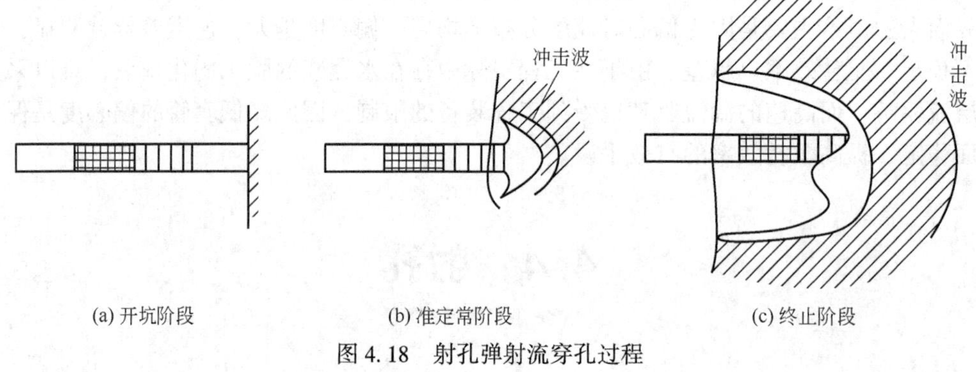

(a) 开坑阶段　(b) 准定常阶段　(c) 终止阶段

图4.18　射孔弹射流穿孔过程

1. 开坑阶段

最先进行的是开坑阶段，当金属药型罩形成金属射流时，标志着开坑阶段的开始。金属射流的速度非常高，瞬间会与靶材发生剧烈碰撞，并且撞击位置的压力迅速上升到200×10^4at（工程大气压），冲击波从发生碰撞的位置开始向中心扩散。从微观来看，金属射流开始撞击靶板的自由界面，导致自由界面发生破裂。接着在碰撞区形成一个高温、高压及高应变率区域。开坑阶段在穿孔过程中所占的比例较小，并且碰撞点的压力特别高，远超过靶材的强度，孔深主要是由碰撞点的压力决定的，而与靶材的强度并没有太大联系。

2. 准定常阶段

准定常阶段发生在开坑阶段的后面，后续射流会提供补给，继续穿孔。准定常阶段在整个穿孔过程中所占比例很大，由于在开坑阶段金属射流消耗过多能量，导致碰撞点的压力及温度有所降低，压力下降了（20～30）$\times 10^4$at，但仍然比靶材的强度高，所以靶材强度并不能决定开孔参数。

3. 终止阶段

最后阶段称为终止阶段，由于前面两个阶段金属射流已经消耗了大部分的能量，导致终止阶段射流速度降低，碰撞点的压力也随之下降，比靶材的强度低，因此在这一阶段靶材强度对穿孔参数的影响很大，致使终止阶段产生的原因有以下三种：

（1）决定穿孔能否进行的主要因素是金属射流的速度，其速度有一个临界值，当射流速度高于临界值时，穿孔能够发生，反之穿孔不能发生。因此射流速度低于临界值是穿孔终止的一个主要原因。速度临界值的大小与靶材的材料有很大关系，强度越高，金属射流的速度临界值也越高，反之越低。

（2）当靶材与金属射流发生碰撞时，会产生碎屑堆积现象，对后续射流穿孔产生一定的阻力，致使终止阶段提前发生。

（3）由于穿孔过程比较复杂，出现的变动也比较多，比如连续性变差、发生偏转等现象都会导致穿孔终止。

上述三种条件只要符合其中一种，都会导致穿孔终止。

视频 4. 3 为射孔工艺过程。

视频 4. 3

射孔工艺过程

4. 4. 3 射孔动力学研究现状

射孔过程中涉及炸药爆轰、射流形成及侵彻、流固耦合等物理现象，用理论分析研究射孔过程、给出所需各参数的精确解几乎不可能；实验研究可以得到准确可信的实验结果，也可以测到某些参数的变化过程，但却费用高昂、观测手段有限，更不能实时呈现射孔过程。而数值模拟虽没有实验结果准确，但却可以全方位呈现射孔过程、提取出所需的各种参数并模拟各种工况，进而进行优化设计、提出优化方案；数值模拟的另一个好处是费用较低。在具体研究中，需要根据研究的问题选择具体的方法，或综合运用多种方法。

目前实验研究是射孔技术研究的主要方法之一，如艾克尔伯格（Eichelberger）通过实验研究对金属射流侵彻理论做了检验及改进，但实验研究有着费用高昂、观测手段有限等缺点。也有一些学者用数值分析方法对石油聚能射孔技术进行了研究。尽管国内外已有学者对射流的形成、侵彻及射孔枪的变形机理等做了数值研究，但大多对模型做了较大简化（如简化为二维问题、以圆柱体子弹代替射流等），这些简化方法在分析某些特定问题时是简单有效的（如平面对称模型），但不具有普遍适用性；研究人员一般都把工作重心集中在研究能够形成又深又大孔道的射孔弹上，却少有学者对射孔过程中发生在井筒内及射孔孔道周围的瞬时变化对射孔效果的影响做机理研究。斯伦贝谢公司的研究人员在大量室内试验基础上提出了动态负压射孔技术。这项技术通过控制射孔过程中的瞬间井筒压力变化，达到清洗孔道、提高孔道流动性及增加油气井产能的目的。在分析射流侵彻能力、射孔枪变形机理基础上，对射孔过程中井筒内各物质的瞬态响应（井筒内的压力场、速度场等）做整体研究是极其有必要的。

4.5 海洋石油工程力学

4.5.1 海洋平台力学分析

图 4.19 典型的桩基式导管架平台

在广阔的近海大陆架，如美国的阿拉斯加与加拿大北部，欧洲的北海（英国、挪威），我国的渤海、南海与东海，蕴藏着丰富的石油、天然气资源。从 20 世纪 60 年代起，一座座海洋平台在这些海域高高矗立起来，与此同时，新兴的海洋结构力学也蓬勃发展起来。典型的桩基式导管架平台（图 4.19）是一座巨大的钢结构，它由桩腿、导管架、组块支承框架与平台的各种上部功能模块构成；在海水环境中受到风浪、潮流和地震载荷，在高纬度地区（如我国的渤海、美国的阿拉斯加和加拿大等地）冬春季节还受到巨大的冰载荷作用。海洋平台的强度、稳定性与振动问题是事关安全的重大问题。如美国阿拉斯加库克湾两座钻井平台于 1964 年被冰摧毁，此时距它们建造完成还不到 2 年。我国渤海湾油田 1969 年与 1977 年也曾发生过两起震惊全国的海洋平台冰毁事故。

以 1969 年我国渤海湾 2 号海洋石油钻井平台的破坏事故为例，该平台的桩腿是由 12~18mm 厚的 16Mn 钢板卷焊而成的直径 650~836mm 的圆筒，桩长为 41m，其中打入海底部分长度为 60%左右。1969 年春节前后，由西伯利亚寒流引起的冰排不断推挤撞击平台，导管架露出水面部分在低温空气中的管节点根部首先发生开裂，然后在平台潮差段的大部分支承杆被破坏。至 3 月 8 日，在九级大风作用下，冰排厚度超过 0.7m，平台单腿受力超过 1000t。冰排不断撞击桩腿而发生挤压和破碎，冰由挤压到破碎的过程对桩基产生周期性的作用力。由于平台总体设计不合理，头重脚轻，桩腿细长，结构刚度不够，周期性冰载与结构相互作用导致平台大幅度振动，上部水平位移甚至达到了 1.5m，结构中关键点的应力幅值大大提高而发生疲劳断裂问题，桩腿中原有裂缝在应力幅值很大的周期性力作用下大面积扩展后断裂，最终造成平台倒塌。

上述海洋平台损毁事故的发生，主要原因是设计不合理。因此海洋平台的设计给力学研究提出了很多关键问题：

（1）海洋平台所承受的载荷分析。海洋平台承受风、浪、潮流和海冰等载荷，在不同的海域中各不相同，并且与平台的结构设置、总体布局有关。由具体海域的来流方向，根据流体力学的原理对结构合理布置，可以降低结构所承受的载荷。

（2）海冰力学行为的分析。对于海冰环境中的海洋平台，冰载荷远远大于其他载荷，是造成结构破坏的主要因素。为此，必须对海冰的力学及物理性质（挤压强度、抗弯强度、断裂韧性等）、多种情况下冰的破碎频率、冰对各种形状结构物作用力的测量与分析、结构的抗冰设计等问题开展系统的研究。

(3) 管节点的强度计算。海洋平台是由许多圆形钢管焊接而成的大型钢结构，在外力作用下，管节点处有很高的局部应力，这些局部高应力区是疲劳裂缝产生的起源，而传统的钢结构设计计算方法不能反映局部的应力集中。为此，需要进行系统的应力分析。

(4) 海洋平台的抗震问题。对大型钢结构的自振频率、振动模态、位移与应力响应进行分析，目的是改善平台的整体设计与平台上部工作模块质量的分布，以提高平台的整体刚度，改善下部结构危险点的受力情况，从而提高海洋结构的抗震能力。

(5) 流体、冰与结构相互作用的研究。该研究的目的为避免发生流体和冰诱发的结构自激振动。

此外，海洋平台结构在使用过程中往往发生大大小小的缺陷，如裂缝与腐蚀坑，对含缺陷钢结构的安全评定和寿命预估需要进行断裂力学分析。

4.5.2 海洋立管力学分析

立管系统是指连接水面浮体和海床井口的隔水套管系统。它是浮式生产系统用于向(或从)船上传送液体的基本装置，也是深海生产系统中最复杂的一类设备。

1. 立管的类型

在油田开发的不同阶段，立管系统可分为钻井立管和生产立管两类。

如图4.20所示，钻井立管常用于半潜式平台和钻井船，其主要作用包括：隔离油井与外界海水；钻井工作液的循环；安装水下防喷BOP系统；支撑各种控制管线（节流和压井管线、钻井液补充管线、液压传输管线）；提供从钻台到海底井口装置的导向。典型的钻井立管系统包括：张紧器系统、伸缩节、钻井立管单节、高压节流和压井管线、液压供给管线、钻井液增压管线、立管填充阀门、立管下部组件、柔性/球形接头、防喷器组、井口连接器、套管、液压连接器、套管终端线圈、测量立管接头、浮力块等。

生产立管系统是连接海洋油气开发装备水下部分和水面部分的主要外输通道，是海上油气田开发的重要组成部分，尤其在深水开发中起着关键作用。生产立管从本质上可将立管分为刚性立管和柔性立管两种，混合立管则是这两种立管的组合形式。根据立管的几何构形可将立管分为：钢悬链线立管（图4.21）、顶部张力立管（图4.22）、柔性立管（图4.23）和混合立管（图4.24）。

2. 立管载荷

常见的三种立管载荷分别是功能载荷、环境载荷和偶然载荷。功能载荷是立管必不可少的一部分，比如立管、组件和腐蚀涂层等的重力。立管的外部组件是引起立管应力、应变的主要因素。环境载荷包括风、浪、流和可能存在的冰冲击载荷，它是引起立管动态特征的主要原因。偶然载荷是在立管使用期间偶然发生的，比如高空坠物引起的不可忽视的载荷。

表4.1详细列出了立管的载荷种类。

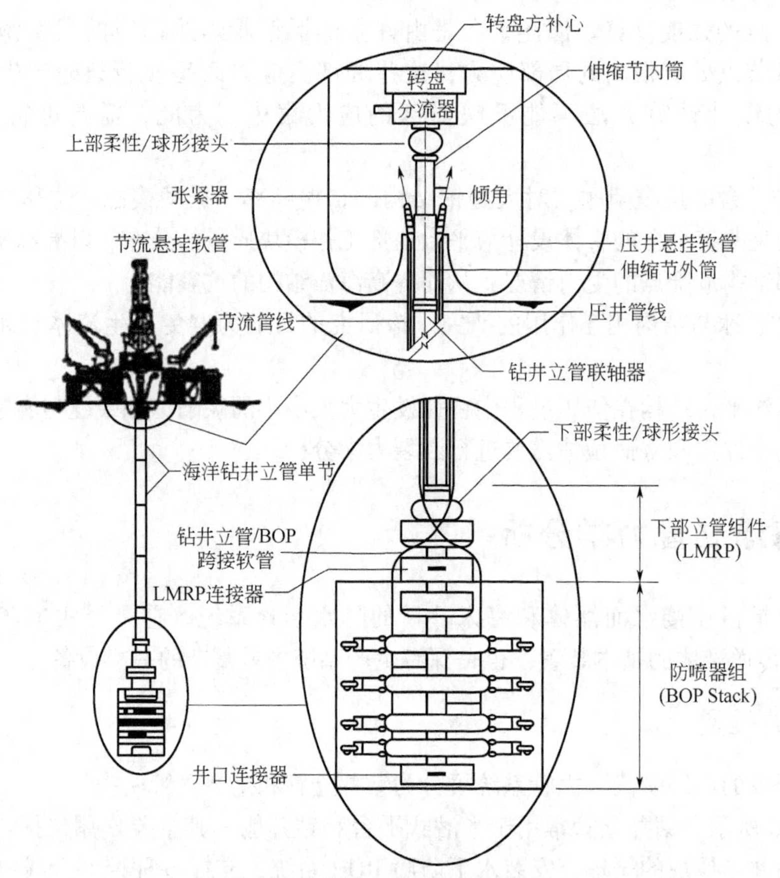

图 4.20　钻井立管系统基本构造

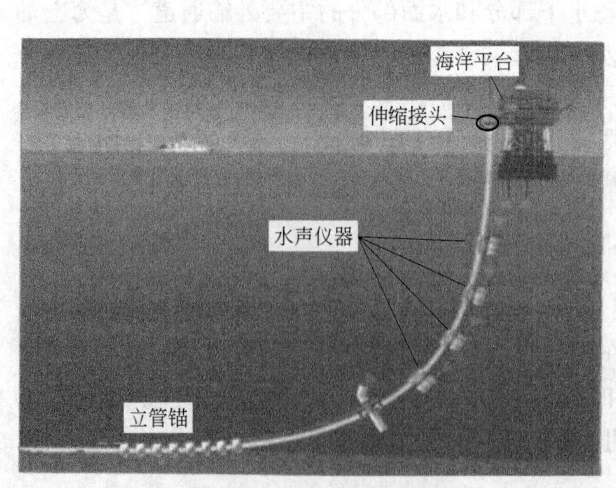

图 4.21　钢悬链线立管

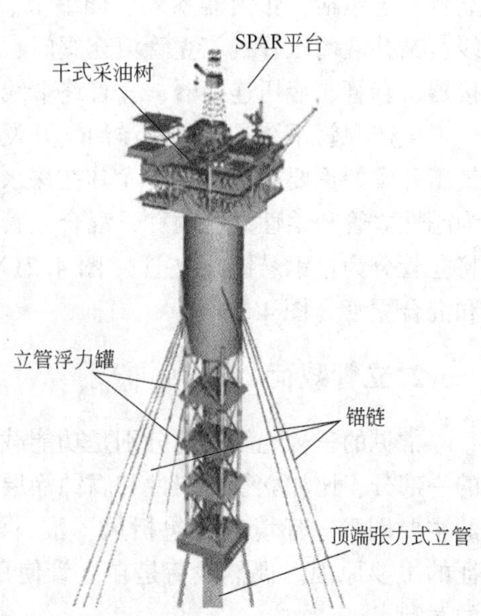

图 4.22　顶部张力立管

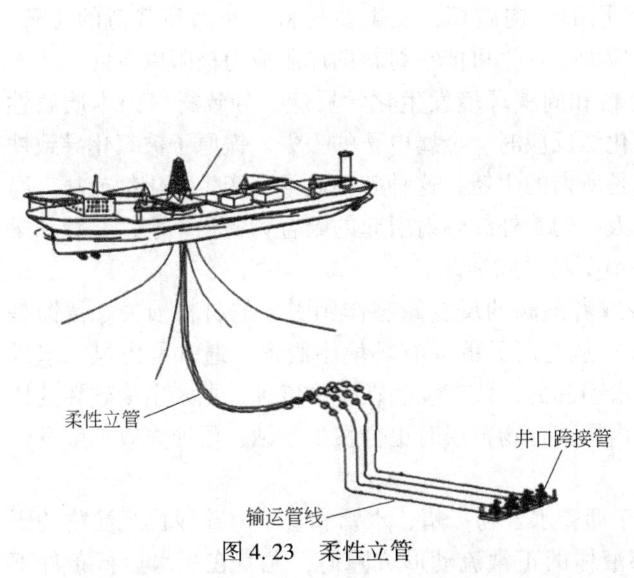

图 4.23 柔性立管

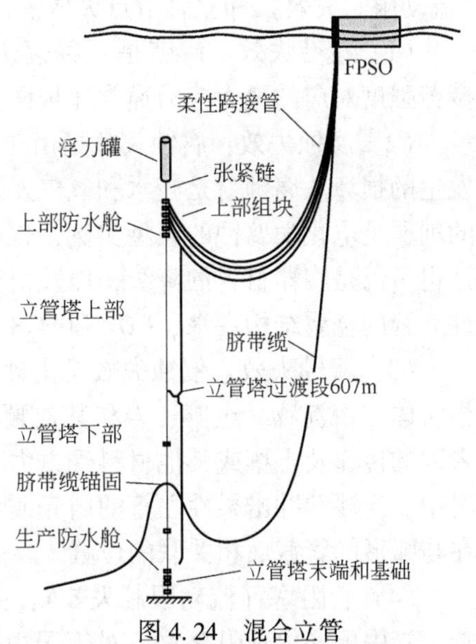

图 4.24 混合立管

表 4.1 立管载荷种类

载荷类型	载荷	引起的载荷环境
功能载荷	（1）立管、组件和腐蚀涂层的重力； （2）由于内容物和外部静水力引起的压力； （3）浮力； （4）热效应； （5）名义顶端张力	（1）海生物、附体、管型材料的重力； （2）由于内容物流动、冲击、阻塞或者清管产生的载荷； （3）安装载荷； （4）浮体限制载荷
环境载荷	（1）浪载荷； （2）流载荷	（1）风载荷； （2）地震载荷； （3）冰载荷
偶然载荷	（1）坠物； （2）定位能力的部分损失； （3）船体影响	（1）张紧器失效； （2）立管干扰； （3）爆炸和水灾； （4）连续变动的热量； （5）操控故障

实际情况下的载荷可以定义为功能、环境和偶然载荷的组合，这取决于立管的布置方向和浪流载荷沿某一方向的变化，极端情况下，浪载荷和流载荷的组合与设计的状态有关，可以由具体的分析确定。在初步设计和概念设计阶段，只需要考虑关键性的载荷情况，而在详细设计阶段，就需要考虑所有的载荷情况。

3. 立管失效模式

众所周知，深水环境下的立管系统是十分脆弱的。疲劳失效是设计者首先应该考虑的一种失效模式，其他的失效模式包括腐蚀、侵蚀、管阻塞和流动约束等。其中疲劳失效的主要来源是涡激振动和水面浮体的运动。在立管设计中需要优先考虑一些可动部位的疲劳强度问题。另外，腐蚀和侵蚀失效也会影响到立管的整体性。同时，还必须防止发生管道阻塞或者流动限制失效，确保立管中液体流动的顺畅。

一般来说，立管系统有五种典型的失效模式：疲劳失效、腐蚀失效、侵蚀失效、管阻塞

（流动限制失效）和立管节点失效。

（1）疲劳失效：疲劳是一种逐步性局部结构破坏，发生在材料承受循环载荷的位置。疲劳强度对应的最大应力通常比极限拉应力小，也可能在材料的屈服应力极限以下。

（2）腐蚀失效：腐蚀失效是由于材料和周围环境发生化学反应，导致材料内本质属性发生的损坏。腐蚀就是当水和氧气发生化学反应时，金属电子的丢失。铁原子被氧化导致铁的削弱是电化学腐蚀的典型实例，也就是所谓的生锈，这种破坏通常会产生氧化物或盐。腐蚀也可以是陶器材料的降级，以及由于太阳的紫外线辐射引起的聚合物弱化。刚性立管和柔性立管的金属结构在水、CO_2 和 H_2S 环境下易受腐蚀。

（3）侵蚀失效：侵蚀失效是由沙粒或者液滴的反复摩擦作用引起的材料损失。侵蚀是指实体（沉淀物、土壤、岩和其他颗粒）从它所处的固有环境中脱落，通常是由风、水或者冰的传递及土壤或其他材料受重力下滑引起的，或者发生在生物侵蚀、掘穴生物破坏的情况中。当沙粒冲击柔性立管的内壳或者内层聚合物覆层时也会发生侵蚀，侵蚀失效一般发生在与弧形的管截面相关联的位置。

（4）管阻塞（流动限制失效）：由于沥青水合物、蜡、水锈和管子内壁沙粒沉淀物的影响，管中可能出现阻塞物，对管子内部液体的正常流动形成障碍，尤其在深水运行条件下（低温和高压）容易遇到阻塞情况。在管内低温情况下，输送碳氢化合物的管道易受到蜡或者水合物沉淀物的影响，石蜡或者水合物沉淀的形成会引起管内阻塞，限制液体流动，导致管内压力增加，如果置之不理，最终会导致压力层的破裂甚至管道塌陷。

（5）立管节点失效：立管节点是由无缝管构成的，在末端有机械连接件。对于钻井立管来说，通过连接件上延伸的法兰将立管与节流和压井管线连接起来。立管以类似钻杆的方式操作，需要把它们一根一根地串成串，并且利用张紧器将连接件旋紧。立管节点的失效模式有密封渗漏、插销破裂、焊接疲劳和螺栓破损等形式。

4. 立管分析

立管分析包括实际强度分析、疲劳分析、涡激振动分析和干扰分析，有限元模型法也是立管分析中常用的一种方法。

立管有限元建模分析中的重要特征包括：（1）基于小应变理论的梁或杆单元；（2）材料的非线性特征类型；（3）三维空间的无限的旋转和平移；（4）材料的几何特性决定的刚度；（5）允许变截面特性。

有限元分析的结果有：（1）节点坐标；（2）节点处的曲率；（3）轴向力、弯矩、剪切力和扭矩。

立管设计中有多种分析工具，包括：（1）通用的有限元程序 ABAQUS、ANSYS 等（用于进行立管整体和局部分析）；（2）立管分析工具 Flexcom、Orcaflex、Riflex 等（用于模拟立管动态运动和计算相关项目）；（3）立管涡激振动（VIV）分析工具 Shear7、VIVA、VIVANA、Deeplines、Flexriser 及基于 CFD 的软件（用于模拟和预测立管疲劳速率或寿命）；（4）耦合运动分析软件 HARP；（5）立管安装分析工具 OFFPIPE、Orcaflex、Pipelay 等。

5. 立管结构可靠性分析

海洋立管是海洋油气开发系统中的重要组成部分之一，它特殊的细长体结构使其成为海洋油气开发中薄弱的环节。海洋立管内部会有油气流通过，外部还要承受波流荷载的作用。

由于立管所处的海洋环境的复杂性，其影响因素也较多。一般来说，立管事故的诱因可能是碰撞、坠落、海流引发的涡激振动、压力超载、爆炸或者火灾，以及平台移位等。立管一旦发生事故，可能引起原油或可燃气体的泄漏，不但可能造成严重的污染，还可能造成爆炸等危机。

目前对于立管等海洋结构物所关注的一般性结构损伤主要集中于极限强度与疲劳强度方面。从静力分析到动力分析，考虑的载荷主要来自波浪、流、地震等。在理论解上，需要建立结合了 Morison 方程的静力和动力微分方程，再用有限差分法进行求解。在所使用的计算软件上，也由最初的通用有限元软件 ANSYS、ABAQUS 等，发展到专用的有限元软件 SHEAR7、Orcaflex 等。对于疲劳问题的研究，多年来已经历了从确定性模型到概率性模型、从 S—N 曲线到断裂力学方法的发展。许多专用的海洋工程软件集成了疲劳分析模块。很多学者对于立管在波流联合作用下，尤其是发生涡激振动时的立管疲劳裂纹生成、扩展、检测及失效概率的更新做出了大量的研究工作，取得了不少成果。

1995 年，卡鲁纳卡兰（Karunakaran）等对深水柔性立管系统运用可靠性方法进行分析，分别采用了响应面法、一阶二次矩法和二阶二次矩法等可靠性求解方法，这是研究人员首次对立管进行可靠性分析。但是该研究分析得并不全面，只对立管极限状态时最可能发生破坏的立管顶端部分进行了分析，其结果并不足以反映整个立管系统的安全水平。蕾拉（Leira）等通过对深水立管结构钻井、维修和生产等状态的研究，对深水立管断裂可靠性方面进行了分析，并通过研究涡激振动作用下的立管结构，总结出了涡激振动作用时立管的可靠性评估方法。比约赛特（Bjorset）等对由钛材料制成的立管进行了非线性有限元分析，对其局部屈曲及可靠性进行了研究，考查了材料强度与其极限屈曲抗力之间的关系，建立了立管抗屈曲和崩溃的概率模型。随着立管分析技术方法的不断进步，研究人员越来越多地将立管分析与可靠性分析方法相结合。可汗（Khan）等通过对深水立管进行三维动态分析，考查其受到高强度轴力和弯矩时的响应，并运用这些响应数据分析其疲劳可靠度。

近年来，研究人员提出对将包括平台、立管及系泊等结构在内的浮式系统整体进行全面可靠性评估的方法，以此来考查立管与其浮式结构间的联系。阿不惠烈门（Abhulimen）建立了包含 FPSO（浮式生产储油卸油装置）及其立管在内的整个系统模型，该模型可用于风险评估和可靠性分析。

目前，可靠性理论在海洋立管极限强度和疲劳方面的运用越来越多，并与立管整体分析中的频域分析、时域分析法相结合，成为确定立管安全水平的一个重要指标。

习题

1. 简述连续油管的变形过程。
2. 简述地层失稳的影响因素。
3. 简述聚能射孔弹的原理。
4. 简述射孔弹穿孔过程。
5. 列举立管失效模式。

第5章 油气田开发工程中的力学问题

5.1 油气渗流

5.1.1 油气渗流基础知识

1. 渗流基本概念

多孔介质（porous media）一般指由大量的毛细管结构组成的固体介质。多孔介质是渗流赖以存在的实体结构，具有渗透性、比表面积大及孔隙结构复杂等基本特点。

渗流（seepage flow）是流体（液体、气体及其混合物）在多孔介质中的流动。渗流是自然界中非常普遍的现象，例如河水在砂层中的流动、雨水在土壤中的流动、油气在地下岩层中的流动，以及血液在毛细血管中的流动等。其中，油气渗流是在油气储层内进行的微观流动。在地层中只有一种流体流动称为单相渗流，若有两种或两种以上的流体同时流动叫作两相或多相渗流。

渗流力学（mechanics of the seepage flow）是研究流体在多孔介质中流动规律的力学。渗流力学主要包括地下水动力学、油/气/水渗流力学、工程渗流力学、生物渗流力学等。其中油气渗流力学的研究对象是油气储层，研究内容主要为探讨油气在地下的流动规律。

2. 渗流速度

多孔介质的结构特征导致流体渗流具有如下特殊性：渗流孔道截面积很小（一般为 $10^{-4}\sim10^{-8}\text{cm}^2$）；渗流孔道形状极不规则；孔道中流体与固体接触面大及渗流孔道表面极其粗糙等。因此，流体在多孔介质中的流动具有渗流阻力大、流动速度小（一般以 μm/s 计）、渗流路径曲折复杂等特点。流体渗流是在多孔介质的连通孔隙中进行的。由于孔隙形状复杂多变，在一定长度内，各截面上的孔道总面积可能各不相同，计算真实的渗流速度较为困难。为研究方便，人们提出了平均渗流速度的概念，定义为：

$$v=\frac{q}{A} \tag{5.1}$$

式中，q 表示流体通过渗流过水断面的体积流量，单位为 m^3/s；A 表示渗流面积，即流体通过的过水断面面积，单位为 m^2。如图 5.1 中的渗流过水断面为圆面，其面积为 πR^2。

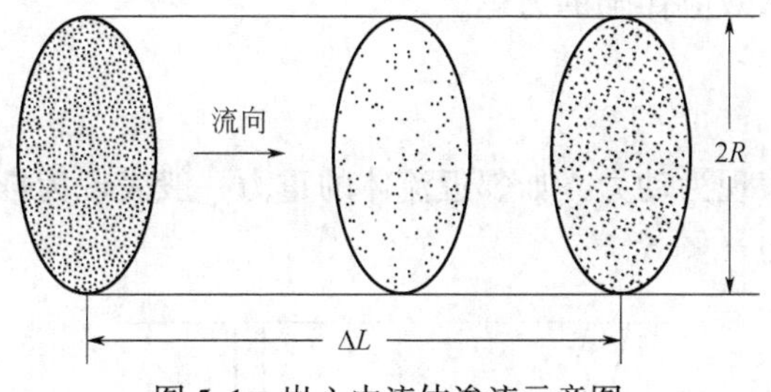

图 5.1　岩心中流体渗流示意图

3. 渗流形态的简化

1）稳定流与不稳定流

在渗流过程中，如果运动的各要素（如流体的压力、密度及流动速度等）只随位置变化，而与时间无关，则称为稳定渗流；反之，若要素之一与时间有关，则称为不稳定渗流。实际油气藏中发生的都是不稳定渗流，真正的稳定渗流是不存在的，不过在一个时期内可以近似地看成稳定渗流。

2）实际渗流形态的简化

由于实际油气藏的形状极不规则且布井方式多种多样，导致油气渗流的形态极其复杂。为便于研究，将油藏中的渗流可以简化为以下三种基本形式：

（1）平面单向流：如图 5.2(a) 所示，流线是彼此平行的直线，在垂直于流线的任一截面上，各点的渗流速度相等。

（2）平面径向流：如图 5.2(b) 所示，流线平行于同一平面，每一个渗流平面（平行于油层的平面）内的流线都向中心点汇集或由中心点向外发散，每个渗流平面内的流动状况都相同。

（3）球面向心流：如图 5.2(c) 所示，若将油层部分钻开，则在井底附近将出现球面向心流。球面向心流的渗流面为球面，流线是球的径向线，呈辐射状向中心点汇集。

很显然，实际油气藏中的复杂渗流模式都可视为上述三种基本流动类型的组合。

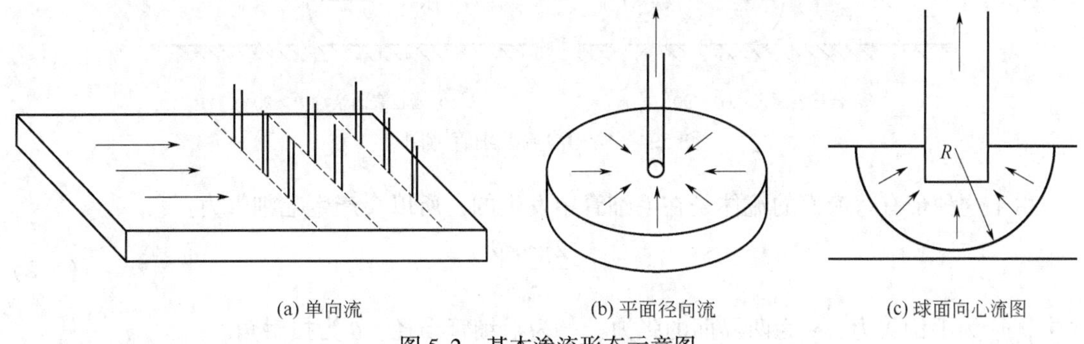

图 5.2　基本渗流形态示意图

5.1.2　油气渗流的动力和阻力

渗流过程中的重要参量是动力和阻力，其中作用于流体的力由流体的本身属性决定，分为体积力和表面力。动力包括邻近流体的重力、外加驱动力、溶解气膨胀力等，阻力包括摩擦阻力、毛细管力、贾敏效应伴随的力等。

1. 重力

重力对于渗流有时表现为动力，如邻近流体的重力一般表现为推动其前面流体运动的动力，但有时也表现为阻力（图 5.3）。

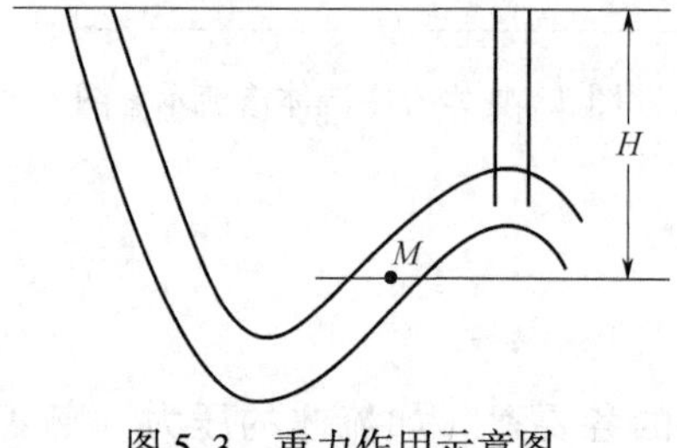

图 5.3　重力作用示意图

2. 弹性恢复力

油藏条件下的岩石和流体均处于被压缩状态，在开采过程中地层压力逐渐降低，导致岩石及流体发生膨胀，这种膨胀过程就是释放弹性能的过程，即弹性恢复力产生作用。弹性恢复力的大小用弹性压缩系数表示。对于岩石及流体，弹性压缩系数分别是指每变化一个单位压力时，单位体积岩石的孔隙体积的变化值、单位体积流体的体积变化值。

3. 毛细管力

两相渗流时的渗流模式主要是其中成柱塞状的一相分散在另一相中流动。这样在两相流动的区域中就形成很多个弯液面的两相分界面（图 5.4）。

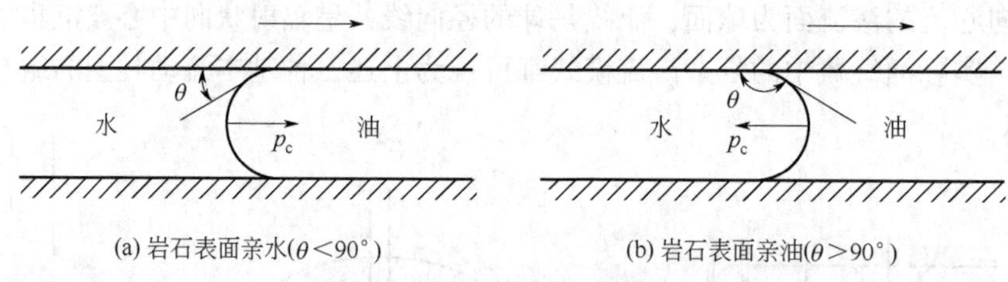

(a) 岩石表面亲水(θ＜90°)　(b) 岩石表面亲油(θ＞90°)

图 5.4　两相渗流毛细管力图

由于这种带有弯液面的流体是在毛细管中发生的，所以会产生毛细管力：

$$p_c=\frac{2\gamma\cos\theta}{r_c} \tag{5.2}$$

式中，p_c 为毛细管力，γ 为两界面的张力，r_c 为毛细管半径，θ 为接触角。

当接触角小于 90°时，毛细管力表现为动力，当接触角大于 90°时表现为阻力。在运动状态中，随着速度增加，接触角逐渐增大，到大于 90°时，毛细管力就变为阻力。所以一般在渗流运动中，毛细管力多以阻力形式出现。个别弯液面引起的毛细管阻力是有限的，但在两相渗流区，两相流体成分散混杂状态流动，可以有很多处弯液面，尤其是当毛细管的数量达到一定程度时，就更加不能忽略毛细管效应。

4. 贾敏效应

如图 5.5 所示，在两相渗流中存在另外一种情形，即其中一相呈液滴或气泡状分散在另一相中运动。当液滴或者气泡在直径变化的毛细管中运动，由于它们会变形而产生新的附加阻力，这种现象称作贾敏现象（视频 5.1）。

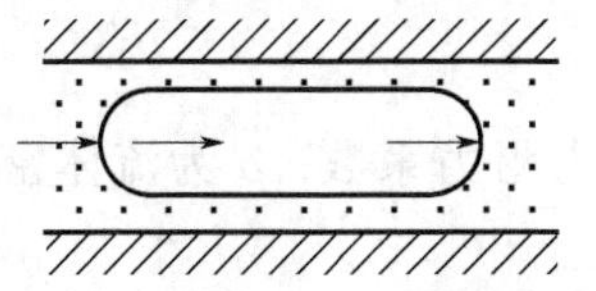

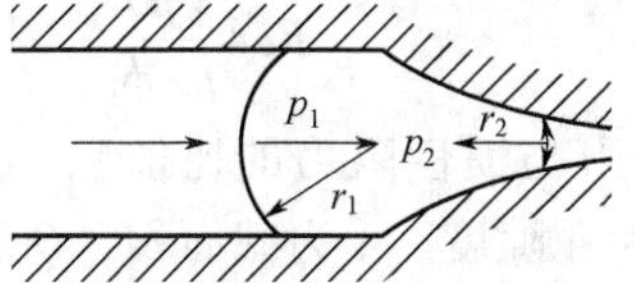

图 5.5　贾敏效应示意图（液滴或气泡变形）

r_1、r_2—大小曲液面的曲率半径；p_1、p_2—泡前、泡后压力

视频 5.1　贾敏效应

5. 其他附加阻力

在两相渗流区还需要克服一些其他的渗流阻力。例如，在水流动的区域内，还有一些附着在管壁上的油滴，这些油滴必须在外力克服阻力后，才能变为可以运动的自由油滴。

5.1.3　油气渗流的基本规律

地下深处的油气可以通过天然能量（弹性能、重力势能、气体膨胀能）和人工补充能量（如注水）得以采出。以下主要介绍油气渗流所遵循的规律。

1. 线性渗流定律

达西定律是 1856 年法国水利工程师达西（Darcy）在进行水压稳定流实验时得到的。达西定律又称为线性渗流定律，原因是渗流速度与压差梯度之间成一次方关系。达西定律的前提假设是：（1）单相流体；（2）流体与岩石之间不发生物理—化学反应；（3）流动保持恒温稳定的层流状态。

达西定律广泛应用于油气渗流中，是油气渗流的基本规律，其微分形式表述如下：

$$v=-\frac{K}{\mu}\frac{\mathrm{d}p}{\mathrm{d}L} \tag{5.3}$$

式中，K 为渗透率，单位为 μm²；μ 为流体黏度，单位为 Pa·s；$\frac{\mathrm{d}p}{\mathrm{d}L}$为压力的方向导数，单位为 Pa/m。

由此看出，达西定律是不考虑惯性阻力时的渗流运动方程。但是大量实验发现，当渗流速度增加到一定程度之后，渗流速度和压力梯度之间不再呈线性关系（图 5.6）。研究表明，线性渗流时，滞阻力起主要作用，非线性渗流时惯性阻力起主要作用。

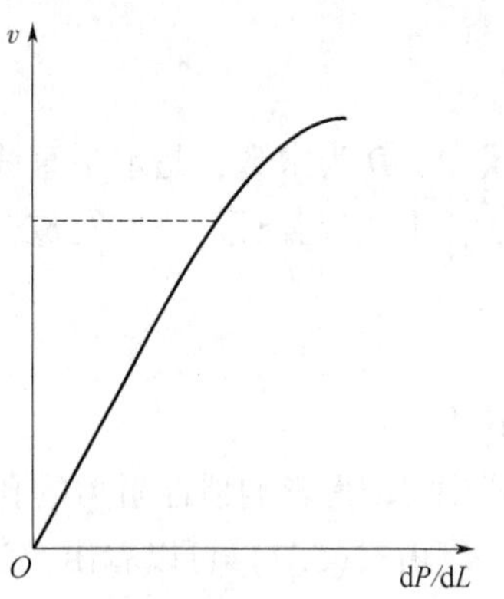

图 5.6　渗流速度与压力梯度关系图

2. 高速非线性渗流定律

当渗流速度较大时，达西定律不再适用，此时一般采用

高速非线性渗流定律。高速非线性渗流定律常用以下两种方程来描述：

1）二项式方程

在达西渗流实验中不断增加流量，并以下面两个无量纲量为纵、横坐标作图：

$$\lambda=\delta\frac{\Delta p}{\rho\Delta L}\left(\frac{\phi A}{Q}\right)^2 \tag{5.4}$$

$$Re=\frac{Q\rho\delta}{\mu A\phi} \tag{5.5}$$

式中，Re 为雷诺数（黏滞阻力与惯性阻力的比值），λ 为水力阻力系数，ρ 为流体密度，δ 为表征多孔介质的系数，ϕ 为孔隙度，A 为截面积，Q 为流量。

如图 5.7 所示，在双对数坐标上将实验结果绘成 λ—Re 关系曲线。

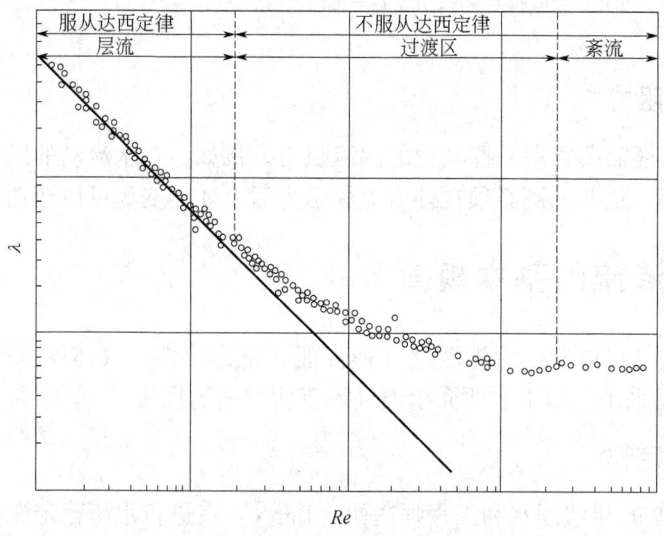

图 5.7　λ—Re 关系曲线图

由图 5.7 可以看出，实验结果曲线分成三段：当速度很小时，曲线是一条直线；速度达到一定值时，成一条水平线；中间是一条过渡曲线。对于第一段直线，渗流速度和压力梯度之间呈线性关系，服从达西定律，这一段也被称作层流。

当速度很大时，曲线呈水平线，其方程为：

$$\lambda=\delta\frac{\Delta p}{\rho\Delta L}\left(\frac{\phi A}{q}\right)^2=D \tag{5.6}$$

式中，D 为常数，是水平直线在 λ 轴上的截距。

上式经整理后，并写成微分形式可以表示为：

$$\frac{\mathrm{d}p}{\mathrm{d}L}=-\alpha\rho v^2 \tag{5.7}$$

其中
$$\alpha=D/(\delta\phi^2)$$

式中，α 为影响惯性阻力的孔隙结构特征参数。

由式(5.7) 可以看出，当渗流速度很大时，压力梯度完全消耗在与密度有关的惯性力上，此时压力梯度与渗流速度的平方成正比。这一段又被称为完全紊流区。

中间过渡区的曲线方程为：

$$\frac{\mathrm{d}p}{\mathrm{d}L}=-\frac{\mu}{K}v-\alpha\rho v^2 \tag{5.8}$$

式(5.8)表明，在过渡区黏滞阻力与惯性力同时存在，非线性渗流从过渡区开始。此式表征渗流过程有惯性力出现时的力学规律，也称为非线性运动方程的二项式。它的物理意义为：渗流通过特定长度的阻力分为两部分：第一部分是黏滞阻力，它与渗流速度的一次方成正比；第二部分是惯性阻力，它与速度的平方成正比。当流速小时，第二部分与第一部分相比可以忽略，此时退化为达西定律。随着渗流速度的增加，第二项惯性阻力起主要作用。

2）指数式方程

非线性阻力定律还可以用另一种方式来描述：由图5.8可见，当v超过一定临界速度时，渗流速度和压力梯度之间呈非线性关系，也可以用指数形式来表示：

$$v=C\left|\frac{\mathrm{d}p}{\mathrm{d}L}\right|^n \tag{5.9}$$

式中，C为渗流系数，它是取决于流体及岩石性质的函数；n为渗流指数，它随渗流速度的变化而变化。

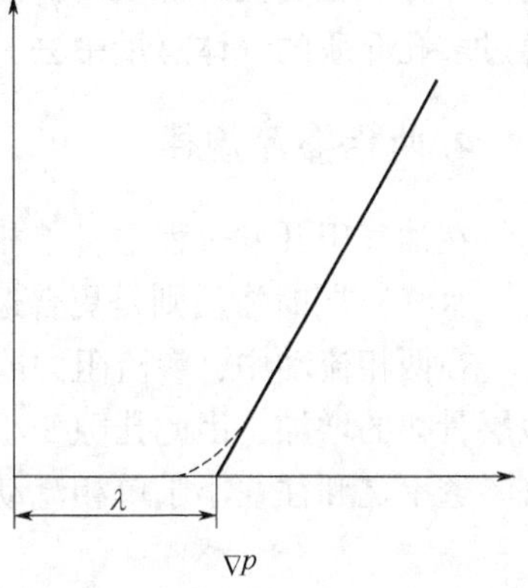

图5.8 ∇p与v的关系曲线

实验证明，当$n=1$时式(5.9)就是线性渗流运动方程，只有黏滞阻力起作用；随着n减小，惯性阻力的作用逐渐明显起来，黏滞阻力逐渐减少；当$n=0.5$时，渗流阻力以惯性阻力为主。

3. 低速非线性渗流定律

实际上，石油中的活性物质（如环烷酸、胶质沥青质、酚、酯等）在岩石中流动时，会与岩石之间产生吸附作用，降低岩石的渗透率。因此，必须有一个附加的压力梯度克服吸附层的阻力，流体才能开始流动。吸附层与渗流速度的大小有关，渗流速度越大，吸附层破坏程度越大，因此岩石的渗透率会随着渗流速度的增大而恢复。

描述低速非线性渗流的运动方程为：

$$\begin{cases} v=-\dfrac{K}{\mu}\left(1-\dfrac{\lambda}{|\nabla p|}\right)\dfrac{\mathrm{d}p}{\mathrm{d}L}, & |\nabla p|>\lambda \\ v=0, & |\nabla p|<\lambda \end{cases} \tag{5.10}$$

式中，∇p为压力梯度；λ为启动压力梯度数值（相当于油和岩石作用吸附阻力）；$K\left(1-\dfrac{\lambda}{|\nabla p|}\right)$称为视渗透率，其值在$|\nabla p|>\lambda$区域内均低于绝对渗透率。

如图5.8所示，渗流速度与压力梯度的关系曲线是一条不过原点的直线。由此可见，在$|\nabla p|<\lambda$时，流体不发生流动，渗流速度为零；当$|\nabla p|>\lambda$时，流体才能运动。启动压力梯度λ就是破坏吸附层所必需的附加外力。式(5.10)可以改写为：

$$\frac{\mathrm{d}p}{\mathrm{d}L}=-\left(\frac{\mu}{K}v+\lambda\right) \tag{5.11}$$

式中第一项代表黏滞阻力，第二项是油和岩石作用的吸附阻力。

但是，气体在低速渗流时却出现了完全相反的物理现象，这种现象称为滑脱现象，它表现为低速时视渗透率增加。造成这一现象的原因如下：首先，达西定律是基于液体试验的。

液体渗流的特点是层流时靠近孔道壁薄膜是不动的，在孔壁处速度为零。当孔道润湿范围越大时，液固接触面上所产生的黏滞阻力也越大。而气体渗流则不同，在孔道壁处没有不动的气体，所以孔道壁处速度不为零，因此形成“气体滑脱”效应。这好像在同一压差下，气体比液体渗透率增加一样。其次，由分子动力学可知，气体分子总在进行无规则的热运动，气体通过孔隙介质时，部分在进行扩散，因为分子的平均自由路程与压力成反比，对于一定孔隙介质，其孔道尺寸是一定的；当压力极低时，气体的平均自由程达到孔道尺寸量级，这使气体分子在更大的范围内扩散，可以不受碰撞而自由飞动。因此，更多的气体分子附加到通过多孔介质的气体总量中去，好像增加了气体的渗透率。

4. 两相渗流规律

在油气田开发过程中，单相渗流仅出现在一定时间的局部区域内，而两相（油水、油气、水气）同时渗流则是更普遍的现象。

在两相流动中，渗流阻力明显增加。这是因为对其中任何一相来说，另一相可以看成是地层骨架的增加，因此孔隙变小，阻力增加，渗透率减小。大量实验表明，对两相而言，各自渗透率之和往往小于单相流动时的绝对渗透率，即：

$$K_1+K_2<K \tag{5.12}$$

式中，K_1 为第一相的相渗透率，K_2 为第二相的相渗透率，K 为绝对渗透率。

这就表明，两相渗流时，不能仅看成是黏滞力的增加，而且还会有新的阻力产生。若渗流服从达西定律，那么，两相渗流时，只需用相渗透率函数代替达西定律的绝对渗透率就可以得到两相渗流的运动方程：

$$v_i=\frac{K_i(S)}{\mu}\frac{\mathrm{d}p}{\mathrm{d}L}\quad(i=1,2) \tag{5.13}$$

式中，$K_i(S)$ 为与饱和度 S 相关的相渗透率函数。

5.2 水力压裂

油层水力压裂是从 20 世纪 40 年代发展起来的一项改造油气层渗流特性的工艺技术，也是油气井增产、水井增注的一项重要技术措施。

5.2.1 水力压裂工艺简介

在油田开发中，人们发现，在对油层进行高压注水时，油层的吸水量开始随注水压力的上升而按一定比例增加。当压力值突破某一限度时，就会出现吸水量几倍或几十倍地增加，远远超出了原来的比例，而且当突破某一限度后即使压力降低，吸水量仍然很大。

水力压裂是靠水或者其他液体来传递压力的，其过程是：在地面利用高压泵组，将具有一定黏度的液体以大于油层吸收能力的排量向井内注入，使井筒内的压力逐渐升高。当压力值大于油层破裂所需要的压力时，就会在地层中形成裂缝。当继续注入液体时，裂缝会向油层深处延伸，直到液体注入速度等于油层渗透速度时，裂缝才会停止扩展。如果地面停止注入液体，油层由于外来压力消失，裂缝又会闭合，为了防止停泵后裂缝闭合，通常需要在挤入的液体中加入支撑剂（如石英砂、核桃壳等），从而使油层中形成导流能力很强的添砂裂缝（图 5.9、视频 5.2）。

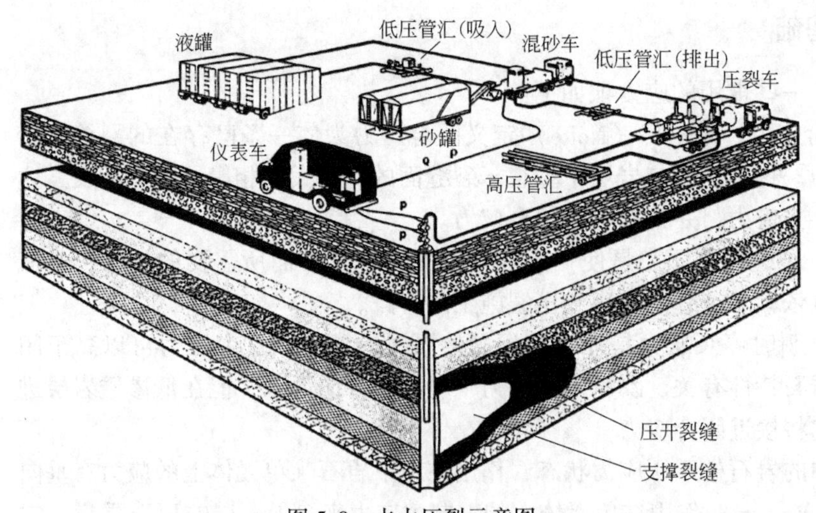

图 5.9　水力压裂示意图

视频 5.2　水力压裂动画

实际上，水力压裂就是凭借向井内和地层泵注液体的能量使储层岩石破裂，在岩层中形成裂缝并保持裂缝不闭合的工艺措施。由于压裂形成的裂缝具有很高的导流能力，可以有效地改善油气层的渗流条件，为流体提供很好的渗流通道，降低流体的渗流阻力，从而大幅度提高油气产量。常用的压裂工艺有：普通压裂工艺、多裂缝压裂工艺、选择性压裂工艺、限流法压裂工艺及复合压裂工艺等。

在注水开发的砂岩油田中，油层水力压裂工艺技术不仅应用在单井增产、增注上，而且通过采用油、水井对应压裂和分区块的总体压裂，能有效地调整非均质多油层纵向上、平面上的差异，起到提高注水效果、改善开发状况的作用，是油气田有效开发不可缺少的重要技术手段。

油层水力压裂工艺自 1947 年问世以来，由于它能够大幅度提高油气井的生产能力，而受到各国石油工作者的普遍重视。最早进行水力压裂工作的是 1947 年美国的湖果顿气田克列帕 1 号井，1949 年在美国俄克拉何马州的维尔玛进行了第一次商业性的压裂施工（图 5.10），我国最早的压裂工作是 1952 年在延长油田开始的。

图 5.10　第一次商业性的压裂施工现场图

5.2.2 水力压裂力学模型

1. 水力压裂力学基础

在水力压裂模型中，一些常用的应力项如下：

（1）闭合压力和闭合应力。诺尔特（Nolte）定义闭合压力为使一条已存在的裂缝开始张开而所需要的流体压力。这个压力与岩层中垂直于裂缝面的应力大小相等，方向相反。这个应力是就地应力的最小主应力，并常常称为闭合应力。

（2）裂缝延伸压力。裂缝延伸压力是使一条存在着的裂缝延伸而所需要的压力，其值一般大于闭合压力，而且依赖于裂缝的大小和压裂施工的特点。

（3）瞬时停泵压力。瞬时停泵压力是在水力压裂停泵时的压力。这个压力可以高于闭合压力，与压裂施工和岩石特性有关。瞬时停泵压力一般比闭合应力大，但在低渗透岩层进行很小规模的施工中，它将接近闭合应力。

一般情况下，地层中的岩石处于压应力状态，作用在地下岩石某单元体上的应力有垂向主应力 σ_z 和水平主应力 σ_x、σ_y。作用在单元体上的垂向主应力来自上覆层的岩石重量，它的大小可以根据密度测井资料计算，一般为：

$$\sigma_z = \int_0^H \rho_s g \mathrm{d}z \tag{5.14}$$

式中，H 为地层垂直深度，g 为重力加速度，ρ_s 为上覆层岩石密度。

由于油气层中有一定的孔隙压力（即油藏压力或流体压力），故有效垂向主应力 $\overline{\sigma}_z$ 可表示为：

$$\overline{\sigma}_z = \sigma_z - p_s \tag{5.15}$$

式中，p_s 为油藏压力。

如果岩石处于弹性状态，考虑到构造应力等因素的影响，可以得到最大、最小水平主应力分别为：

$$\begin{cases} \sigma_{\mathrm{hmax}} = \dfrac{1}{2}\left[\dfrac{\xi_1 E}{1-\upsilon} - \dfrac{2\upsilon(\sigma_z - \alpha p_s)}{1-\upsilon} + \dfrac{\xi_2 E}{1+\upsilon}\right] + \alpha p_s \\ \sigma_{\mathrm{hmin}} = \dfrac{1}{2}\left[\dfrac{\xi_1 E}{1-\upsilon} - \dfrac{2\upsilon(\sigma_z - \alpha p_s)}{1-\upsilon} - \dfrac{\xi_2 E}{1+\upsilon}\right] + \alpha p_s \end{cases} \tag{5.16}$$

式中，ξ_1、ξ_2 为水平应力构造系数（可由室内试验测试结果推算），υ 为泊松比，E 为岩石弹性模量，α 为比奥特（Biot）常数。

如图 5.11 所示，考虑在水平地应力作用下的无套管垂直井筒（或开孔）。假设岩石是弹性介质，具有拉伸破坏应力或应力 σ_T。可应用弹性理论计算在孔表面引入裂缝的破裂压力。大多数储层岩石是多孔岩石，流体可以通过这些岩石流动，裂缝和储层之间的压差导致流体从裂缝流入储层。研究表明，孔隙度和孔隙流体对孔破裂压力有一定影响。通过应用多孔弹性理论，对于不渗透压裂液的地层，破裂压力为：

$$p_b = 3\sigma_{\mathrm{hmin}} - \sigma_{\mathrm{hmax}} + \sigma_T - \phi p_p \tag{5.17}$$

式中，p_p 为孔隙压力。

水力诱导裂缝为垂直裂缝，且破裂面垂直于假设的最小水平地应力方向。上述方程与岩

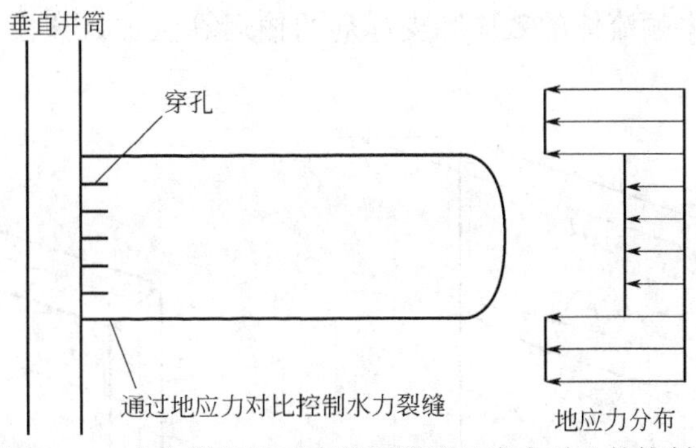

图 5.11　水力裂缝的垂直扩展受到地应力对比的控制

石介质的孔径和弹性模量无关。对于深度为 3000m 的井段，水平最小和最大地应力的典型值分别约为 45MPa、48MPa。岩石的拉伸破坏应力为 3.5~10MPa。式(5.17) 清楚地表明岩石拉伸破坏应力或对破裂压力大小的影响很小，而井眼破裂压力主要是克服由地应力产生的压缩环向井眼应力。随着泵送的继续，水力诱导裂缝从井筒传播到储层。

由于井筒通常在最大深度（3000m）处破裂，其中最小地应力位于水平面内，因此裂缝为垂直于最小地应力的壁面裂缝。实验发现，现场应力的差异是影响水力压裂裂缝高度增长的主要因素；而材料性能的差异则不是控制裂缝生长的主要因素。由于水力裂缝平面垂直于最小水平地应力，裂缝高度的增长受水平最小地应力垂直分布的控制。如图 5.11 所示，当相邻应力区之间的应力差别较大时，预计裂缝高度的增长将受到抑制。

2. 水力压裂模型的建立

水力压裂设计的关键之一就是模拟裂缝延伸过程，计算动态裂缝几何尺寸。裂缝几何参数的准确计算是预测压后产量和经济评价的基础。从 20 世纪 50 年代中期开始，人们相继研究并发展了多种压裂模型，随着对压裂液流变性、固—液两相流、岩石破裂和延伸等机理的深入研究，压裂模型经历了一个由简单到复杂、由二维向三维的逐步完善过程，也越来越接近实际。目前通常使用的模型有二维（PKN 模型、KGD 模型），拟三维（P-3D 模型）和真三维模型，它们的主要差别是裂缝的扩展和裂缝内的流体流动方式不同。

下面介绍几种常用的压裂模型。

1）PKN 模型

PKN 模型是目前应用较多的二维压裂模型（图 5.12），由帕金斯（Perkins）和科恩（Kern）于 1961 年首次提出。他们假定裂缝被限制在给定的油层范围内，在与裂缝延伸方向正交的垂直平面上处于平面应变状态，因而每个垂直截面的变形与其他截面无关，裂缝呈椭圆形扩展。1972 年诺格伦（Nordgren）考虑了流体的滤失而发展了这一模型。模型基本假设是：裂缝高度为常数，垂直于缝长方向的横截面为椭圆；压裂液沿缝长 L 作稳定的一维层流流动，且沿裂缝壁面线性滤失；沿缝长方向的压降完全由流体的流动阻力引起，在裂缝延伸前缘，流体压力等于地层最小水平主应力；t 时刻 x 断面上裂缝最大宽度 w_{max} 与缝中净压力成正比；注液排量保持恒定。

2）KGD 模型

KGD 模型（图 5.13）也是常用的二维压裂设计模型之一，于 1955 年由克里斯蒂诺夫气（Khristionovch）和舍尔托夫（Zheltov）首先提出，该模型假设无限大各向同性均匀介质在垂直于 xy 的平面为平面应变状态，根据泵入压裂液的体积平衡条件来计算裂缝的长度 $L(t)$。1969 年吉尔茨马（Geertsma）进一步发展了这一模型，考虑了流体滤失的情况。1973 年丹尼希（Daneshy）将非牛顿流体的效应和支撑剂的输运算法加入该模型，后来该模型就被称为 KGD 模型。

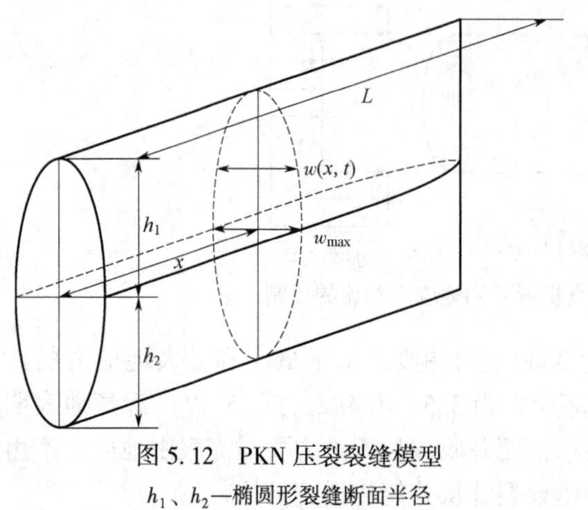

图 5.12　PKN 压裂裂缝模型

h_1、h_2—椭圆形裂缝断面半径

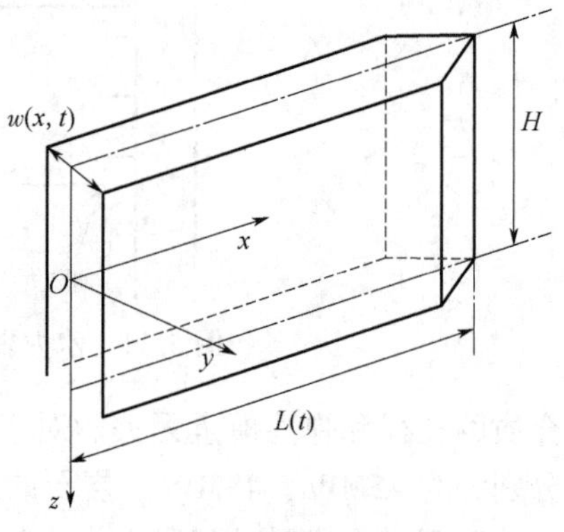

图 5.13　KGD 压裂裂缝模型

H—裂缝面高度

吉尔茨马对上述两个模型做了对比，指出了 KGD 模型适用于长与高之比小于 1 的模型，而 PKN 模型适用于长与高之比大于 1 的模型。对于一组给定的条件，PKN 模型预示着裂缝压力将按缝长的 1/4 次方比例增长，而 KGD 模型预示着裂缝压力将按缝长的 1/2 次方比例减少。这两种模型的选择取决于对裂缝形状的假设及对缝高的预测是否合理，如果裂缝的垂向止裂效果好，一般都能得到比较好的预测效果。由于在垂直面上假设为平面应变条件，PKN 模型通常被认为较适合长度与高度之比较大的断裂。

3）彭尼（Penny）模型

阿德瓦尼（Advani）等对 Penny 模型进行了研究，此后萨维茨基（Savitski）和德图尔奈（Detournay）对非渗透岩层 Penny 型压裂裂缝延展特征进行了研究，结果表明控制 Penny 型压裂裂缝延展特征的为三维韧性参数，并利用渐进方程求得了裂缝尺寸（图 5.14）。Penny 型压裂裂缝的使用条件为均质性较好的储层，在非均质性极强的储层不适用。

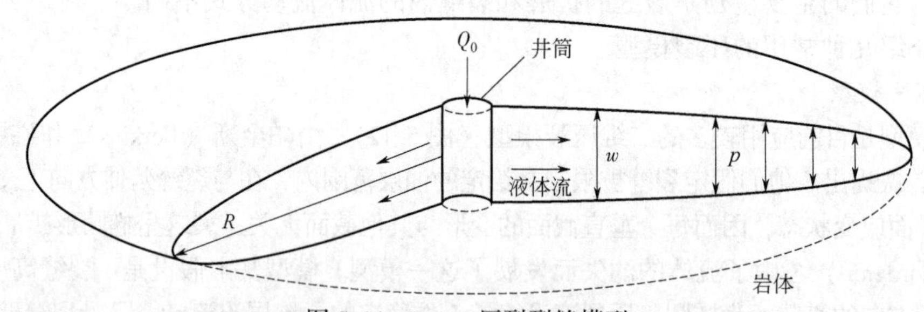

图 5.14　Penny 压裂裂缝模型

Q_0—体积速率；R—裂缝半长；w—裂缝高度；p—净压力（流体压力与垂直于断裂面的远场压应力之差）

5.2.3　水力压裂中裂缝的形成与延伸

1. 裂缝的形成

在水力压裂中，了解造缝的形成条件、裂缝的形态和方位等，对有效地发挥压裂在增

产、增注中的作用是很重要的。在区块整体压裂改造和单井压裂设计中，了解裂缝的方位对确定合理的井网方向和裂缝几何参数尤为重要，这是因为有利的裂缝方位和几何参数不仅可以提高开采速度，而且可以提高最终采收率；反之，则可能会出现生产井过早水窜，降低最终的采收率。造缝条件和裂缝的形态、方位等与井底附近地层的地应力及其分布、岩石的力学性质、压裂液的渗滤性质及注入方式有密切关系。图 5.15 是压裂施工过程中井底压力随时间的变化曲线。图中 p_F 是地层破裂压力，p_E 是裂缝延伸压力，p_s 是油藏压力。如图 5.15 中曲线 a 所示，在致密地层内，当井底压力达到破裂压力 p_F 后，地层发生破裂，然后在较低的裂缝延伸压力 p_E 下，裂缝向前延伸。如图 5.15 中曲线 b 所示，对高渗或微裂缝发育地层，压裂过程无明显的破裂，破裂压力与延伸压力相近。

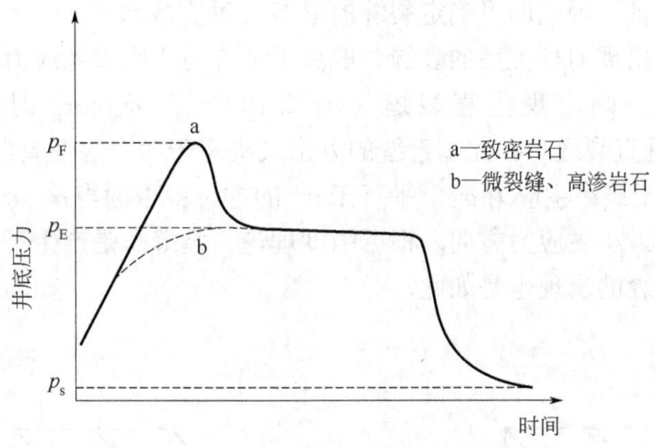

图 5.15　压裂过程中井底压力变化曲线

如果岩石处于弹性状态，其水平主应力与垂向主应力的关系可根据广义胡克定律求出，在 $\overline{\sigma}_x$ 的作用下，单元体在 x 轴方向上的应变为：

$$\varepsilon_{x_1}=\frac{\overline{\sigma}_x}{E} \tag{5.18}$$

同样 $\overline{\sigma}_y$、$\overline{\sigma}_z$ 在 x 轴上产生的应变分别为：

$$\varepsilon_{x_2}=-\upsilon\frac{\overline{\sigma}_y}{E},\varepsilon_{x_3}=-\upsilon\frac{\overline{\sigma}_z}{E} \tag{5.19}$$

x 轴方向的总应变为：

$$\varepsilon=\varepsilon_{x_1}+\varepsilon_{x_2}+\varepsilon_{x_3}=\frac{1}{E}[\overline{\sigma}_x-\upsilon(\overline{\sigma}_y+\overline{\sigma}_z)] \tag{5.20}$$

因存在侧向应力的限制，侧向应变为零，整理后得到：

$$\overline{\sigma}_x=\frac{\upsilon}{1-\upsilon}\overline{\sigma}_z \tag{5.21}$$

所以，岩石的泊松比越大，水平应力越接近垂向应力。

上述应力之间的关系受构造影响很大。地质构造对裂缝形成的影响，实际上是构造力对上述各种应力的影响，即应力是受各种构造力控制的。不仅是垂向应力与水平应力主要受构造力的控制，并且水平应力 σ_h 中的两个应力 σ_x、σ_y 也不一定彼此相等。例如在逆断层或褶皱地带水平应力要比垂向应力大得多，甚至可大到 3 倍（图 5.16）。在正断层地带，水平应力 σ_h 可能只有垂向应力的 1/3（图 5.17）。

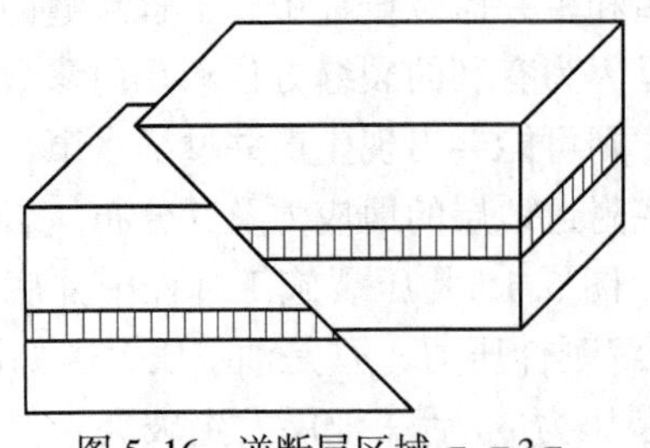
图 5.16　逆断层区域 $\sigma_h = 3\sigma_z$

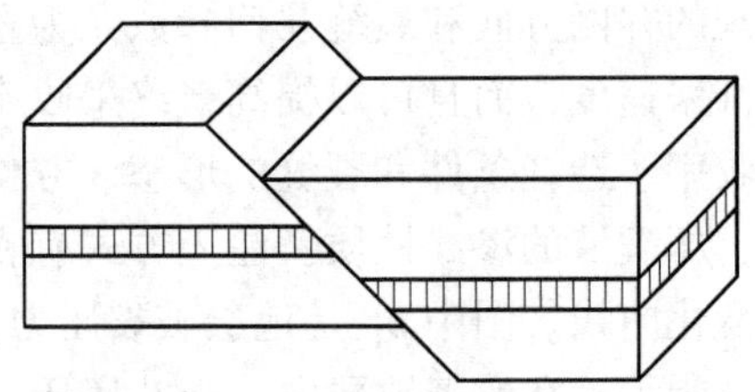
图 5.17　正断层区域 $\sigma_h = \sigma_z/3$

如果岩石单元体是均质的各向同性材料，已知地层中各应力的大小，岩石破裂时裂缝总是垂直于最小主应力轴，因此即可确定裂缝的形态（垂直或水平）。

压裂后在地层中出现何种类型的裂缝，取决于地应力中垂直主应力与水平主应力的相对大小。当 $\sigma_z > \sigma_h$ 时，则出现垂直裂缝（图 5.18）。当 $\sigma_z < \sigma_h$ 时，则出现水平裂缝（图 5.19）。当出现垂直裂缝时，此垂直缝的方位又决定于两个水平应力 σ_x、σ_y 的值，如果 $\sigma_x > \sigma_y$，则裂缝垂直于最小主应力 σ_y、平行于 σ_x 的方位；否则当 $\sigma_y > \sigma_x$，裂缝垂直于 σ_x 方向，裂缝总是垂直于最小主应力方向。根据强度理论，裂缝总是产生于强度最弱、抗力最小的地方，在地层中裂缝的出现也是如此。

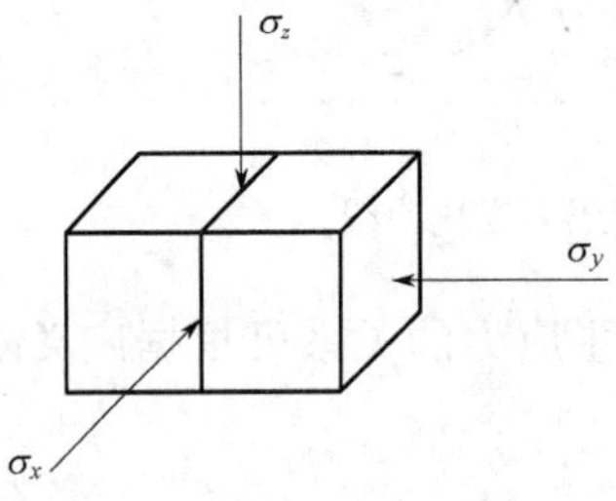

图 5.18　垂直裂缝（$\sigma_z > \sigma_x > \sigma_y$）

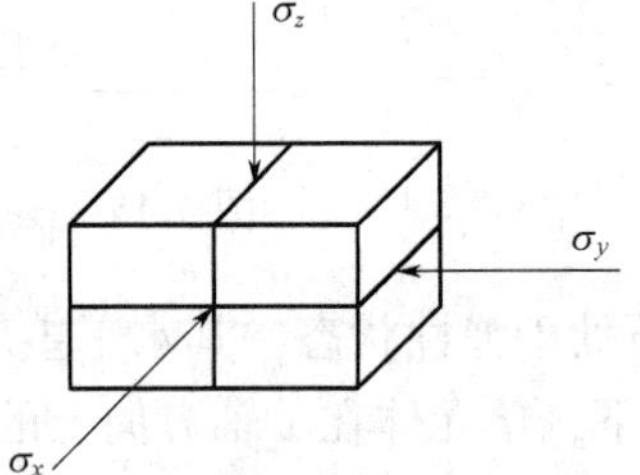

图 5.19　水平裂缝（$\sigma_y > \sigma_x > \sigma_z$）

2. 造缝条件

为使地层破裂，必须使井底压力高于周向应力及岩石的抗张强度。现在分述不同条件下破裂压力的计算。

1）形成垂直裂缝

形成垂直裂缝又分为压裂液滤失到井底附近地层中与非滤失两种情况。

（1）在存在滤失时，如果地层的破裂属于纯张应力破坏，那么当井内的注入压力不断增加，不但平衡掉原来存在于井壁上的周向应力，并且还稍大于岩石水平方向的抗张强度时，岩石将发生破裂。此时的有效周向应力为周向应力减去发生滤失后的井壁上多孔介质的孔隙压力，而不是地层压力。

（2）无液体渗滤时，由于没有压力较高的液体渗滤出井壁，故此时井壁上的孔隙压力不变，这是不存在滤失所引起的附加周向应力。可以看出，由于液体滤失于地层，使得破裂压力有所降低。这是因为带压力的液体进入地层后，增加了受压面积，从而降低了破裂压力。在裸眼井中，由于液体滤失而使破裂压力降低的幅度在 25%~40%。

垂直裂缝产生于井筒中对应的两个点上，两条裂缝以井轴为对称轴。

2）形成水平裂缝

形成水平裂缝的条件是：

$$\overline{\sigma}_z=-\sigma_t^v \tag{5.22}$$

式中，σ_t^v 为岩石垂向抗张强度。

3）形成水平裂缝与垂直裂缝的深度界线

地下的应力状态非常复杂，但是在极度简化的情况下，可以使在无滤失情况下的水平裂缝与垂直裂缝的破裂压力相等。这说明在较浅的地层里可能出现水平裂缝的概率大，但并不排除出现垂直裂缝的可能性，因为各地区普遍存在着构造应力。影响破裂压力的因素尚还需要考虑下套管的井中的射孔密度与孔眼沿套管的排列。在模拟下套管的试验井中，发现破裂压力与射孔密度和排列有关。虽然套管和孔眼排列与形成水平裂缝或垂直裂缝没有多大关系，但增加孔眼数目却降低破裂压力，如果孔眼都排列在与垂直缝成90°的一条垂线上，则破裂压力要增加。如果孔眼成螺旋形排列，则破裂压力可相对地有所降低。

3. 裂缝的延伸

当压裂中井底压力达到破裂压力时，便压开裂缝，压力突然下降，继续向井内注入液体，则在延伸压力的作用下，裂缝向地层中延伸，到注入速度等于渗滤速度时，裂缝便停止延伸。

在地层中一旦造成裂缝，当液体进入缝中后，井眼附近的应力集中即消失。此后裂缝向三个方向（长度、宽度、高度）延伸。目前在计算裂缝几何尺寸上，常将缝高定为常数，这只是为了计算上的方便，但实际上缝高是变化的。图5.20是压裂施工过程中比较理想的地面压力（泵压）变化曲线，它描述从开泵到停泵后的地面压力变化。

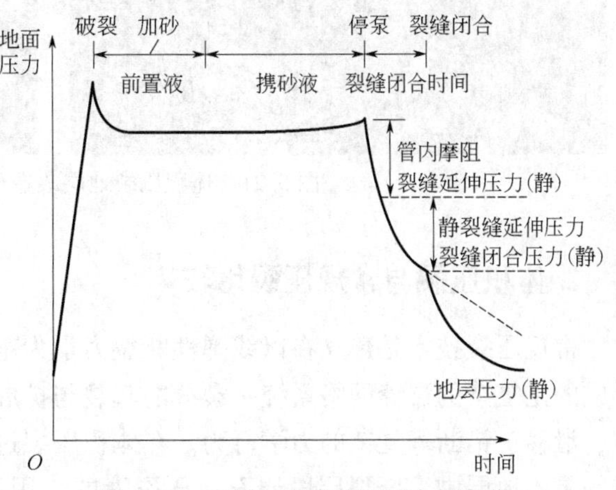

图5.20　压裂过程中地面压力的变化

地层破裂时，地面压力较高，这正反映出注入压力时要平衡井眼周围两个水平主应力所形成的应力集中及其他应力、阻力。地层破裂后，裂缝在较低的压力下延伸，裂缝的延伸压力随着裂缝向地层内部延伸而稍有增加，其原因是流体在缝中流动时阻力增加。

5.2.4　体积压裂技术

1. 体积压裂技术概述

体积压裂是以增加水力裂缝数目为主要特征的新型压裂工艺。体积压裂，就是扩大储层改造体积，实现储层的立体改造。

通过压裂的方式对储层实施改造，在形成一条或者多条主裂缝的同时，通过分段多簇射孔，用高排量、大液量、低黏液体，实现对天然裂缝、岩石层理的沟通，以及在主裂缝的侧向强制形成次生裂缝，并在次生裂缝上继续分枝形成二级次生裂缝。以此类推，让主裂缝与多级次生裂缝交织形成裂缝网络系统，将可以进行渗流的有效储集体“打碎”，使裂缝壁面与储层基体的接触面积最大，使得油气从任意方向的基质向裂缝的渗流距离最短，极大地提高储层整体渗透率，实现对储层在长、宽、高三维方向的全面改造。

体积压裂改造的思路与传统压裂增产的思路相反，它通过多种方法产生更多的裂缝，充分发挥主裂和天然裂缝增产的优势。在油藏中，当人工裂缝的裂缝扩展净压力大于油藏本身的最大和最小压力差，以及天然裂缝或胶结面开裂所需的临界压力时，多分支裂缝就可能发生。人为的主裂与分裂交叉扭曲交错，初步形成网状裂缝（图 5. 21）。在支缝压力小于应力差的情况下，主裂扩展一定长度，支缝封闭，支缝与主缝成一定角度，裂缝形状恢复为主缝形状。分支缝缝型和主缝缝型称为裂隙网，形成这种裂隙型的压裂工艺称为体积压裂工艺。

图 5. 21　体积压裂地层改造理想网络裂缝示意图

2. 体积压裂与常规压裂比较

常规压裂技术是建立在以线弹性断裂力学为基础的经典理论下的技术；而“体积压裂”形成的是复杂的裂缝网络系统，裂缝的起裂与扩展不仅仅是裂缝的张性破坏，而且还存在剪切、滑移、错断等复杂的力学行为。在体积压裂过程中，大排量将大量的低压裂液和少量支撑剂泵入地层中，压裂层段岩石在压裂液的作用下开始起裂、扩展、延伸而形成宏观的裂缝。当停止注入压裂液之后，张开的裂缝会在地应力的作用下重新闭合，为了让压裂裂缝具备足够的导流能力，会向裂缝中注入支撑剂，使裂缝保持张开状态以便产层流体流通。

对于体积压裂来说，裂缝的有效导流能力主要来自两个方面：一方面在压裂过程中岩石脱落下来的碎屑会形成“自撑”式支撑剂，该自支撑效应对致密油层压裂效果有重要影响；另一方面剪切力使裂缝壁面产生剪切滑移，在裂缝延伸过程中使已存在的微裂缝和断层面张开。天然裂缝由于表面粗糙，当岩石破裂后剪切力使裂缝壁产生剪切滑移，两个裂缝粗糙面发生相对滑动，停泵后它们不能再滑回到原来的位置，从而使剪切产生的裂缝渗透率得到保持，提高了近井地带的裂缝导流能力。

常规油气藏的水力压裂目的是造长缝，努力沟通远井地带的储层，增加泄流面积，从而将径向流改变为近似双线性流，最终实现增产目的。而致密油储层由于基质渗透率极低，产量主要来自裂缝的流动，这种双线性流不会存在于致密油储层。因此，致密油储层压裂增产改造理念与常规砂岩油藏不同。改造时在地层中形成复杂裂缝，同时裂缝网络尽可能延伸，尽量提高储层改造体积，从而实现工业产能。致密油储层压裂造成的裂缝网络越复杂，网络体积越大，压后的产量越高，最终的累计产油量和采收率也越高。

体积压裂直接作用是大幅度提高单井产量及延长增产改造的有效期，进而最大限度提高了储层动用率，同时提高了非常规油气藏的采收率。与常规人工压裂相比，其优点主要体现在以下几个方面：

（1）裂缝以复杂网络的形式扩展，打碎储层，实现人造“渗透率”；

（2）基于岩石具备较高偏应力、强度、脆性，体积压裂裂缝发生剪切破坏、错断、滑移，岩层表面形成不规则或者凹凸不平的几何形状，具备自我支撑特性，而不是单一张开型破坏；

（3）相较于常规压裂后基质向裂缝“长距离”的渗流模式，体积改造后，基体向裂缝渗流距离得以缩短，裂缝起到了主导作用，大大降低了有效流动的驱动压力。

5.3 提高采收率

提高石油采收率（Enhanced Oil Recovery，EOR）是油田开发永恒的主题之一。采收率是采出原油量与地下原油原始储量之比。石油作为一种不可再生能源，其地下蕴藏量十分有限，在经济条件允许的前提下追求更高的采收率是油田开发工作的核心，也是合理利用不可再生资源、实现社会可持续发展的需要。

5.3.1 基本概念

1. 采收率

油藏的采收率定义为油藏累计采出的油量与油藏地质储量比值的百分数。从理论上来说，采收率取决于驱油效率和波及效率。采收率的定义式为：

$$\eta = E_D E_V \times 100\% \tag{5.23}$$

式中，E_D 指驱油效率，又称微观驱替效率，它是指注入流体波及区域内采出的油量与波及区内石油储值的比值；E_V 指波及效率，又称扫描效率或宏观驱替效率，它是指注入流体波及区域的体积与油藏总体积的比值。

对于一个典型的水驱油藏，假设其原始含油饱和度（S_{oi}）为 0.60，水驱后注入水波及区域内的残余油饱和度（S_{or}）为 0.30，那么注入水驱油效率为：

$$E_D = \frac{S_{oi} - S_{or}}{S_{oi}} = \frac{0.60 - 0.30}{0.60} = 0.50 \tag{5.24}$$

如果油藏相对比较均质，注水的波及系数（E_V）可以达到 0.7，那么水驱采收率为：

$$\eta = E_D E_V \times 100\% = 0.7 \times 0.5 \times 100\% = 35\% \tag{5.25}$$

2. 波及效率

波及效率（E_V）是面积波及系数（E_{VA}）与垂向波及系数（E_{VV}）的乘积，即：

$$E_V = E_{VA} E_{VV} \tag{5.26}$$

图 5.22 为理想化的 4 层油藏活塞式水驱示意图，假设层内均质，纵向上存在 4 个不同渗透率的油层，且渗透率 $K_1>K_3>K_4>K_2$。从图 5.22(a) 可以看出，油井见水后平面上和纵向上仍存在一部分油藏体积未被注入水波及。从图 5.22(b) 可以看出，随着注水时间增加（从 t_1 至 t_3），注入水的波及面积越来越大，当注入水在生产井突破后直到油井完全水淹（如 t_3）仍有部分面积尚未被注入水波及。对于实际油层，由于黏性力作用，油藏非均质性等因素产生黏性指进和舌进现象，使注入水平面波及效率更低。

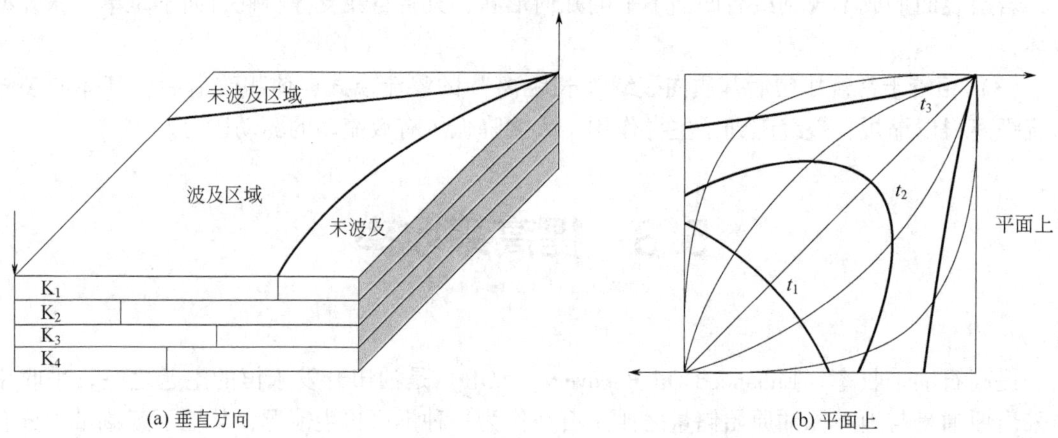

图 5.22　理想化的 4 层油藏活塞式水驱示意图

面积波及系数（E_{VA}）定义为注入流体波及的面积与油藏面积的比值。如图 5.22(b) 中，t_2 时刻面积波及系数为双阴影部分面积与总正方形面积的比值，即：

$$E_{VA} = \frac{A_s}{A} \times 100\% \tag{5.27}$$

式中，A_s 为注入流体波及的面积，A 为油藏面积。

影响面积波及系数的主要因素有流度比和井网两个参数。

垂向波及系数（E_{VV}）定义为注入流体在油层纵向上波及的有效厚度与油层总的有效厚度的比值，其表达式为：

$$E_{VV} = \frac{h_s}{h} \times 100\% \tag{5.28}$$

式中，h_s 为注入流体波及的平均有效厚度，h 为油层总的有效厚度。

影响垂向波及系数的主要因素有驱替流体与被驱替流体的密度差引起的重力分离效应、流度比、非均质性及毛细管力等参数。

3. 流度比

流度（λ）定义为流体的相渗透率（K_i）与该相流体的黏度（μ_i）的比值，即：

$$\lambda = \frac{K_i}{\mu_i} \tag{5.29}$$

流度是反映流体流动能力大小的量度，对于水驱油来说，一般原油黏度要比注入水的黏度大得多，也就是说，水的流度要比油的流度大得多，即水比油更易流动。

流度比（M）是指驱替相（如注入水）流度与被驱替相（如原油）的流度比值。水驱油的流度比为：

$$M=\frac{\lambda_w}{\lambda_o}=\frac{K_w}{K_o}\frac{\mu_o}{\mu_w} \tag{5.30}$$

相应地，注气的流度比为：

$$M=\frac{\lambda_g}{\lambda_o}=\frac{K_g}{K_o}\frac{\mu_o}{\mu_g} \tag{5.31}$$

式中，K_w、K_o、K_g 分别为水、油、气的相渗透率；μ_w、μ_o、μ_g 分别为水、油、气的黏度。

流度比对面积波及系数的影响很大，而且面积波及系数随流度比增加而降低。因此，当驱替相与被驱替相流度比小于 1 时，定义为有利流度比；反之，当驱替相与被驱替相流度比大于 1 时，定义为不利流度比。

4. 渗透率变异系数

储层一般都是沉积岩，油藏由许多小油层组成，这些油层在纵向上并不是完全均质的，各小层的渗透率有较大差别，即层间存在非均质性。在实际应用中，把岩心分析所得的渗透率值，按递减顺序从大到小排列，把超过某渗透率值的岩样数目进行累加统计，绘在渗透率对数—正态概率分布坐标纸上，通过这些点可以画一条直线段，那么可以用渗透率变异系数确定油层的纵向非均质性：

$$V_{DP}=\frac{K_{84.1}-K_{50}}{K_{50}} \tag{5.32}$$

式中，K_{50} 为累积岩样数占 50%所对应的渗透率值，$K_{84.1}$ 为累积岩样数占 84.1%所对应的渗透率值，V_{DP} 为渗透率变异系数。

渗透率变异系数的变化范围为 0~1，值越大，非均质性越强。当渗透率变异系数高于 0.3 时，渗透率变异系数对采收率的影响非常大，采收率随渗透率变异系数的增加急剧下降。

5. 毛细管数

毛细管数是影响残余油饱和度的主要因素。毛细管数的定义为黏滞力与毛细管力的比值，其表达式为：

$$N_c=\frac{\mu_w v}{\gamma} \tag{5.33}$$

式中，N_c 为毛细管数，μ_w 为驱替流体（水相）黏度，v 为驱替流速，γ 为驱替相与被驱替相之间的界面张力。

6. 提高采收率

提高采收率的定义为除了一次采油和保持地层能量开采石油方法之外的其他任何能增加油井产量、提高油藏最终采收率的采油方法。提高采收率的一个显著特点是注入的流体改变了油藏岩石和（或）流体性质，提高了油藏的最终采收率。提高采收率方法可分为四大类，即化学驱、气体混相驱、热力采油和微生物采油。其中化学驱可分为聚合物驱、表面活性剂

视频 5.3
提高采收率

驱、碱水驱和复合驱（聚合物—表面活性剂驱、碱—表面活性剂—聚合物三元复合驱、表面活性剂—气体泡沫驱和聚合物—泡沫驱等）；气体混相驱可分为二氧化碳驱、氮气驱、烃类气体驱（LPG 段塞混相驱、高压干气混相驱和富气混相驱）及烟道气驱；热力采油可分为蒸汽吞吐、蒸汽驱和火烧油层等；微生物采油可分为微生物驱、微生物调剖及微生物吞吐等方法（视频 5.3）。

5.3.2 CO_2 驱

1. CO_2 驱研究进展

CO_2（视频 5.4）作为一种具有良好应用前景的提高采收率的方法，与水驱相比具有更大的技术优势，可以在水驱的基础上提高采收率 10%～20%，已经在美国、加拿大、印度尼西亚和中国等油田取得了巨大的成功。同时，CO_2 是引起温室效应的主要物质，其浓度在过去的几十年中显著增加，其节能减排与提升综合利用率也成为当今世界的热点问题，减少大气 CO_2 排放的一种有效办法是地质埋存，而将 CO_2 注入油层中不仅能实现节能减排，还可以提高石油采收率，是一项经济效益和社会效益共赢的工程。

视频 5.4
CO_2 驱

最早的记载通过注入 CO_2 来开采原油的方法是从 1920 年开始的。沃尔顿（Whorton）等人在 1952 年取得了首个关于利用 CO_2 来开采原油的专利，从此之后注入 CO_2 驱油的技术一直是石油工程领域研究的重点，美国、加拿大、苏联、英国等是 CO_2 采油技术应用较早的几个国家，目前相关的技术也较成熟。经过 20 多年的发展，在美国 CO_2 驱油已经成为其提高原油采收率的重要方法之一。国外油田经过大量的 CO_2 驱现场实验，已经证实在三次采油中 CO_2 驱技术是最具潜力的 EOR 方法之一。到 20 世纪 80 年代，注 CO_2 非混相驱和混相驱在低渗油藏中有着广泛的应用。自从 1986 年开始，采用 CO_2 驱油年产油量逐渐增加，尤其是近几年其增加的势头更加明显。由于往地层中注入化学试剂的方法存在严重的污染地层的风险，所以该方法面临着全面停用的现状。而 CO_2 驱一直处于一种逐年增加的趋势，每年都会有新的油田进行 CO_2 驱油的试探性开采实验。

我国国内对油藏实施注 CO_2 开采的研究开始比较晚，现有的研究水平与国外还存在着一定的差距。从 1963 年开始大庆油田在国内第一次展开关于使用 CO_2 驱作为 EOR 方法的相关调研。从 1995 年开始国内的另一大油田吉林油田开展了 CO_2 驱替的吞吐实验，并取得累计增产原油量 1420t 以上的理想效果。伴随着技术的更新和发展，我国的稠油油藏及低渗透油藏的大量开发，使得 CO_2 驱技术的研究进展也在不断加快。

当前，中国东部老油田普遍进入高含水甚至特高含水开发阶段，呈现“整体分散，局部富集”的状态，油相以非连续状态存在于孔隙空间内。化学驱是水驱开发后期 EOR 的主要技术手段，虽然耐温抗盐聚合物不断涌现，但在高温高盐油藏中并未得到广泛应用，而 CO_2 驱不受此条件的影响，在高温高盐油藏中具有较好的适应性。目前，CO_2 驱矿场实验已经运用在大庆油田、吉林油田和草舍油田等，并初步取得了经济和社会效益。目前，随着 CO_2 驱逐步作为 EOR 手段驱替残余油应用于油藏开发，且已有研究表明，超临界 CO_2 可以驱替特高含水油藏中的盲端残余油，提高采收率高达 94%。

2. CO_2 驱增产机理

经过一次采油和二次采油之后，油田普遍进入特高含水阶段，水驱开发效果变差，采收率明显下降，有效挖掘剩余油潜力是开发的重点所在。特高含水期多孔介质内剩余油主要可以分为 5 种类型：孤立油滴（1）、孔喉残余油（2）、簇状非均质残余油（3）、油膜（4）、盲端残余油（5）（图 5.23）。

图 5.23 特高含水期多孔介质内剩余油分布

通常认为的 CO_2 提高原油采收率的机理如下：

（1）改善油水间的流度比。当大量的 CO_2 溶解于原油和水中时，会使系统碳酸化。地层中原油实现碳酸化后，会降低体系的黏度，使原油流度升高；但是当水碳酸化后，反而会使体系的黏度增加，降低体系的流度。通过这种方法可以控制油水间的流度比，进而可以提高不同地层条件下的波及系数。

（2）降低原油黏度。当 CO_2 溶解于原油后，会发现原油黏度明显降低。一般认为，越高的原油黏度，在使用 CO_2 驱替时它的黏度降低的比例也越高。当温度在 120℃ 以上时，此时 CO_2 的溶解度降低，降黏程度较差；在相同温度下，随压力的升高，CO_2 的溶解量会增大，从而降黏的效果也会相应提高。当压力的值超过饱和压力时，原油的黏度会随着压力的升高而增加。

（3）萃取汽化原油中的轻烃组分。二氧化碳与轻质烷烃的互溶度较好，当体系的压力超过某一值时，CO_2 就能够汽化并萃取存在于原油中的多种轻质烃类。萃取与汽化是 CO_2 混相驱能够实现的主要作用。在实际开采中，混相段碳原子数低于 20 的烷烃是 CO_2 驱替前缘后面的油相中的轻质组分产生的。现有的实验结果表明，非混相与混相的主要区别是低于 C_{20} 的烷烃所占的比例差异，在 CO_2 对 C_{20} 组分萃取达到峰值时发生的为混相驱替。

（4）降低油水间的界面张力。往地层中注入的 CO_2 会溶解于原油中，并且能够抽提及汽化轻烃组分，使与其接触的原油组分不断发生变化，驱替前缘的界面张力减小，在适当的压力控制下就可以实现混相。在实验中，CO_2 在混相时能够完全把原油驱赶出来，测得的 EOR 高于 90%。CO_2 在原油中的溶解比在水中的溶解高出 3~9 倍，注入水中的 CO_2 导致吸附在固体表面的油膜不断破裂并且被剥离，当油水之间的界面张力降低到较小值时，残余油可以在孔道内发生自由扩散，从而提高了油相在地层中的渗透率；注入 CO_2 后，油水之间的界面张力减小，并且残余油饱和度减小，原油采收率增大。

（5）原油体积膨胀。当 CO_2 溶解于原油中后，随着 CO_2 注入体积的增大及体系温度的升高，地层油藏中的油剧烈膨胀，其膨胀系数主要由原油分子量和溶解 CO_2 的组分决定。膨胀会使地层中的开采条件发生剧烈的变化，主要存在两个方面的原因：第一，水驱油结束后的油层，油层膨胀后的体积越明显，油藏中剩余的油量就会越少；第二，油层膨胀后会挤占水的空间，出现排水的现象，降低油层中的含水率。地层中油层膨胀的结果会使地层孔隙内压强增大，提高了地层原油的流动特性，进而提高采油效率。

（6）提高油藏的渗透率。CO_2 溶解于水后形成的弱酸性溶液，与油层岩石基体发生化学反应溶解部分物质，对于岩石基质是碳酸盐的尤其明显，能够显著增加岩层的渗透率；溶解于页岩中的 CO_2 能够使得体系的 pH 值降低，使土结构更加稳定。另外，在 CO_2 的注入与返排过程中，通过施加一定的压力使一部分游离的气体去冲洗储层中的填充物，能够有效地减小再次污染引起的封堵。

（7）分子扩散作用。非混相 CO_2 驱油的机理建立在 CO_2 溶于油引起油特性改变的基础上，为了最大限度地降低油的黏度和增加油的体积，以获得最佳驱油效率，必须在油藏温度和压力条件下，有足够的时间使 CO_2 饱和原油。但是地层基岩是复杂的，注入的 CO_2 也很难与油藏中的原油完全混合好。多数情况下，CO_2 是通过分子的缓慢扩散作用溶解于原油的。分子扩散过程是很慢的，特别是当水将油相与 CO_2 气相隔开时，水相阻碍了 CO_2 分子向油相中的扩散，并且完全抑制了轻质烃从油相释放到 CO_2 气相中。

一般认为，在 CO_2 驱油的过程中同时存在着不同的 CO_2 增产机理，但某种作用在驱油过程中所起作用的大小受到许多种因素制约与影响。在开发接近枯竭的油藏中的原油时，原油体积膨胀的作用至关重要，但是在开采稠油油藏的过程中降低原油的黏度却变得更为突出，同样在高含水的地层油藏中油水之间的相对渗透率、水相的流度等因素都对提高采收率具有重要的影响。

3. 注 CO_2 提高采收率影响因素

影响注气过程的动态变量分为两类：一类是操作变量，第二类是油藏变量。操作变量是注气过程中可控制的变量，对于特定的油藏条件及原油性质，操作变量的最优化目的在于获得最好的驱油效率和经济效益。重要的操作变量包括作业压力、注入量和注入速度等。而油藏变量包括地层流体性质、油藏压力、油藏温度、孔隙度、渗透率、储层岩石非均质性等。这里主要介绍油藏变量，因为它们支配着整个注气增产过程。

1）流态的影响

描述孔隙介质中流体流动的达西方程为：

$$v_i = \frac{K_i}{\mu_i}\frac{\mathrm{d}p}{\mathrm{d}x} \tag{5.34}$$

式中，v_i 为渗流速度，K_i 为渗透率，μ_i 为黏度，下角字母 i 代表特定的流体。流体 i 的有效渗透率除以它的黏度定义为流体的流度。

流度比是混相驱设计中最重要的参数之一。普通的分流动方程为：

$$f_a = \frac{1}{1+1/M} \tag{5.35}$$

$$M = \frac{\mu_o}{\mu_s}\frac{K_{rs}}{K_{ro}} \tag{5.36}$$

式中，M 为流速比，f_a 为驱替流体分流量函数，K_{rs} 为驱替流体相对渗透率，K_{ro} 为原油相对渗透率，μ_o 为原油黏度，μ_s 为驱替流体黏度。

在实际注气过程中，流度比往往大于 1，处于不利的状态。实验发现存在 4 种流态（图 5.24），它们取决于表征黏滞力与重力比的无量纲参数组的值，定义为：

$$R_{vg}=\frac{v\mu_o}{Kg\Delta\rho}\frac{L}{h} \tag{5.37}$$

式中，L 为流动距离，h 为厚度，$\Delta\rho$ 为原油与溶剂（注入气）的密度差。

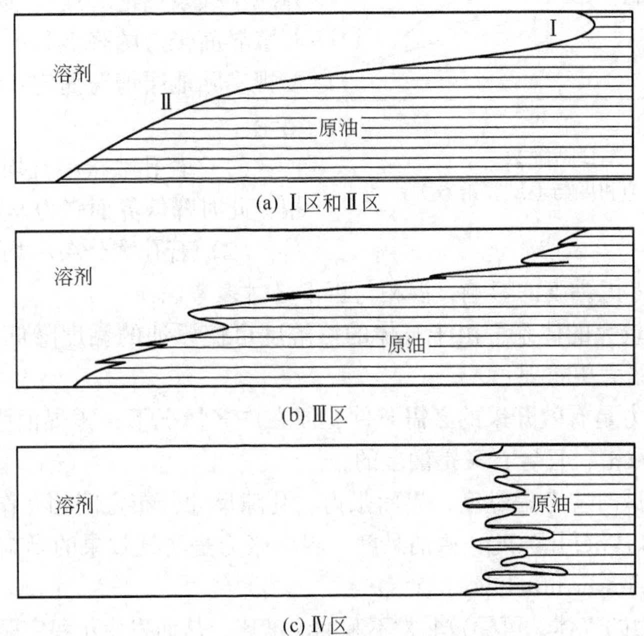

图 5.24　混相驱中的 4 种流态

在很低的黏滞力与重力比 R_{vg} 的情况下（Ⅰ区），驱替的特点是气体超覆运动的重力舌进。这种舌进和垂向驱扫的几何形态均取决于驱替中特有的黏滞力与重力比 R_{vg}。在高一些的黏滞力与重力比 R_{vg} 的情况下，驱替的特点仍是气体的重力舌进（Ⅱ区），但垂向波及情况已不取决于特定的黏滞力与重力比 R_{vg}，直到超过极限为止。在超过这一极限值后，出现过渡区（Ⅲ区），在其中的主重力作用下形成次生指进。在该区，对于给定的孔隙体积注入量来说，驱替效率随黏滞力与重力比 R_{vg} 的增加而急剧增加，最后达到一个黏滞力与重力比值 R_{vg}，此时驱替情况完全被横剖面的多个指进所控制，并且横向驱扫效率不取决于特定的黏滞力与重力比值 R_{vg}（Ⅳ区）。从以上分析可知原油黏度、储层渗透率、储层厚度是注气效果的影响因素。

2）界面张力的影响

要把原油从孔隙中驱替出来，所施加的压力必须至少等于毛细管力。如果气油界面张力小于油水界面张力，那么气体可以进入直径比较小、水无法进入的孔隙，因此注气可以采出更多的原油。

界面张力在混相驱过程中是非常重要的。图 5.25 是残余油饱和度与毛细管准数关系图，其中毛细管准数用 $\frac{\mu v}{\gamma}$ 表示，它反映了界面张力对驱替过程流动效率的影响。从图中可以看出，为了显著降低残余油饱和度，通常需增大毛细管准数。在适当压力和组成条件下将气注入油藏可大大降低界面张力，显著增加毛细管准数。

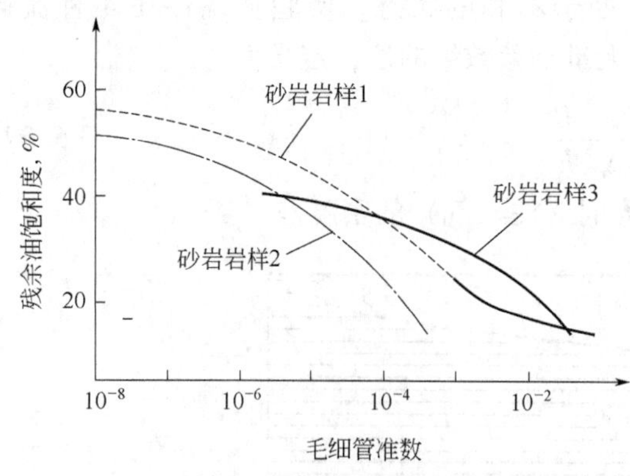

图 5.25　残余油饱和度与毛细管准数关系图

由 $p_c=\dfrac{2\sigma\cos\theta}{r}$ 公式可知，界面张力的降低可使气体进入那些在高界面张力下完全被隔离的孔道，从而提高驱油效率。由于油和注入气之间毛细管力下降，可提高波及效率并减小残余油饱和度，其实质是相间传质控制着界面张力的降低程度，但降到何种程度要视实际地层情况而定。实际研究给出如下结论：

（1）若孔喉很小且均匀，应力求达到混相，此时降低界面张力非常重要；

（2）若孔喉分布不均匀，孔隙直径变化较大，那么应主要考虑黏度的影响，混相与否不必过多考虑；

（3）孔隙直径较大的体系，由于气体的溶解度可使原油的黏度降低，增大气体的溶解就显得比降低界面张力更重要；

（4）低界面张力是有效开采的必需条件，但在许多情况下，零界面张力却是不必要的，除非孔隙分布非常致密，且岩石又是油湿的；

（5）实验室测试时应考虑黏度、界面张力、孔隙尺寸分布之间相互作用的影响。

从以上分析可知岩石孔隙度、原油黏度、界面张力是注气效果的影响因素。

3）黏性指进（finger instability）的影响

注入低界面张力的气体，可导致非常不利的流度比，从而发生不稳定驱替。注气驱的流度比往往大于1，这种不利的流度比使溶剂前沿呈不稳定状态，且以不规则的指进方式（流体前缘界面不是平整的，而是呈现参差不齐的指头状形貌）穿入原油。黏性指进会使溶剂过早突破而增大注入剂的消耗量，导致溶剂突破后原油采收率低，同时也不利于 CO_2 的地质埋存。

由此可知，原油黏度从另一个侧面影响着注气效果，同时储层非均质性也制约着注气的驱替效果。

4）润湿性的影响

混相驱过程的一大缺点就是黏性指进。为了控制流度以减少黏性指进，通常在混相驱中使用水气交替注入。但是，该方法会使油藏中的水量增多，从而有可能使油藏发生大量的水锁现象。

若油藏岩石表面属强水湿，水会更多地吸附在岩石的小孔道中，为此气体不可能进入最小的孔道里驱油。这种情况就不利于混相驱。若岩石体系为油湿，大量的油黏附在小孔道里，则需要达到零界面张力，驱出各种小孔道里的油。

在水湿介质中，由于水的存在减少了油与溶剂的接触面积，因而水锁现象更加严重。如果在不注水的情况下注气，那么这种效应可以忽略不计，但如果已经实施了注水开发，那么水湿油藏中水锁现象更加严重。当气水交替注入时，对水湿岩心来讲，其剩余油量大于油湿岩心的剩余油量，故在二氧化碳驱中，应对润湿性加以仔细考虑。

5）重力的影响

重力对水平驱替的影响主要体现在两个方面：一是密度引起的溶剂超覆原油和水的流

动；二是在注入水与溶剂前沿后面，烃相之间发生重力对流分离。研究发现，当驱替受重力强烈控制时，除溶剂舌进前面的三次油带以外，溶剂所驱替出的大部分原油都被推到横向剖面的中心部位，在三次油带突破后的较短时间里，溶剂发生突破。在这种情况下，油藏厚度增加对驱替影响不利。在水平的混相驱中，重力分离是有害的，可降低原油垂向驱扫效率和原油采收率。如图5.26所示为倾斜油层混相及非混相油气接触关系图。

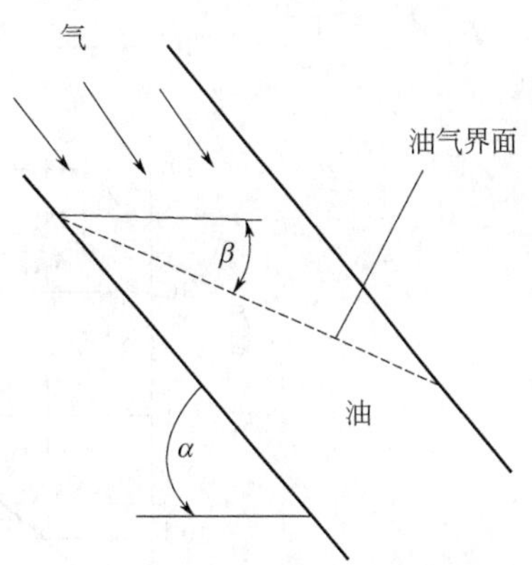

图5.26 倾斜油层混相及非混相油气接触关系

混相驱中垂向驱扫效率主要受重力和渗透率层状非均质性的影响。在倾斜油藏中，可利用重力来改善驱扫效率和原油采收率。把溶剂注入构造的上端部位，并保持低速生产，使密度较小的溶剂与原油保持分离，以便当指进未形成时就抑制溶剂指进。实验发现，油藏倾角是影响注气效果的因素。

6）最小混相压力（MMP）的影响

最小混相压力影响着注入CO_2能否与地层原油混相，进而影响提高采收率的大小。最小混相压力的大小又受原油组成与性质、油藏温度等因素的影响。

研究表明，原油的分子结构对混相压力的影响比较小。另外，稠的、沥青质多的、高沸点物质的最小混相压力与不太稠的、沥青质少的、低沸点的物质组分相比，前者最小混相压力高。在74℃下对脱气油和馏分油进行测试发现，随原油密度的减小，最小混相压力减小。大量实验证明，油藏温度对给定原油与二氧化碳的最小混相压力有很大影响，即最小混相压力随温度的增加而增加。在压力不变时，温度升高，CO_2密度下降。而CO_2对烃的萃取能力是CO_2密度的函数，随CO_2密度的减小，为能达到混相，压力必须升高。

7）油藏注入能力的影响

油藏的注入能力可以用注入指数来表示。注入指数与渗透率成正比，而与注入相的黏度成反比。由于CO_2的黏度很低，所以对于低渗透油层，其注入能力要远高于注水。目前国内低渗油藏开发的渗透率下限已经扩展到小于1mD，长庆油田将小于0.3mD的油藏列入攻关的目标。对于注CO_2，渗透率的界限需要加以关注。

4. 超临界CO_2驱油

超临界流体是区别于气体、液体而存在的特殊流体。当某种物质的温度和压力超过临界点时，物质就进入了超临界状态。超临界状态下的物质出现一种既非气体又非液体的状态，称为超临界流体（Supercritical Fluid，SCF）。处于超临界状态下的流体，其物理化学性质（如密度、黏度、扩散性、导电率等）会随着温度和压力的变化发生显著变化。从CO_2流体的相态图（图5.27）中可以看出，当温度达到31.3℃、压力超过7.39MPa时，CO_2流体便处于超临界状态。超临界CO_2流体既不同于液体，也不同于气体，具有许多独特的物理化学性质。超临界CO_2黏度较低，近似于气体，密度近似于水，具有极强的扩散能力和近乎为零的表面张力等特点，易于扩散到纳米孔隙中，使得原油膨胀、降低油水界面张力、降低原油黏度、增强原油运移能力，从而提高原油采收率，并且在油藏条件下很容易达到CO_2的临界条件。

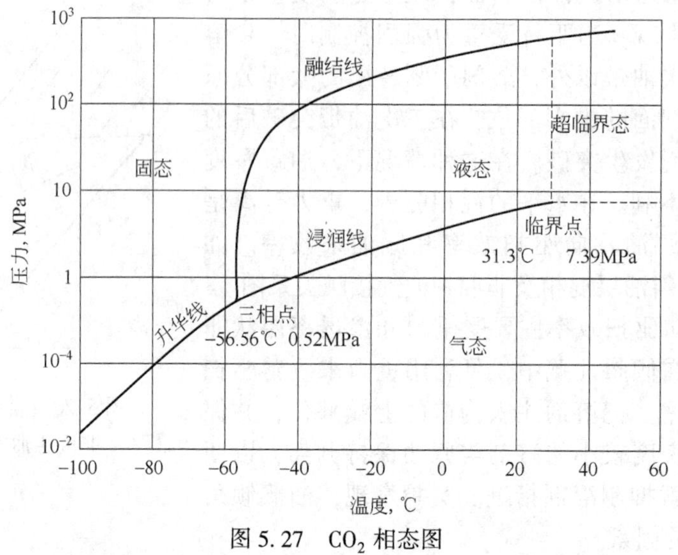

图 5.27 CO_2 相态图

如图 5.28 所示为利用分子动力学软件模拟的超临界 CO_2 驱的过程。图中为一个具有盲端的纳米小孔，里面充满油分子，孔上面覆盖着一层水膜。当施加压力时，可以使得超临界 CO_2 分子不断穿过水膜，从而不断进入小孔里面，最终能够把油分子驱替出来。这一模拟可以深刻揭示超临界 CO_2 驱油的力学机理。

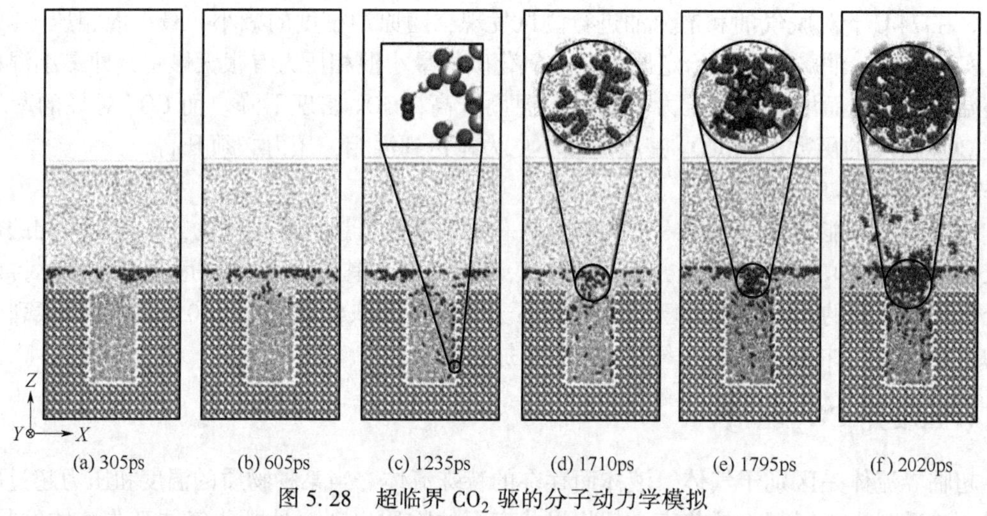

图 5.28 超临界 CO_2 驱的分子动力学模拟

5.3.3 泡沫驱

利用表面活性剂发泡性配成驱油剂进行采油的方法称为泡沫驱。泡沫驱是在三元复合驱基础上发展起来的一种新的驱油方法。

1. 泡沫驱概述

泡沫驱既能显著提高波及效率，又可提高驱油效率，同时又减小了以往化学驱导致的环境伤害，是一项有发展前途的改善和提高原油采收率技术。在开采较稠油、稠油、超稠油过程中，应用泡沫技术可提高采收率8%～10%；有些情况提高采收率的幅度更大。

目前，泡沫驱在起泡剂品种及配方、抑制起泡剂在油层中损失、应用聚合物和凝胶技术改善泡沫驱、起泡液注入方式和成泡方法、泡沫驱的油藏工程研究、起泡用气及配气、用于发泡供气的膜式制氮机及配套设备等方面，都有很好的技术，这为泡沫驱扩大应用范围提供了有利的基础和保障。

泡沫驱主要适用于高盐油藏、严重非均质油藏、聚驱后等类型油藏提高采收率。我国在玉门、克拉玛依、大庆、胜利、中原等油田进行了现场应用，总体来说取得了较好应用效果。泡沫驱有广泛的应用范围，在蒸汽开采稠油、注气驱油、注水驱油、化学驱油过程中都可以应用泡沫驱技术。泡沫驱提高或改善原油果收率机理主要有泡沫降低水（气）相的相对渗透率、调剖、堵塞、流度控制、驱油等作用。

从分类上讲，目前泡沫驱主要包括常规泡沫驱、强化泡沫驱和复合泡沫驱三种类型。常规泡沫驱仅通过起泡剂和注入气生成泡沫驱油；强化泡沫驱是在常规泡沫驱的基础上加入聚合物作为稳泡剂，增加泡沫稳定性和强度，提高驱替效果；复合泡沫驱是在三元复合驱的基础上，通过筛选表面活性剂作为起泡剂，与气体形成泡沫进行驱油。除此之外，研究人员还提出了多相泡沫驱的概念，即在强化泡沫驱的基础上加入弹性微球，用于减少泡沫在大孔道中的窜流，提高严重非均质地层泡沫驱效果。

2. 泡沫基本结构

泡沫是不溶性或微溶性的气分散于液体中所形成的分散体系，是由液体薄膜包围着的气体形成的单个气泡的聚集物，其中气是分散相（不连续相），表面活性剂溶液是分散介质（连续相）。分散介质可以是固相，也可以是液相，前者称为固体泡沫，如泡沫水泥；后者称为液体泡沫，即通常所说的泡沫，如灭火泡沫、浮选泡沫、钻井泡沫等。

1）泡径大小

通常情况下，单个气泡的直径的数量级为10^{-4}m。对于气泡体系，泡径大小与其所受到的压力有关，压力越高，泡径越小，其稳定性越好，压力升高，泡径变小，泡沫的寿命变长。一般有如下经验公式：

$$T_{50}=\frac{\mu H}{\rho g d^2 B} \tag{5.38}$$

式中，T_{50}为泡沫的半衰期，μ为原油液相黏度，H为泡沫柱原始高度，ρ为液相密度，d为泡径，B为原始液相的体积系数。

2）泡径的均匀程度

由于气泡有表面张力，因此气泡中的压力大于气泡外的压力。一般情况下，气泡中的气体压力与泡沫的曲率有关。泡沫液膜内外表面与气体相邻，如果泡沫很薄，内外表面面积相等，则有：

$$\Delta p=\frac{\gamma}{R}K \tag{5.39}$$

式中，Δp为气泡内外压力差，γ为泡沫的表面张力，R为气泡半径，K为校正系数。

由式(5.39)可知，压差Δp与气泡半径R成反比，当泡沫的表面张力相同时，大气泡中的压力比小气泡小。当相邻的气泡大小不等时，气体会不断地由小气泡的高压区扩散到大气泡的低压区，造成气泡数量的减少，平均泡径的增大，最终导致泡沫破裂，出现形成的小气泡越来越小、而大气泡越来越大的现象。因此泡沫中的气泡直径越均匀，则气泡间的压差越小，吸附膜越紧密，透过性越差，泡沫越稳定。

3） 泡沫的几何形状

泡沫是气体分散在液相中的一种分散体系。当气泡被较厚的液膜隔开，且为球状时，这种泡沫为球状泡沫。但通常情况下，作为分散相的气体体积分数非常高，气体被网状的液体薄膜隔开，各个被液膜包围的气泡为保持压力的平衡而变形为多面体，这种泡沫称为多面体泡沫，它们可自发性地由球体泡沫经充分排液后形成。多面体泡沫为保持其力学上的稳定，总是按一定方式相交，例如三个气泡相交时互成120°最为稳定（图5.29），其交界处称为普拉托（Plateau）边界（图5.30），它在排液过程中起着渠道和储存器的作用。

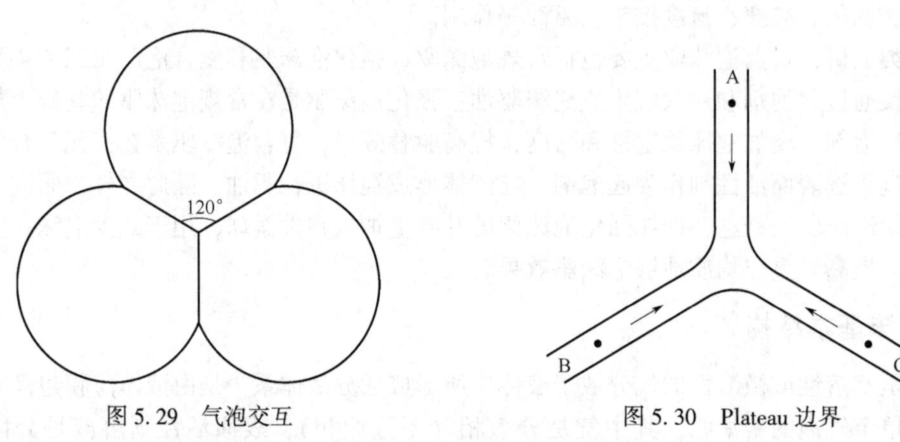

图5.29　气泡交互　　图5.30　Plateau边界

3. 泡沫的物理特性

泡沫的液体部分本质上是不可压缩的，而气体部分是可以压缩的，所以这种流体为半压缩体。此外，由于气液界面上吸附了表面活性剂分子，使液体薄膜具有弹性，能够经受压缩和减压膨胀。

泡沫具有非牛顿流体特性，是一种假塑性流体，在低剪切速率下具有很高的表观黏度，但其黏度随剪切速率的增加而降低。在一定剪切速率下，泡沫的表观黏度随泡沫质量的增高而升高。

泡沫流变性的本构方程一般可用宾汉塑性模式描述：

$$\tau=\tau_0+\mu_p v \tag{5.40}$$

式中，τ 为剪切应力，τ_0 为应力屈服值，μ_p 为塑性黏度，v 为剪切速率，泡沫在管流中的剪切速率 v 可表示为：

$$v=\frac{8V}{D} \tag{5.41}$$

式中，V 为平均流速，D 为管道内径。

泡沫有效黏度可表示为：

$$\mu_e=\mu_0+\frac{g\tau_0 D}{6V} \tag{5.42}$$

泡沫具有十分巨大的气液界面面积，因而有较高的表面自由能。从热力学角度看，泡沫是不稳定体系，自由能具有自发减少的倾向，导致泡沫逐渐破灭，直至气、液完全分离。然而体系中表面活性剂的存在，大大降低了气液之间的界面张力，使泡沫具有相对的暂时稳定性。泡沫稳定性通常是以一定数量的泡沫样品在单位时间内的排出液量来度量的。排出液量越多，泡沫越不稳定。泡沫稳定性与泡沫质量和体系中的液相黏度有关，泡沫质量越高，泡沫稳定性越好；液相黏度增加，可增加液膜的强度，因而稳定性变好，但是如果液相黏度过高，不仅阻碍气体在液相中的分散，而且不利于活性剂分子在液膜中的移动，体系在受到物理和机械作用时，便会产生严重的降解，这时泡沫稳定性是随泡沫质量的升高而降低的。

影响泡沫稳定性的因素主要有以下几个：

1）表面张力

气泡内、液膜面及 Plateau 边界处的压力关系是符合拉普拉斯（Laplace）方程的，假设气泡的半径为 R_1，则气泡壁内液体的压力与气泡内的压力 p_1 与气泡内的压力 p 之间应该满足：

$$p_1=p-\frac{2\gamma}{R_1} \tag{5.43}$$

假设 Plateau 边界的曲率半径为 R_2(cm)，则 Plateau 边界处压力 p_2(10^5Pa）与气泡内压力p(10^5Pa）应满足：

$$p_1-p_2=\frac{\gamma}{R_2} \tag{5.44}$$

式(5.44）表明，Plateau 边界处的压力 p_2 较平液膜处的压力 p_1 小，这种压力差使平液膜处的液体自动向 Plateau 边界处流动，致使平液膜处的液膜变薄，最终导致液膜破裂。而上述压力差的大小与表面张力有关，表面张力越大，压差也就越大，液膜排液的动力和速度越大，泡沫越不稳定。表面张力的高低是影响液膜即泡沫稳定性能的重要因素，降低表面张力可大幅度地提高液膜的稳定性。

2）马拉高尼（Marangoni）效应

液膜受冲击时局部可变薄，变薄处液膜表面积增大，表面吸附分子的密度减小，这就引起液膜变薄处（图 5.31 中 B）的表面张力大于周围（图 5.31 中 A）处的表面张力。于是 A 处表面的分子就向 B 处迁移，同时带动邻近的薄层液体一起迁移，结果使受外力冲击而变薄的液膜又变厚，导致液膜强度恢复。同时，表面张力可降到原来的水平，此现象称为表面张力的“修复”作用，又叫 Marangoni 效应，它使泡沫具有一定的稳定性。

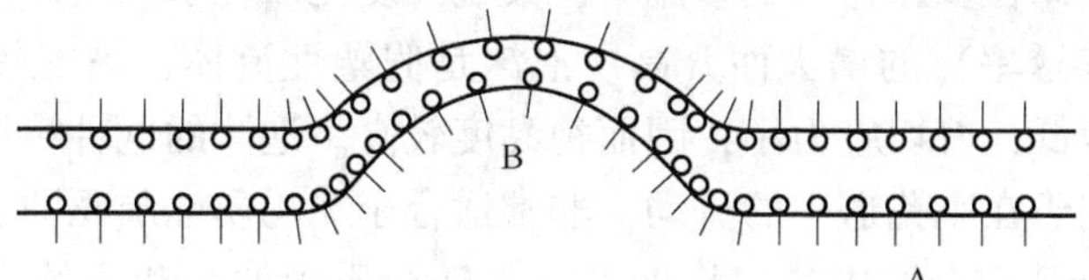

图 5.31 膜局部变薄引起的表面压变化

3）表观黏度与体相黏度

已知泡沫的稳定性取决于液膜的排水速率，而液膜的排水速率又受表观黏度的控制。体相黏度同样影响泡沫强度和稳定性。表观黏度大，泡沫液柱通常不易被破坏，它具有双重作用：增加液膜表面强度和使液膜表面膜邻近的液体不易流动或排出。由此可见，若溶液体相黏度较大，刚性液膜中的流体不易排出，液膜变小的速度较慢，延缓了液膜破裂时间，增加了泡沫的稳定性。

4）泡沫结构

已知泡沫的半衰期与泡沫的直径大小成反比，泡沫的直径越大，其寿命越短。另外泡沫中的气泡直径大小越均匀，则气泡间的压差越小，吸附膜越紧密，透过性越差，则泡沫越稳定。

5）温度、压力

温度对泡沫稳定性的影响比较明显，高温将降低泡沫的稳定性。低温条件下，泡沫破灭是气泡的合并引起的；高温条件下，气泡的破灭是由液体的排出引起的。压力对泡沫的稳定性也有影响。随着压力升高，泡沫直径变小，有利于泡沫的稳定。研究表明，压力升高时，泡沫的质量也增加。

泡沫的另外一个力学性质就是弹性。由于表面活性剂分子在气泡膜上的吸附，赋予了液膜抗外力冲击的弹性，Marangoni 效应正是反映了这种弹性特性。吉布斯（Gibbs）对该弹性体做了如下定义：

$$E=\frac{2\mathrm{d}\gamma}{\mathrm{d}A/A}=2A\frac{\mathrm{d}\gamma}{\mathrm{d}A}=\frac{2\mathrm{d}\gamma}{\mathrm{d}\ln A} \tag{5.45}$$

式中，E 为 Gibbs 弹性模量，A 为膜面积。

从式（5.45）可以看出，$\mathrm{d}\gamma/\mathrm{d}A$ 越大，则液膜弹性 E 越大，液膜抵抗变形能力越强。即当液膜受到冲击时液膜变薄，活性剂分子密度变小，表面张力增大，邻近表面活性剂分子又带着液体补充进来，结果使受到冲击变薄的液膜厚度增加，表面活性剂分子密度复原，使液膜又变得稳定。E 反映了在瞬时应力作用下液膜调节其自身表面张力的能力。

4. 泡沫在多孔介质中的渗流特性

泡沫在多孔介质中渗流时，表现出以下渗流特性：

（1）泡沫在渗流时不断地破灭与再生。向模型管内同时注入气体和发泡液进行发泡试验时，在泡沫流动过程中，发现液体在整个模型管内的分布几乎是均匀的，即泡沫在孔隙介质中的分布是均匀的。泡沫在多孔介质内渗流时，并不是以连续相的形式通过介质孔隙的，而是不断地破灭与再生，气体在泡沫破灭和再生过程中向前运动，液体则通过气泡液膜网络流过孔隙介质。即液体是连续相，气体是非连续相。

（2）泡沫在多孔介质中具有很高的视黏度（表观黏度或有效黏度），视黏度随介质孔隙度的增大而升高。泡沫在多孔介质中渗流时，其视黏度比活性水和气体的黏度都高得多，并随介质孔隙度（或渗透率）的增大而升高。泡沫是假塑性流体，黏度随剪切应力的增加而降低。孔道大则流速低，剪切应力小，因而视黏度较高。泡沫的这种特性，不利于它在大孔道中的流动，而有利于在小孔道中的流动，非常适合于非均质油层驱油。

（3）泡沫在含油孔隙介质中稳定性变差，并随介质含油饱和度的升高而降低。泡沫在含油孔隙介质中的稳定性，可通过不同含油饱和度多孔介质中泡沫带的形成、泡沫的运行速度与距离、泡沫的破灭与再生情况及压力等方面的观察来对比和分析。随介质含油饱和度的增加，泡沫稳定性明显变差，泡沫运行距离相应缩短。但是，驱油试验表明，进入有残余油存在的多孔介质的泡沫，在后续的水驱过程中并不很快消失，需要注入数十倍孔隙体积的水才能排净。这说明泡沫的稳定性足以维持到驱油过程结束。

试验表明，泡沫驱既可改善原油的波及系数，又能显著地提高驱油效率，增油效果明显，同时还能封堵气窜、降低含水等，因此它是一种很有发展前途的三次采油方法。它适用的油藏种类比较广泛，如老油区的高含水油藏、多层位非均质严重的油藏、低渗/中低渗油藏的二次及三次采油、存在小裂缝或大孔道的油藏及中高渗油藏的堵水堵气与提高采收率。此外，泡沫与气体交替注入可防止气体在高渗层中的气窜突破。

5. 泡沫驱提高采收率机理

泡沫驱主要从以下几个方面提高采收率：

（1）泡沫降低水（气）相的相对渗透率。研究成果表明，油藏中的泡沫能减少气相相对渗透率，因而能改善或提高注气（汽）驱油的采收率。同时泡沫也能降低水相的相对渗透率，因而也能改善或提高水驱或强化水驱的原油采收率。

（2）调剖作用。油层的非均质性，如高渗透层带或裂缝，其作用就如高导流通道，驱油剂优先流经这些通道，绕过或封闭相邻较低渗透率层带中的原油，驱油剂波及效率差，致使原油产量减少。泡沫能够改善驱油剂的波及效率，这就是泡沫的剖面调整或提高波及系数的调剖作用。泡沫还有另一个显著特性，在油层中，渗透率越高的地方越有利于泡沫的生成和存在，阻力系数也越大，调剖效果越好，它进行一种“堵高不堵低”的选择调堵，对低渗透富集油带的渗透率不会造成较大伤害，这有利于提高采收率。

（3）堵塞作用。泡沫对不同地层流体，堵塞结果不一样，有一种比较形象的描述：“泡沫在油层中是堵水堵气少堵油”。泡沫的堵塞作用用于生产井油水（气）比控制时，泡沫不必被长距离传输，有时泡沫进入油层几米处已足够。

（4）流度控制作用。泡沫的流度控制作用主要是由于泡沫的黏度特性。泡沫的黏度由泡沫的内相气体黏度、外相液体黏度、气液体积比三者决定。泡沫的黏度高于任何一个单一成分（气或起泡液）的黏度，泡沫的流度低于任何单一成分的流度，当泡沫质量大于50%时，泡沫属塑性流体，即只有当外力超过屈服值时泡沫方能流动。在油藏中，泡沫黏度可被调配到100mPa·s或更高，这远高于各种驱油剂的黏度。泡沫的高黏度、低流度能发挥有效的流度控制作用。

（5）洗油作用。起泡剂是一种表面活性物质聚集在泡沫表面，泡沫在地层中运移时，地层原油也可能被泡沫乳化、增溶、降黏和降低界面张力等，起到一定的洗油作用。

5.4 天然气水合物开发

天然气水合物（Natural Gas Hydrate），又称笼形包合物，它是在一定条件下由水和天然气组成的类冰的、非化学计量的、笼形结晶化合物，遇火即可燃烧，所以又叫“可燃冰”或“固体瓦斯”“汽冰”（视频5.5）。在自然界中，甲烷是形成天然气水合物最常见的“客体”分子，甲烷分子含量超过99%的天然气水合物通常称为甲烷水合物（Methane Hydrate）。

视频5.5 天然气水合物

在自然界中，天然气水合物燃烧后几乎不产生任何残渣，污染比煤、石油及天然气都要小得多。天然气水合物是世界公认的最有希望的接替能源之一，如图5.32所示为自然界中的天然气水合物。

图 5.32　自然界中的天然气水合物

5.4.1　天然气水合物的基本概念

1. 天然气水合物结构特点

如图 5.33 所示，天然气水合物是由甲烷分子和水分子在特殊环境下形成的一种晶体状化合物。在自然环境中，当环境的温度和压强能够使得该化合物结构保持稳定时，天然气水合物便可以以固态存在于环境中；当温度和压强无法满足水合物稳定存在的条件时，在标准大气压下，完全饱和的单位体积的甲烷水合物分解可产生 164 单位体积的甲烷气体和 0.8 单位体积的水。因此，开采时只需要将固体的天然气水合物升温减压就可以释放出大量的甲烷气体。

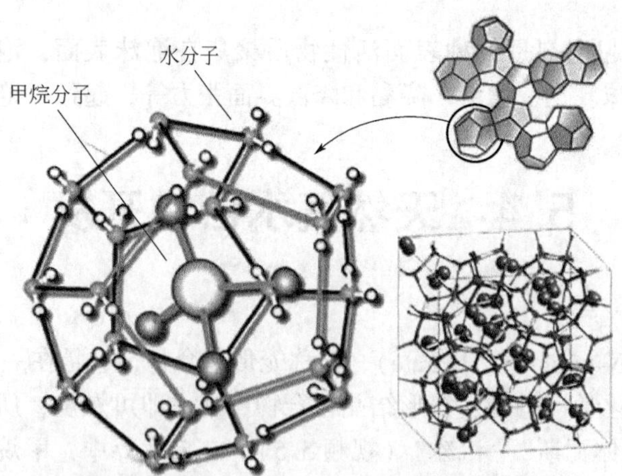

图 5.33　天然气水合物分子结构

目前为止已发现三种类型的天然气水合物的结构，即Ⅰ型、Ⅱ型和 H 型（图 5.34）。Ⅰ型结构的水合物为立方晶体结构，笼状框架中只能容纳甲烷、乙烷及一些非烃类的小气体分子（如氮气、二氧化碳、硫化氢等）。Ⅱ型结构的水合物为菱形晶体结构，笼状结构较大，可以容纳从甲烷到异丁烷（$C_1 \sim iC_4$）分子。而 H 型结构水合物与冰类似，为六方晶体结构，具有最大的笼状框架，可以容纳分子直径大于 iC_4 的有机气体分子。

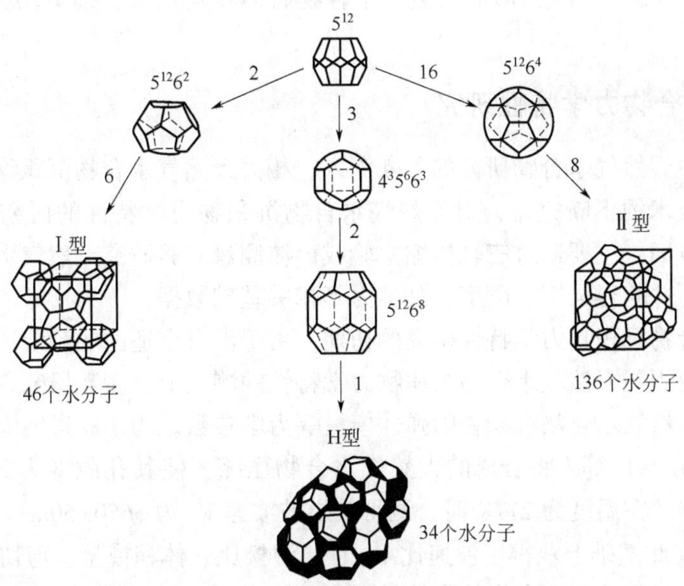

图 5.34　天然气水合物三类分子结构示意图

Ⅰ型结构在自然界中最广泛存在，其次是Ⅱ型，自然界中 H 型非常稀少，该类型水合物曾经在墨西哥湾发现。天然气水合物的笼形结晶化合物可用 $M \cdot nH_2O$ 来表示，M 代表水合物中的气体分子，n 为水分子数。组成天然气的成分如 CH_4、C_2H_6、C_3H_8、C_4H_{10} 等及 CO_2、N_2、H_2S 等可以形成单种或者多种天然气水合物。除气体之外的一些流体也可以和水分子结合形成水合物。

2. 天然气水合物的物理性质

天然气水合物具有多孔性，硬度和剪切模量小于冰，密度与冰的密度大致相等，热传导率和电阻率远小于冰。一般情况下天然气水合物的物理性质见表 5.1。

表 5.1　冰与天然气水合物物理性质比较

性质	冰	砂质沉积物中的海底天然气水合物	天然气水合物
硬度，Mohs	4	7	2~4
剪切强度，MPa	7	12.2	
剪切模量，GPa	3.9		2.4
密度，g/cm^3	0.917	>1	0.91
声学速率，m/s	3500	3800	3300
热容量，kJ/cm^3	2.3	≈2	2.3
热传导率，W/（m·K）	2.23	0.5	0.5
电阻率，kΩ·m	500	100	5

另外，天然气水合物与冰之间、水合物层与冰层之间具有明显的相似性：（1）相同的组合状态的变化，即流体转化为固体；（2）两者分解皆属吸热过程，并产生很大的热

效应，0℃融冰时每克水需要 0. 335kJ 热量，0~20℃分解天然气水合物时每克水合物需要 0. 5~0. 6kJ 热量；（3）结冰和形成天然气水合物时体积均增大，前者增大 9%，后者增大 26%~32%。

3. 天然气水合物力学特性研究

近年来，随着天然气水合物研究的不断深入、相关天然气水合物沉积物力学特性实验装置的研制及测试技术的不断完善，对天然气水合物沉积物力学特性的研究取得了一定的进展。在实验研究方面，主要通过三轴压缩实验或声波测量实验研究天然气水合物沉积物力学特性的影响因素，并获得强度、刚度、黏聚力等相关基础数据。

在天然气水合物沉积物力学特性研究的初期，由于没有合适的实验装置，传统的三轴压缩实验很难直接应用到天然气水合物沉积物力学特性的测试上，多数研究者主要通过声波测量实验间接获得天然气水合物沉积物的弹性模量等力学参数。为了获得纯天然气水合物的声波特性，维特（Waite）等人将合成的天然气水合物压缩，使其孔隙度为 2%，排除了孔隙和残余气体的影响。在温度为 277K 时，测得其纵波波速 V_p 为 3650±50m/s，横波波速 V_s 为 1890±30m/s，并在此基础上获得了波速比 V_p/V_s、泊松比、体积模量、剪切模量及杨氏模量等参数，比较了冰与天然气水合物的弹性性质（表 5. 2）。从该表中可以发现，天然气水合物的剪切模量、体积模量及杨氏模量都比冰小。

表 5. 2　冰与天然气水合物弹性性质比较

性质	冰	天然气水合物
V_p/V_s	1. 98±0. 02	1. 93±0. 01
泊松比	0. 33±0. 01	0. 317±0. 006
剪切模量，GPa	3. 6±0. 1	3. 2±0. 1
绝热体积模量，GPa	9. 2±0. 2	7. 7±0. 2
等温体积模量，GPa	9. 0±0. 3	7. 1±0. 3
绝热杨氏模量，GPa	9. 5±0. 2	8. 5±0. 2
等温杨氏模量，GPa	9. 1±0. 3	7. 8±0. 3

4. 天然气水合物油气系统

为了更好地描述影响水合物形成、聚集和分布的因素，在总结陆地水久冻土区水合物和海域水合物研究实例的基础之上，参照含油气系统的概念，克里特（Collett）于 2009 年提出了“天然气水合物油气系统（gas-hydrate petroleum system）”的概念，指出了控制水合物成藏六大要素，包括水合物稳定条件、气体来源、水、气体或含气流体运移、沉积条件、演化时间。

从目前的认识来看，天然气水合物油气系统虽然与石油地质学中的含油气系统概念有些相似，但“天然气成藏系统”是建立在天然气水合物形成过程自身特点基础上的，与含油气系统有一定的区别，天然气水合物在自然界中的产出则不需要圈闭条件，只受温压条件的控制，当温压条件合适时烃类气体即可与水结合聚集成天然气水合物藏。

典型的天然气水合物储层有：（1）水合物充填的脉状网（韩国）；（2）大的水合物透镜体（印度）；（3）在海洋砂中颗粒充填的天然气水合物（日本）；（4）大的海底丘（墨西

哥湾，美国)；(5) 在海洋黏土中孔隙充填的天然气水合物（中国)；(6) 陆上在北极地区砂或砾岩中孔隙充填的天然气水合物（加拿大)。

一般而言，水合物稳定存在于高压低温条件下。对于海域水合物而言，其稳定存在需要一定的水深。一般认为水深超过 300m 的海域具有水合物稳定存在的压力条件。但是更大的水深也意味着与陆地的距离相对较大，陆源物质的输送量相对较低，沉积物有机质含量偏低，不利于烃类气体的生成。另外，若区域内的海底温度变化较小，对水合物稳定带深度和厚度的影响便相对较小。

5.4.2 天然气水合物生成、分解动力学模型

水合物的动力学研究一般分为分解动力学和生成动力学，其动力学模型可以划分为宏观模型和微观模型。目前，水合物的生成和分解动力学模型至少有 30 多种，主要是由微观实验、观察及其机理认识的差异，以及反应过程宏观驱动力认识的差异造成的。充分认识和了解天然气水合物的动力学模型，将对水合物的开采、管道堵塞防治、海底滑坡及其地震与海啸灾害预防等研究提供理论支持。

1. 生成动力学模型

常用的水合物生成动力学模型有恩格莱索斯（Englezos）模型、柏杰龙—塞尔维奥（Bergeron-Servio）模型、陈—郭（Chen-Guo）模型等。恩格莱索斯等人将水合物生成过程分为 3 个阶段，认为水合物的生成过程不是一种表面的现象，而是一种相转化过程，其实质是一个结晶过程。恩格莱索斯模型在推导过程中既考虑了化学反应过程的推动力因素，又考虑了结晶过程中涉及的传质规律，并综合考虑了气体、液体及固体之间的相平衡规律，是一个以微观为基础并适当考虑宏观条件的水合物生成动力学模型。对于一个水合物离子的生长率与一个界面面积可以表示为：

$$\left(\frac{\mathrm{d}n}{\mathrm{d}t}\right)_{\mathrm{p}}=K^{*}A_{\mathrm{p}}(f-f_{\mathrm{eq}}) \qquad \frac{1}{K^{*}}=\frac{1}{k_{\mathrm{r}}}+\frac{1}{k_{\mathrm{d}}} \tag{5.46}$$

式中，A_{p} 为水合物粒子表面面积，f 为气体逸度，f_{eq} 为三相平衡气体逸度，k_{r} 为反应速率常数，k_{d} 为传质系数，K^{*} 为总速率常数，n 为水合物生成气体消耗的物质的量，t 为时间。

此外，陈—郭模型是基于水合物生成动力学的机理，采用统计热力学的方法推导出的客体分子的逸度公式。该模型认为，在生成水合物时，体系存在准化学平衡和物理吸附平衡。

2. 分解动力学模型

常用的动力学分解模型主要有贾马鲁丁（Jamaluddin）模型、戈埃尔（Goel）模型、康买（Komai）模型。目前对天然气水合物及其沉积物的本构模型研究已取得了一定进展，但是考虑水合物分解对其本构模型的影响往往被忽略。

已有研究发现，不同围压条件下，沉积物试样在天然气水合物分解前后的应力应变曲线如图 5.35 所示。由图可知，在一定的围压条件下，试样的偏应力先随着轴向应变的增大而

增大，随后增加的幅度逐渐减弱，最终达到一个定值。

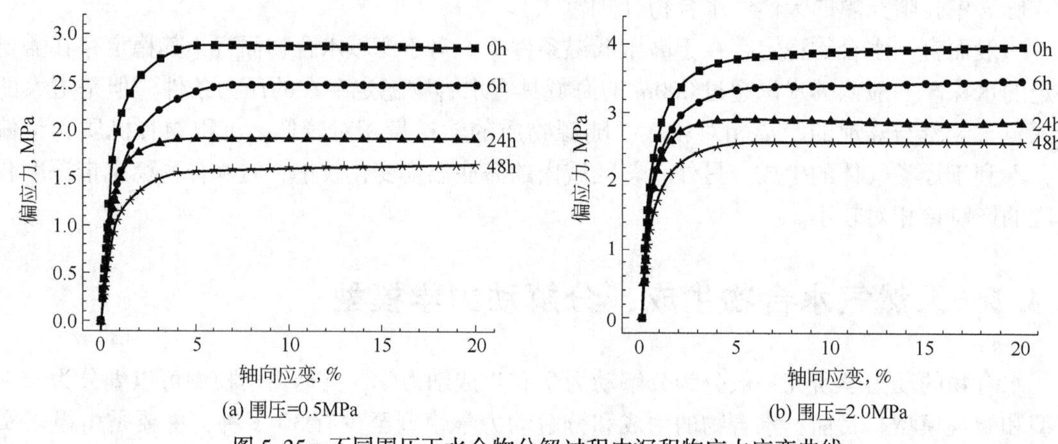

图 5.35　不同围压下水合物分解过程中沉积物应力应变曲线

研究表明，水合物沉积物的应力应变曲线大致可以分为以下三个阶段：第一阶段是准弹性阶段。在此阶段中，随着轴向应变的增大，偏应力的大小迅速增加，甚至可以看作是线性增大。在这个阶段中，水合物沉积物的变形是弹性变形，在卸载过程中应力和应变之间仍然保持线性关系，在卸载完全之后，变形可以完全恢复。第二阶段是屈服阶段。准弹性阶段的最大值称为弹性极限，所对应的偏应力被称为屈服强度。当轴向应变超过起始压服强度对应的应变值时，偏应力随着轴向应变的增而不断增大，但是与第一阶段相比，偏应力的增长呈现明显放缓的趋势。也就是说，在其他条件相同的情况下，如果要增大相同大小的应变，所需要加载的应力会逐渐变小。在这个阶段，这样的变形除了弹性变形外，还存在着明显的塑性变形。在卸载之后，水合物试样并不能完全恢复，只有其中弹性形变部分可以恢复。第三阶段是强化阶段。在这个阶段，随着轴向应变的不断增长，偏应力的增长变得十分缓慢。也就是说，只需一个很小的偏应力增量，就会产生很大的变形。此时，水合物沉积物试样抵抗变形的能力十分微弱，沉积物试样可以看作已经被破坏了。

水合物分解过程中沉积物试样的本构关系可以表述为应变 ε_1 和偏应力的比值与应变成线性关系，其关系式为：

$$\frac{\varepsilon_1}{\sigma_1-\sigma_3}=a+b\times\varepsilon_1 \tag{5.47}$$

其中，天然气水合物不同分解阶段条件下，沉积物本构关系中 a、b 的值见表 5.3。

表 5.3　天然气水合物沉积本构关系中 a、b 值

分解时间 h	a，10^{-10}			b，10^{-8}		
	围压			围压		
	0.5MPa	1.0MPa	2.0MPa	0.5MPa	1.0MPa	2.0MPa
0	12.750	19.198	10.144	33.967	30.468	24.758
6	19.871	22.919	11.744	39.014	34.581	28.265
24	24.880	33.079	9.074	51.737	42.115	34.316
48	32.646	41.903	11.937	59.110	46.501	38.124

习题

1. 简述多孔介质、渗流、渗流力学的基本概念。
2. 简述各渗流形态的特点。
3. 简述水力压裂的过程。
4. 简述各水力压裂模型的区别。
5. 列出两种驱油策略并简述其力学机理。
6. 简述天然气水合物的力学特性。

第6章 油气储运工程中的力学问题

6.1 管道完整性

油气储运过程中涉及的主要装备为油罐和输油（气）管道。在服役过程中，管道可能受到内部介质或外部土壤环境的腐蚀，以及人类活动的第三方损伤，这会导致管壁材质劣化或产生几何缺陷。此外，管道在加工制造和施工期间遗留下来的缺陷也将随着管道服役时间的延长而逐渐演化，从而引发更为严重的工程事故。在检测中发现管道产生了缺陷，需要进行剩余强度和剩余寿命的评价，以制定科学合理的维修维护决策，节省不必要的维修费用，并保证管道安全运行。

6.1.1 体积型缺陷评价

体积型缺陷指的是管壁的金属缺失，大多数情况下是由腐蚀导致的，是油气管道在运行管理中所遇到的最为常见的问题。这类缺陷的评价标准较多，常见的有 ASME B31G、SY/T 6151—2009、DNVRP F101 及 API 579 等，下面以 ASME B31G 为例进行介绍。

最早的腐蚀缺陷评价方法是由美国机械工程师协会在 1984 年颁布的 ASME B31G—1984《确定腐蚀管道剩余强度手册》。该标准是很多现行评价标准的基础，其前身是基于断裂力学理论的 NG-18 表面缺陷计算公式。在实际应用中，有学者发现这一标准过于保守，预测得到的失效压力远远低于实际压力。针对这一问题，基夫纳（Kiefner）等在 1989 年对原版 B31G 标准进行了修正，得到了 ASME B31G—1991，即改进的 B31G 方法。使用改进的 B31G 方法对腐蚀管线进行评估时，消除了原版标准中的一些保守性，但对于一些特殊的情况，结果仍然不太理想。2009 年，在改进的 B31G 方法基础上，进行了进一步的修改，形成了现行的 B31G 方法。

运用该方法进行管道评估，首先需要收集评价参数如管道的直径和壁厚、腐蚀区域最大深度和长度、管材的材料性能参数等。在现行 B31G 方法中，按以下公式计算缺陷处的失效压力：

$$p_F = \frac{2t}{D} S_{\text{flow}} \frac{1-0.85d/t}{1-0.85d/(tM)} \tag{6.1}$$

其中
$$M=\begin{cases}\sqrt{1+0.6275z-0.003375z^2} & z=\dfrac{L^2}{Dt}\leqslant 50\\ 0.032z+3.3 & z=\dfrac{L^2}{Dt}>50\end{cases}$$

式中，p_F 为含缺陷管道的失效压力，S_{flow} 为流变应力，D 为管道直径，t 为管道壁厚，d 为腐蚀区最大深度，L 为腐蚀区轴向长度，M 为膨胀系数。

对于流变应力，现行 B31G 方法中没有明确规定使用哪种定义，而是给出了如下 3 种定义供选择：

（1）碳素钢的工作温度低于 120℃ 时，$S_{flow}=1.1\times SMYS$，$S_{flow}\leqslant SMTS$，其中 SMYS、SMTS 分别为规定的管材最低屈服强度和最低拉伸强度。在原始 B31G 方法中曾使用的是此定义，并且在零级评价中仍保留使用。现行 B31G 一级评价中的原始方法仍推荐使用此定义。

（2）碳素钢和低合金钢的 SMYS 不超过 483MPa 且工作温度低于 120℃ 时，$S_{flow}=SMYS+69$，$S_{flow}\leqslant SMTS$。

（3）碳素钢和低合金钢的 SMYS 不超过 551MPa，即 $S_{flow}=(SMYS+SMTS)/2$，其中 SMTS 为规定的管材最低拉伸强度。

然后将上述公式确定的失效压力 p_F 与管道的运行压力 p_0 进行比较。定义可接受的安全系数 SF，比较 p_F 和 $SF\times p_0$。当失效压力 $p_F\geqslant SF\times p_0$ 时，缺陷可接受；否则，缺陷不可接受，管道压力需降低至安全操作压力 p_s。安全操作压力的计算公式为：

$$p_s=\frac{p_F}{SF} \tag{6.2}$$

现行 B31G 方法中推荐的最小安全系数等于最小水压试验压力与最大允许运行压力的比值，通常不小于 1.25。评估检测识别出的缺陷时，使用的安全系数越大，可以接受的缺陷就越小。

6.1.2　焊缝缺陷评价

焊缝缺陷一般可以抽象为裂纹。这类缺陷往往是由制造与安装过程中产生的微观缺陷演化而成的，会对管道的正常运营造成严重危害。裂纹类缺陷的评价始于 20 世纪 60 年代至 70 年代初。原始的断裂起始准则主要针对多行业中存在的表面裂纹和穿透裂纹，材料范围可适用于 B 级到 X70 级管线钢，使用准则中的公式可以预测出初始缺陷能够承受的最大压力。

管道轴向裂纹分析的最常用方法是修正的 Dugdale 塑性区校正方法，该方法最初用于轴向穿透缺陷，后来通过经验修正后用于轴向表面缺陷，其表达式如下：

$$\frac{\pi K_c^2}{8c\sigma_f^2}=\ln\left(\sec\frac{\pi M_T\sigma_h}{2\sigma_f}\right) \tag{6.3}$$

式中，c 为轴向穿透裂纹的半长；σ_f 为流动应力（定义为屈服强度和极限强度的平均值）；σ_h 为管道的环向应力；K_c 为临界平面应力强度因子；为了考虑膨胀效应，引入了轴向穿透裂纹的 Folias 膨胀系数，其表达式为 $M_T=\sqrt{1+1.61c^2/(Rt)}$，其中 R 为等效半径，t 为管壁厚度。

在工程实际应用中，需要确定 K_c 和材料的流动应力、K_c 和夏比 V 形缺口上平台冲击功之间的关系，可以用下面的公式表示：

$$\frac{12C_v}{A_c}=\frac{K_c^2}{E}=G_c \tag{6.4}$$

式中，C_v 为夏比 V 形缺口冲击功，A_c 为全尺寸夏比试样的净截面面积，E 为弹性模量，G_c 为平面应力应变能释放率。

整理后可以得到：

$$\frac{12C_vE}{8c\sigma_f^2A_c}=\ln\left(\sec\frac{\pi M_T\sigma_h}{2\sigma_f}\right) \tag{6.5}$$

6.1.3 凹陷

凹陷是管道上的几何缺陷，它是指管壁受外部挤压或碰撞产生径向位移而形成的局部塌陷（图 6.1），其原因是管道与其他物体的物理接触、不恰当的安装或地层位移等。凹陷威胁着管道的安全运行，严重的凹陷会立即导致管道失效，或者降低管道的承压能力。另外，凹陷会阻止清管器的通过，妨碍清管和管壁检测，给管道的监测和管理带来困难。

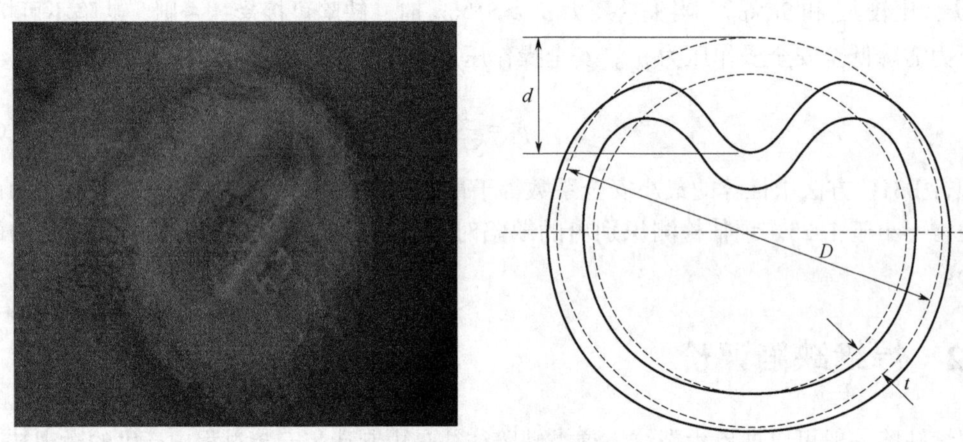

图 6.1 凹陷示例及定义

D—管道直径；d—凹陷深度；t—管壁厚

1. 应变计算

管壁的应变分量为环向弯曲应变、轴向弯曲应变、轴向薄膜应变，分别表示为：

$$\varepsilon_{xb}=\frac{t}{2}\left(\frac{1}{R_0}-\frac{1}{R_1}\right) \tag{6.6}$$

$$\varepsilon_{yb}=-\frac{t}{2R_2} \tag{6.7}$$

$$\varepsilon_{ym}=\frac{1}{2}\left(\frac{d}{L}\right)^2 \tag{6.8}$$

式中，t 为管壁厚，R_0 为管道内径，R_1 为凹陷环向曲线的曲率半径，R_2 为凹陷轴向曲线的曲率半径，L 为凹陷长度，d 为凹陷深度。R_1、R_2 需根据凹陷轮廓的环向曲线和轴向曲线，由曲率的定义得出。

管道凹陷环向、轴向曲线如图 6.2 和图 6.3 所示。管道环向凹陷曲线有两种情况，如果凹陷只是导致管道扁平，则 R_1 的值是正的：如果凹陷导致管道管壁曲线翻转即再凹进去，则 R_1 的值是负的。

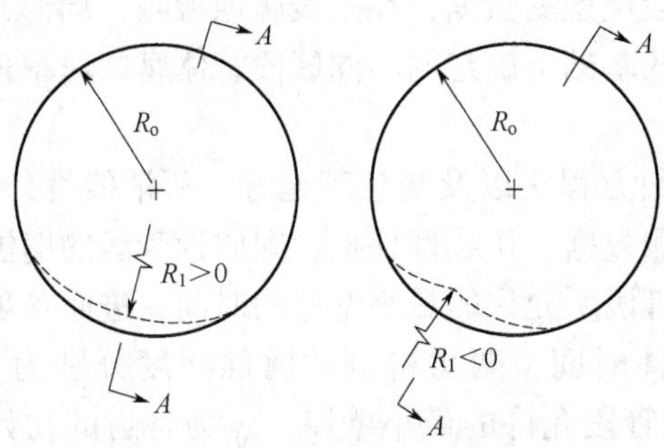

图 6.2 无凹角与有凹角管道截面

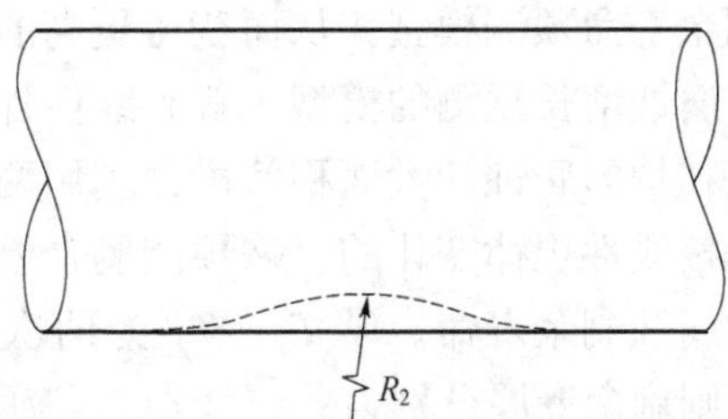

图 6.3 轴向凹陷曲线

总之，管道内外表面的合成应变可以分别表示为：

$$\varepsilon_i=\sqrt{\varepsilon_{xb}^2-\varepsilon_{xb}(\varepsilon_{yb}+\varepsilon_{ym})+(\varepsilon_{yb}+\varepsilon_{ym})^2} \tag{6.9}$$

$$\varepsilon_o=\sqrt{\varepsilon_{xb}^2+\varepsilon_{xb}(\varepsilon_{ym}-\varepsilon_{yb})+(\varepsilon_{ym}-\varepsilon_{yb})^2} \tag{6.10}$$

2. 疲劳寿命评估

疲劳是凹陷的主要失效机理，对凹陷疲劳寿命的预测有多种评估方法，在此主要介绍 SES（Stress Engineering Services）方法。这一模型基于 S-N 曲线和应力集中因子，并对单纯凹陷和含划伤凹陷的疲劳寿命分别做了预测。单纯凹陷的疲劳寿命公式如下：

$$N=2.0\times10^6\left\{\left[\frac{\Delta\sigma}{\Delta p}\right]\frac{\Delta p}{11400}\right\}^{-3.74} \tag{6.11}$$

式中，$\left[\frac{\Delta\sigma}{\Delta p}\right]$为应力增强因子，可由有限元计算得出；$\Delta p$ 为最大压力和最小压力的差值。

SES 方法提出的含划伤凹陷寿命预测公式如下：

$$N=4.424\times10^{23}B\left\{\left[\frac{\Delta\sigma}{\Delta p}\right]\Delta p\right\}^{-4} \tag{6.12}$$

式中，B 为影响因子，反映划伤对凹陷的影响。

这种方法基于 S-N 曲线，需要采用应力集中因子等手段计算得出凹陷区域的局部应力应变值，将小试件的应力—寿命曲线转换为管道的寿命曲线。

6.1.4 腐蚀缺陷增长预测

对含有体积型腐蚀缺陷的管道剩余寿命预测，实际是预测管体腐蚀演化趋势，预测管体壁厚减薄趋势，预测其在满足剩余强度及其安全性要求的前提下的腐蚀管线剩余寿命，从而可以有针对性提出控制腐蚀演化及其计划性维修的对策措施。

油气输送管道在不同区段的管体腐蚀差别很大，这是由于影响不同区段的管体腐蚀的现场条件存在差别，从而产生管体腐蚀的机制有所差异。油气输送管道的腐蚀主要表现为外腐蚀。总体来看，管线的外腐蚀主要与防护层开始老化龟裂破损的时间、管线环境下腐蚀性介质侵入管体外壁的时间直接相关，也与防腐层老化龟裂破损的程度和侵入管体壁腐蚀性土壤的介质浓度、侵入量和维持腐蚀条件直接相关，而且还与进入相邻局部管段外壁土壤介质成分的差异性、阴极保护情况、是否有杂散电流、环境温度等相关。因此，对腐蚀管道的剩余寿命进行预测，必须要有反映管道腐蚀过程的阶段性检测数据，在全线腐蚀检测、局部开挖管体腐蚀检测、现场埋片腐蚀速率测定所获数据的基础上确定的不同区段管体腐蚀速率来建立剩余寿命预测模型，从而获得更高的预测精度。

腐蚀增长预测的模型一般有线性外推法、回归方程法以及灰色理论等。所谓线性外推，就是在均匀腐蚀的大面积管段，利用两次腐蚀检测数据，作线性外推，即假设管线的腐蚀速率是按线性规律变化的，来预测剩余壁厚达到该管段所允许的最小壁厚的时间，进而得出管线的腐蚀剩余寿命。设 T_1、T_2 为两次检测的具体时间，两次检测的腐蚀深度分别为 d_1、d_2，则剩余壁厚分别为 t_1、t_2，$t_{\min}$ 为所要预测的管段允许的最小壁厚，t_0 为管道的初始壁厚。通过线性外推，可以得到管壁减薄到 $t_{\min}$ 时所对应的时间：

$$T=\frac{T_2-T_1}{t_1-t_2}(t-t_{\min})+T_1=\frac{T_2-T_1}{d_2-d_1}(t-d_1-t_{\min})+T_1 \tag{6.13}$$

故该管段距第二次检测时间 T_2 的剩余寿命为 $T_n=T-T_2$。

由于该方法将腐蚀深度 d（剩余壁厚 t）看作检测时间 T 的一次线性函数，故服役期间任意时刻 T 的腐蚀深度（剩余壁厚 t）也可由外推法确定：

$$d=\frac{d_2-d_1}{T_2-T_1}(T-T_1)+d_1 \tag{6.14}$$

$$t=\frac{t_2-t_1}{T_2-T_1}(T-T_1)+t_1 \tag{6.15}$$

6.1.5 疲劳裂纹扩展寿命预测

疲劳（fatigue）是由应力重复循环造成的材料削弱。其削弱程度取决于应力循环的次数及应力水平，另外管道的表面状况、几何形状、加工过程、断裂韧性、温度及焊接工艺等均是影响疲劳破坏的敏感因素。管道内压的波动、车辆在埋地管道上方的行驶、水下管道的涡激振动等外载荷引起的应力变化，均可能随着循环次数的增长，造成管道内缺陷的疲劳扩展。当裂纹扩展至某一临界值时会造成管道的疲劳断裂，引发泄漏事故。

含有初始裂纹的构件在承受静载荷时，只有其应力水平达到临界应力，即裂纹尖端的应力强度因子达到临界值时，才会发生破坏。如果应力未达到临界应力，在静载荷的情况下，结构应该是安全可靠的。但是，假如构件承受交变应力（alternative stress），那么这个初始裂纹便会在交变应力作用下发生缓慢的扩展，当它达到临界尺寸时，同样会发生失稳破坏。裂纹在交变应力作用下，由初始值扩展到临界值的这一过程，称为疲劳裂纹的亚临界扩展。由此可见，一个具有一定长度裂纹的管道，虽然在静载荷下不会破坏，但在交变载荷下，由于裂纹具有亚临界扩展特性，经过若干次循环后，也会发生突然断裂。

疲劳裂纹的扩展速率表示交变应力每循环一次裂纹长度的平均扩展量，它是含裂纹管道的剩余寿命预测的理论基础。图 6.4 是大量的疲劳裂纹扩展速率的实验结果总结，表示应力强度因子的幅度和疲劳裂纹扩展速率的关系。图上有 3 个区域，区域 1 里有一个门槛值 ΔK_{th}，即只有当应力强度因子的幅度大于这个值时，裂纹才会向前扩展。在这个区域里，材料的微观结构、交变载荷的平均应力及环境因素等对裂纹的扩展率有较大的影响。区域 2 是稳定疲劳扩展阶段，也称为裂纹亚临界扩展阶段。在这一区域里，材料的微观结构、平均应力及环境因素对裂纹扩展率影响较小。区域 3 是裂纹已扩展到快接近最后快速断裂段，当最大的应力强度因子 K_{max} 达到材料的断裂韧性 K_{IC} 时，扩展的疲劳裂纹将最后导致结构的断裂。

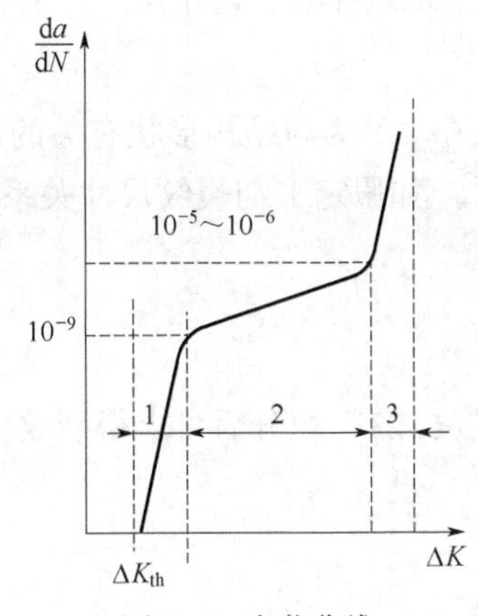

图 6.4 疲劳曲线

区域 2，即裂纹亚临界扩展阶段，疲劳裂纹扩展速率服从著名的 Paris 公式，它是一种应用广泛、比较成熟的方法，表达式为：

$$\frac{\mathrm{d}a}{\mathrm{d}N}=C(\Delta K)^n \tag{6.16}$$

其中

$$\Delta K=K_{max}-K_{min}$$

式中，N 为疲劳次数；a 为缺陷尺寸；ΔK 为裂纹尖端应力强度因子的变化范围；K_{max}、K_{min} 分别为一个载荷周期中最大和最小应力强度因子；C、n 为材料常数，可由标准的小试样试验获得。

在实际工程中，几种管道钢的疲劳裂纹扩展速率如下：

(1) 16Mn 管道钢（取自秦京管道）：

母材：

$$\frac{\mathrm{d}a}{\mathrm{d}N}=2.11\times10^{-10}(\Delta K)^{2.752} \tag{6.17}$$

焊缝：

$$\frac{\mathrm{d}a}{\mathrm{d}N}=1.93\times10^{-13}(\Delta K)^{3.323} \tag{6.18}$$

(2) X52 管道钢（取自轮库管道）：

母材：

$$\frac{\mathrm{d}a}{\mathrm{d}N}=3.479\times10^{-10}(\Delta K)^{3.856} \tag{6.19}$$

焊缝：

$$\frac{\mathrm{d}a}{\mathrm{d}N}=9.795\times10^{-10}(\Delta K)^{3.471} \tag{6.20}$$

对 Pairs 公式积分，可以得到：

$$N=\int_{a_0}^{a_c}\frac{\mathrm{d}a}{C(\Delta K)^n} \tag{6.21}$$

式中，a_0 为初始裂纹尺寸，a_c 为临界裂纹尺寸，N 为裂纹失稳扩展前总的循环次数。

在得到循环次数 N 后，再根据管道压力循环的时间间隔，就可以求出含疲劳裂纹管道的剩余寿命。

ΔK 可用下式计算：

$$\Delta K = Y\Delta\sigma\sqrt{2\pi} \tag{6.22}$$

式中，Y 为与结构形状有关的形状系数，一般 $\Delta\sigma$ 与裂纹尺寸无关。

如假定 Y 与裂纹尺寸关系不大时，则可直接用积分的方法来计算寿命：

$$N = \int_{a_0}^{a_N} \frac{1}{C(Y\Delta\sigma)^n(\pi a)^{\frac{n}{2}}}\mathrm{d}a \tag{6.23}$$

式(6.23) 积分后可求得裂纹从 a_0 扩展到 a_N 时的循环次数 N：

$$N = \frac{2}{2-n}\frac{1}{CY\Delta\sigma\sqrt{\pi}^n}\left(a_N^{1-\frac{n}{2}} - a_0^{1-\frac{n}{2}}\right) \tag{6.24}$$

或

$$a_N = \left[a_0^{1-\frac{n}{2}} + \frac{2-n}{2}NC(Y\Delta\sigma\sqrt{\pi})^n\right]^{\frac{2}{2-n}} \tag{6.25}$$

式(6.25) 表示原始长度为 a_0 的裂纹经 N 次循环后的裂纹长度。

值得说明的是，疲劳裂纹的扩展是一个非常复杂的过程，上述算法并未考虑管道的工作环境、平均应力、循环频率、温度等因素对疲劳裂纹扩展速率的影响，故在实际应用中有必要考虑一定的安全系数。

实际情况往往是变幅载荷，正常运行时，由于内压的波动为 15%～20%，而当意外停输时，全线压力可能降到 1MPa 以下。对此，采用等效特征应力强度因子 ΔK_e 来描述变幅载荷下的疲劳裂纹扩展速率。当管道受到若干种循环应力时，其应力强度因子的变化幅度为所有载荷的应力强度因子范围的几何平均值，即：

$$\Delta K_e = \frac{\sum \Delta K_i N_i}{\sum N_i} \tag{6.26}$$

式中，N_i 为相应于 ΔK_i 的循环次数。

将得到的 ΔK_e 代入 Paris 公式代替原来的 ΔK，就可求出变幅情况下管道疲劳剩余寿命。

6.2 海底管道

6.2.1 概述

海底管道的输送工艺与陆上管道相同，是海洋油气集输与储运生产系统中的重要组成部分，它包括海底油气集输管道、干线管道、附属的增压平台及与平台连接的主管等部分，具体结构如图 6.5 所示（视频 6.1）。海底油气管道将海上油田、气田开采出来的石油或天然气汇集起来，输往系泊油船的单点系泊或陆上油、气库站。海底管道运输能力较大、运输效率高，一旦建成以后，几乎可以不受水深、地形、海况等各种条件的限制。由于海底管道投资大，建设时要求敷设周期短、投产快。

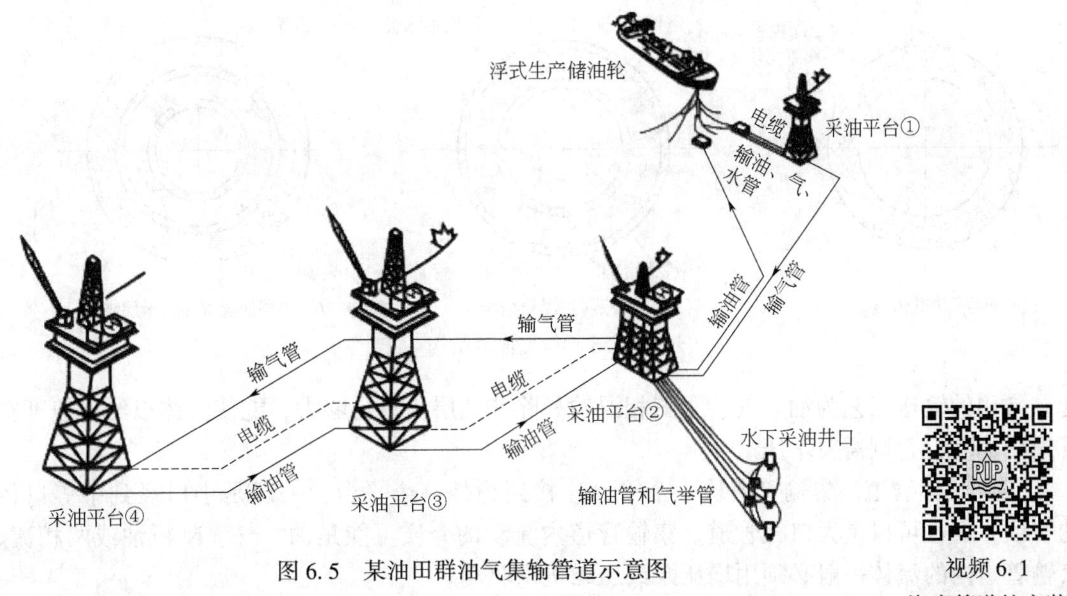

图 6.5 某油田群油气集输管道示意图

视频 6.1
海底管道的安装

建设海底管道首先要选择和勘测路由（route）、调查海浪（wave）和水流（current）。

为了保证海底管道长期稳定运行，必须寻找一条地势较平坦、地质条件较稳定的海下走廊。通常先在详细的海图上选出几条可能的走向，然后沿着各条走向用声呐测深仪实测海底地形，用覆盖层探测仪和侧向声呐扫描仪，描绘出几十米深的纵断面工程地质图，探明海底泥层的构成、岩性、断层位置及有无埋设其他管道等。将所取得的几条走向资料进行对比，确定最优的路由。路由确定后，沿着确定的路由从海底中取出土样，测定土壤的物性（包括抗剪切力，密实度和相对密度等），最后确定管道的施工方案。

海底管道施工时易受海浪干扰，必须详细勘察施工海域内不同季节海浪的发生周期、持续时间、方向、浪高、波长及频率等，同时参考多年的资料正确选择施工船型，安排施工季节和进度。水流也会影响管道施工时的安全和管道投产后的稳定性。施工前应沿着路由实测海水流速的垂直分布和流向等，并收集多年各季度的实测资料，对管道的稳定性、振动进行核算。若不满足，应采取管道维稳措施。

6.2.2 海底管道的分类

海底管道按输送介质类型可分为输油管道、输气管道、油气混输管道、油水混输管道、输水管道等。

海底管道按结构类型可分为单层管加配重层结构，双层保温管结构、单层保温管加配重层结构。常见的海底管道结构如图 6.6 所示。

近海管道也可按其作用进行分类，一般分为四类：内部管道、集输管道、干线和装卸管道。

（1）内部管道。油田内部管道通常用于输送油、气田开发过程中产出的流体，包括油、气、水或它们的混合物，生产所需的燃料气，用于注水的海水，地下水或处理合格的生产水。内部管道将油、气井连接到一个带有初处理功能的综合平台、浮式处理设施或海底总

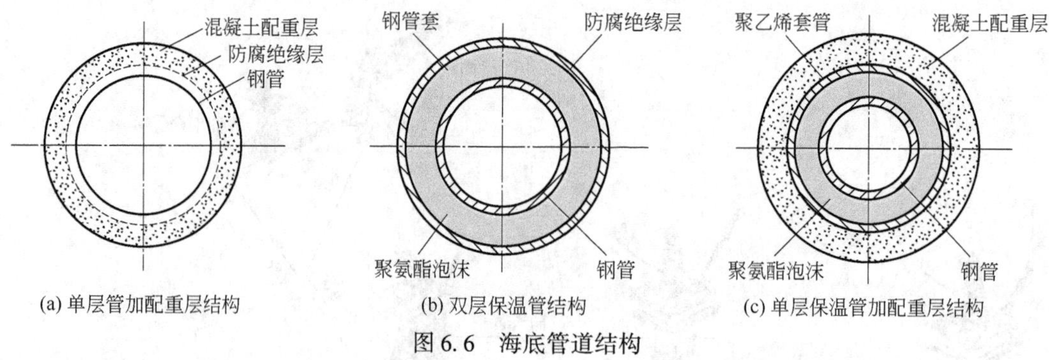

(a) 单层管加配重层结构　(b) 双层保温管结构　(c) 单层保温管加配重层结构

图 6.6　海底管道结构

管。常用的输送工艺为油、气、水三相混输。除非油层压力足够大，能使流体以给定速度在管道内流动，否则需要增压。

（2）集输管道。集输管道从一个平台连接到另外一个平台，一般是小口径到中等口径的管线，但也可以是大口径管道。集输管道内流动的介质可能是油、气、凝析油或两相流。集输管道内的流体一般必须用增压泵或压缩机来驱动。

（3）干线。干线将来自一个或很多平台的混合流输往岸上。通常是大口径的，可以是油管、气管或多相流管。对很长的干线，在中间平台必须具有增压泵或压缩机。

（4）装卸管道。这类管道通常连接一个产油平台和一个装油设备，或者水下总管和一个装油设备。装卸管道也可以从一个近海终端转运站连接到陆上设施。

6.2.3　强度设计

本节涉及的计算方法建立在极限状态和分项安全系数的基础上，称为分项安全系数法（LRFD）。

1. 基本原理

分项安全系数法（LRFD）的基本原理是：对任何可能的失效模式，设计荷载效应 L_d 不超过设计抗力 R_d，即：

$$L_d \leqslant R_d \tag{6.27}$$

管道系统设计荷载效应以下面的形式表示：

$$L_d = L_F\gamma_F\gamma_c + L_E\gamma_E + L_I\gamma_r\gamma_c + L_A\gamma_A\gamma_c \tag{6.28}$$

式中，L 为荷载效应；下标 F、E、I、A 分别表示功能荷载、环境荷载、干扰荷载和偶然荷载；γ_F、γ_E、γ_A、γ_r、γ_c 为荷载效应系数，这些系数适用于所有的安全等级，它们考虑了三方面的因素：实际荷载与特征值的不利偏差，不同特征值荷载同时作用时减小的可能性，以及确定荷载效应方法的不确定性。

设计抗力 R_d 一般可以表示为如下形式：

$$R_d = \frac{R_c(f_c, t_c)}{\gamma_{sc}\gamma_m} \tag{6.29}$$

式中，R_c 为特征抗力，由相关参数的特征值计算或由试验确定，一般取决于材料的特征强度 f_c 和特征厚度 t_c；γ_m 为材料抗力系数，与极限状态有关，它考虑了两方面因素：材料抗力与特征值之间的不利偏差，以及由单一试验得到的特征值合成后可能导致结构抗力的降低；γ_{sc} 为安全等级抗力系数，与安全等级有关。

2. 海底管道内压力要求

管道内压力 p_i 与外压力 p_e 之差应满足下式：

$$p_i - p_e \leqslant \frac{p_b}{\gamma_m \gamma_{sc}} \tag{6.30}$$

其中
$$p_b = \frac{4}{\sqrt{3}} f_{cb} \frac{t}{D-t},\ f_{cb} = \min\left(\sigma_s, \frac{\sigma_b}{1.15}\right)$$

式中，p_b 为压力抗力，σ_s 为屈服极限，σ_b 为拉伸极限。

3. 海底管道环向应力

海底管道环向应力 σ_y 包括液压引起的环向应力 σ_{yp} 和土壤荷载引起的环向弯曲应力 σ_v。对于裸露敷设的海底管道，有 $\sigma_y = \sigma_{yp}$。

（1）液压引起的环向应力计算公式如下：

$$\sigma_{yp} = \frac{(p_i - p_e)(d_o - t)}{2t} \tag{6.31}$$

式中，d_o 为管道的公称外径，t 为钢管最小壁厚。$(p_i - p_e)$ 应取沿着 d_o、t 和材质不变的指定管道区段内差值 $(p_i - p_e)$ 中的最大值，并且该管段以同样的操作方法进行试压。在所考虑的点上，p_e 的最小值不得高于低潮时该点上的水压力。p_i 的最大值均采用不低于下列压力中的最高值，即最大稳定状态下的操作压力，和管道在静止状态下的静水头压力。

（2）土壤荷载产生的环向应力 σ_v 计算时一般按土弧包角 120°选取系数。

4. 海底管道轴向应力

管道轴向应力 σ_x 包括铺管残余应力 σ_N、由温差作用产生的温度应力 σ_T、内压作用产生的轴向应力 σ_P（包括泊松效应和端帽效应）、弯曲应力 σ_b、弯曲伸长产生的拉应力 σ_{bx} 和地震产生的轴向应力 σ_A。铺管残余应力 σ_N 是由于铺管时管道受到拉力的作用，管道敷设完成后会有部分应力残余，它与铺管过程和铺管方法有关。若每年地震发生的概率大于 10^{-2}，则校核时必须计入地震产生的轴向应力 σ_A。

埋地管道在地震力的作用下，由于随地表面波动引起管道轴向产生拉应力或压应力，该应力 σ_A 可按下式计算：

$$\sigma_A = \sqrt{3.12\sigma_L^2 + \sigma_B^2} \tag{6.32}$$

$$\sigma_L = \frac{3.14EU_h}{L} \frac{1}{1 + [4.44/(\lambda_1 L)]^2} \tag{6.33}$$

$$\sigma_B = \frac{19.72 d_0 EU_h}{L^2} \frac{1}{1 + [6.28/(\lambda_2 L)]^4} \tag{6.34}$$

其中，$L = 2Tv_s v_{os}/(v_s + v_{os})$，$U_h = 0.203Tv_{sb}K_{oh}$，$T = CH/v_s$，$K_{oh} = K_h/\gamma_3$，$\lambda_1 = \sqrt{K_{s1}/(EA_p)}$，$\lambda_2 = 4\sqrt{K_{s2}/(EI_p)}$，$K_{s1} = K_{s2} = 3\gamma_s v_s^2/g$，$v_s = 20\sqrt{N}$，$v_{os} = 40\sqrt{N_0}$。

式中，U_h 为表层土水平变化幅值；d_o 为管道外径；K_{oh} 为设计基层土顶处水平地震系数；T 为表层土自振系数；C 为土壤系数，黏土为 4.0，砂土为 5.2，H 为表层土深度，取标准贯入锤击数为 50 时的深度；v_s 为表层土剪力波传播速度；K_{s1} 为地基对轴向位移的刚度系数；K_{s2} 为地基对侧向位移的刚度系数；v_{os} 为基层土顶处剪力波波速；γ_s 为土壤的容重；v_{sb} 为标准相应速度（$t \geqslant 0.5s$ 时 $v_{sb}=0.8m/s$，$t<0.5s$ 时 $v_{sb}=0.4m/s$）；γ_3 为土壤分类系数，一般取 1.6；K_h 为设计水平地震系数，即地震加速度与重力加速度的比值；N 为管道位置处表层土标准贯入锤击数，取 10；N_0 为基层土顶处标准贯入锤击数，取 50；g 为重力加速度；L 为表层土顶面地震波波长；A_p 为管道钢体部分截面面积；I_p 为管道钢体部分截面惯性矩。公式中的变量皆取国际单位制。

5. 海底管道强度校核

对于正常使用极限状态，将计算得到的各种应力先划分荷载种类，再选择荷载组合，荷载效应系数和条件荷载效应系数，运用 $L_d=L_F\gamma_F\gamma_c+L_E\gamma_E+L_I\gamma_r\gamma_c+L_A\gamma_A\gamma_c$ 计算出设计应力。

设计轴向应力 σ_x 控制准则为：

$$\sigma_x \leqslant \frac{f_{cb}}{\gamma_m\gamma_{sc}} \tag{6.35}$$

合成（等效）设计应力 σ_e 控制准则为：

$$\sigma_e=\sqrt{\sigma_x^2+\sigma_x^2+\sigma_x\sigma_y+3\tau_{xy}^2} \leqslant \frac{f_{cb}}{\gamma_m\gamma_{sc}} \tag{6.36}$$

式中，σ_y 为设计环向应力；τ_{xy} 为设计切向剪应力，一般取 0。

6.2.4 海底管道稳定性

1. 海底管道的抗浮稳定性和抗移位稳定性

海底管道置于海床上时，会受到波浪和海流的作用力，受力比较复杂。处于深水区受稳定海流作用的海管，受到的垂直方向的力包括管道总重量、浮力、升力、垂直反弹力和海平面对管道的支承力；水平方向的力包括海流推力、水平反弹力和海床对管子的摩擦阻力。要使深水区的管道在海床上保持稳定，抗浮计算和抗移位计算可以运用分项安全系数法。

抗漂浮校核公式用分项安全系数法可写成：

$$F_n\gamma_F\gamma_C+(F_y+F_s)\gamma_E \leqslant \frac{W_{total}}{\gamma_m\gamma_{sc}} \tag{6.37}$$

抗移位校核公式用分项安全系数法可写成：

$$F_n\gamma_F\gamma_C+\left(F_y+F_s+\frac{F_x}{\mu}\right)\gamma_E \leqslant \frac{W_{total}}{\gamma_m\gamma_{sc}} \tag{6.38}$$

式中，W_{total} 为单位长度管段总重力，包括管身结构自重、加重层重，不含管内介质重量，单位为 kN/m；F_n 为单位长度水下管线在弹性曲线敷设时的弹性力，单位为 kN/m；F_x 为单位长度水下管线（包括防腐稳管结构）在水流作用下的水平推力，单位为 kN/m；F_y 为单位长度水下管线（包括防腐稳管结构）在水流作用下的上抬力，单位为 kN/m；F_s 为单位长度水下管线（包括防腐稳管结构）在静水中的浮力，单位为kN/m；μ 为水下管线与管基的滑动摩擦系数；γ_F、γ_C、γ_E 为载荷效应系数，均可查表取值；γ_m 为材料抗力系数，与极限状态有关，它考虑了两方面因素——材料抗力与特征值之间的不利偏差和由单一试验得到的特征值合成后可能导致的结构抗力的降低，可查表取值；γ_{sc} 为安全等级抗力系数，与安全等级有关。

若式(6.37）和式(6.38）得到满足，则规定安全等级下的管道不会漂浮、不会移位，更准确地说，低安全级别时管道漂浮或移位的概率为 10^{-2}/年，一般（中）安全级别和高安全级别时管道漂浮或移位的概率为 10^{-3}/年。若式(6.37）和式(6.38）得不到满足，则需要采取管道维稳措施。保持海底管道稳定性的措施主要有增加管道配重、稳定压块、埋设和机械锚固。

增加管道配重就是增大加重层的厚度。稳定压块根据其重量和管子在海底的稳定性条件，连续或间隔地盖压在海底管道上。埋设是将海底管道埋置于海床面以下，可以不再受波浪、潮流的直接作用，从而获得管道在海底的稳定性。埋设是目前多数海底管道工程采用的办法，特别是近岸区段一般都要求管道埋置于海底面以下。美国在海底管道技术要求中明确规定，在水深5m以内的管道，凡是有条件埋设的应尽可能地埋置于海底面以下。管道海底埋设深度取决于两个方面：一是管道安全性、稳定性；二是海底管沟的施工方面。对于近岸地段的管道，如遇有岩礁或坚硬土层，经过综合分析比较，也可以利用锚杆将管道与岩盘基础锚固在一起，或是利用螺旋锚杆将管道与坚硬土基锚固在一起，这样就可以保持近岸区段海底管道的稳定性。

2. 海底管道防共振措施

裸露敷设的海底管线，其管身结构及加重稳管物直接裸露铺放在海床上。采用沟埋敷设时，管身结构（有时还包括加重稳管物）被置于管沟中。不管哪种敷设方式，由于海床不平整或水流冲刷侵蚀等原因，管段都可能出现悬空现象。在水流作用下，当悬空管段的自振频率与水流通过它产生的涡街扩散频率接近或相等时，就会造成管段长期周期性振动，从而引起管线结构失稳，甚至产生疲劳破坏或管子断裂。若经过计算发现管道的自振频率不满足要求，则需要增加管道结构的刚度提高自振频率，选择海床较为平整的路由减小悬空长度，或改变管道与海流方向的夹角降低涡街频率、减少水流冲蚀。

6.3　管壁清蜡

蜡沉积是含蜡原油生产和输送中常见的问题。我国所产原油80%以上为含蜡原油，输送过程中原油中的蜡组分会因管道沿线热力条件的变化析出进而沉积到管壁上。管流蜡沉积是原油组成、流体温度、油壁温差、流速、流型、管壁材质及沉积时间等多种因素共同作用的结果，是一个相当复杂的过程。从宏观角度来看，影响蜡沉积物强度的因素包括原油组成、管道水力热力状况和运行时间，从微观角度来看，蜡沉积物强度主要受含蜡（油）量、碳数分布（平均碳数）、蜡晶形态及尺寸三个因素影响。

管道蜡沉积会减小管道的流通面积，降低管道输送能力，增加运行能耗，严重时甚至导致管道蜡堵或生产停输事故。原油管道结蜡在全球范围内造成了巨大的经济损失。

鉴于原油蜡沉积引起的危害，在油气生产尤其是管道运输中，需制订合理有效的清防蜡措施来保障管道的生产能力及其经济性。一般地，通过管道保温、管线伴热、工艺优化、化学防蜡、热油冲洗、机械清管、连续油管作业、超声波处理、磁处理、微生物降解等措施来预防或清除管壁蜡沉积。在现场，受限于一种方法的使用效果，往往是几种方法综合使用来清防蜡。目前，生产上主要使用机械清管器定期通球清蜡，降低管道压降，提高管道的输送能力。

6.3.1 蜡层受力分析

蜡层失效应力定义为单位蜡层受力面积上的蜡层破坏力。假设清管器皮碗对管壁蜡层的破坏力垂直施加在管壁蜡层轴线方向上，作用面积与蜡层截面相同，沿管长蜡层厚度均匀分布，蜡层失效应力可用下式计算得到：

$$\tau_w = \frac{F_w}{\pi d \delta_w} \tag{6.39}$$

式中，τ_w 为蜡层失效应力，F_w 为蜡层破坏力，d 为管道内径，δ_w 为管壁蜡层厚度。

蜡层的失效应力与蜡层的屈服强度用下式表示：

$$\tau_w = a\tau_y + b \tag{6.40}$$

式中，τ_y 为蜡层屈服应力，a 为系数，b 为系数（单位为 Pa）。

整理之后可以得到：

$$F_w = \pi d a \delta_w \tau_y + \pi d b \delta_w \tag{6.41}$$

研究表明，清管器作用下的蜡层破坏力随皮碗硬度的变化呈现出不同的变化规律，这与蜡层厚度大小直接相关。此外，清管器皮碗形式对清蜡影响也很大。因此，可以将清管器皮碗硬度和皮碗形式对蜡层破坏力的影响归结到式(6.41) 中右边第二项上，从而修正为：

$$F_w = A d \delta_w \tau_y + B d \tag{6.42}$$

式中，系数 A 定义为校正因子；B 表征清管器皮碗硬度和皮碗形式对蜡层破坏力的影响附加值；d 为管壁蜡层厚度。

蜡层剥落时，蜡层失效应力要大于蜡层屈服强度。蜡层越硬，这种效应越明显。清管周期的选择直接影响管道清管安全。如果清管周期过长，可能会造成局部管段压降过大或蜡堵，影响管道安全运行。此外，蜡层硬度随管道运行时间变长而变大。确定清管频率时要综合考虑蜡层厚度和蜡层强度对清管的影响。可以将管道清管器过球压降不超过管道最大允许工作压力作为准则，来优化管道清管频率。

6.3.2 清管器介绍及受力分析

传统型清管器分为两大类，即清洁清管器和密封清管器。清洁清管器用于清除管内沉积的物质和杂质，如蜡沉积物等，主要有皮碗清管器和直板清管器两种。清管过程中，油流推动清管器在管线内运动剥离管壁沉积物进而推出管外。清管器上常设泄流孔，将球前剥落的蜡沉积物冲散并携带至清管器下游，以防止球前蜡堵的发生（视频 6.2）。在清管器的运动过程中，清管器主要受到过球压差力、球壁间的过盈摩擦力、管壁蜡沉积物的抗剪阻力和运动方向清管器重力分力（倾斜管段）的作用。其中，管壁蜡沉积物阻力尤为关键，它直接影响管壁蜡层的剥落规律。虽然管道清管已是常态化作业，但目前通球清蜡作业严重依赖现场操作经验，选球经验化，导致清管作业中卡球、蜡堵风险极高。

为了计算清管器过球压降，首先需要对清管器进行受力分析（图 6.7）。假设清管器在单相原油管道中匀速运动，蜡层厚度沿管长均匀分布，蜡沉积物与管壁黏结牢固，清管器皮碗对管壁蜡层的力沿蜡层轴线方向均匀垂直分布在蜡层截面上，皮碗受力面积与蜡层截面相同，清管过程中蜡层的破坏主要发生在蜡沉积物内部（即黏结失效）。

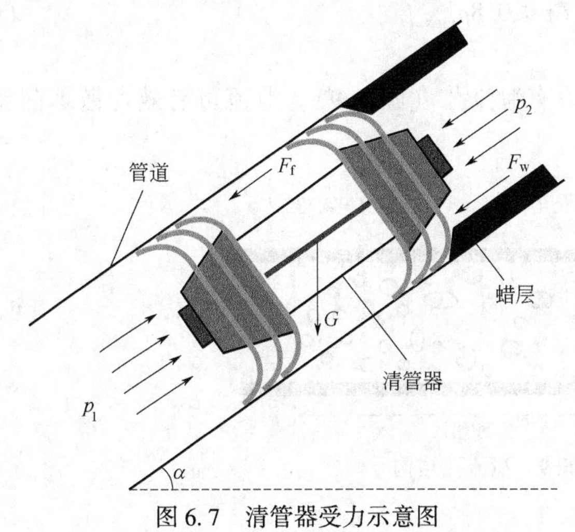

图 6.7　清管器受力示意图

视频 6.2　清管器的作用

清管器运动过程中受到清管器球后压力 p_1、清管器球前压力 p_2、清管器与管壁摩擦力 F_f、管壁蜡层抗剪阻力 F_w 及清管器自身重力 G 五个力的共同作用。基于清管器受力平衡，可得：

$$(p_1-p_2)A_p=F_f+F_w+G\sin\alpha \tag{6.43}$$

式中，A_p 为清管器横截面积；α 为管道与水平面夹角，若管道水平放置，$\alpha=0$。

定义清管器过球压降 $p_1-p_2=\Delta p$，则上式写为：

$$\Delta pA_p=F_f+F_w \tag{6.44}$$

在清管过程中，清管器变形受力如图 6.8 所示。球壁间摩擦力来源于两方面：一方面，一部分的球壁摩擦力来源于清管器本身的自重作用在管壁上产生的正压力；另一方面，清管器皮碗的外缘在与管壁接触中会发生过盈变形，进而在清管器的运动反方向产生阻力。摩擦阻力是皮碗弹性模量的函数。

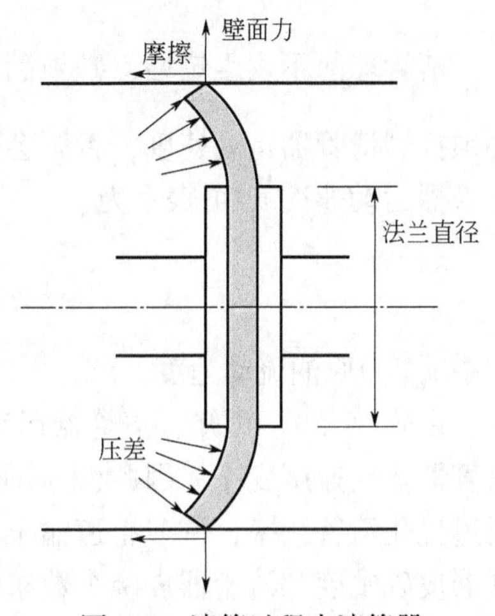

图 6.8　清管过程中清管器变形受力图

总而言之，球壁摩擦力可以由下式计算：

$$F_f=m_pg\mu+2\pi rw\sigma_d\mu n \tag{6.45}$$

式中，m_p 为清管器质量，g 为重力加速度，μ 为摩擦因子，r 为清管器刮蜡板（密封板）半径，w 为刮蜡板（密封板）厚度，σ_d 为变形皮碗的拉应力，n 为刮蜡板（密封板）个数。

最终可以得到：

$$\Delta p=\frac{4}{\pi d^2}(m_p g\mu+2\pi rw\sigma_d\mu n+Ad\delta_w\tau_\gamma+Bd) \tag{6.46}$$

由式(6.46) 可知，调节清管器皮碗过盈量、清管器皮碗厚度、清管器皮碗硬度和清管器皮碗个数均可有效控制清管器过球压降。此外，管壁蜡层厚度和蜡层硬度也会对清管器过球压降产生不可忽视的影响。因此，合理选球和优化清管频率就显得尤为重要。可基于以下公式进行选球和优化清管频率：

$$\Delta p\leqslant 0.8p_{\max} \tag{6.47}$$

式中 $p_{\max}$ 为管道最大允许工作压力。

一般地，为了防止蜡堵，清管球上设有泄流孔（图 6.9）。泄流可有效冲散球前剥落的蜡沉积物，将积蜡段冲稀拉长。

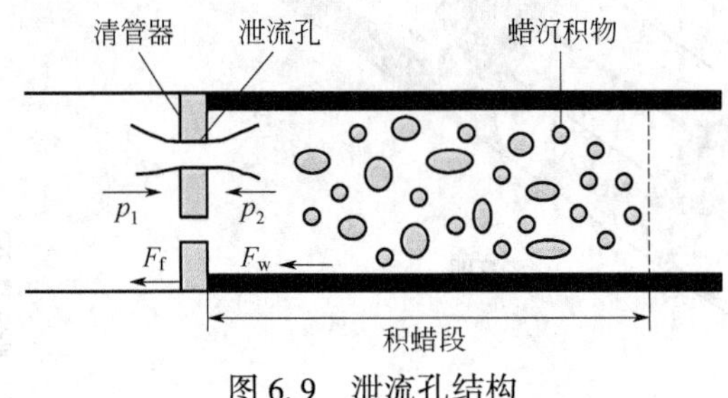

图 6.9　泄流孔结构

清管器泄流量 q_{bp} 可由下式计算：

$$q_{bp}=C_d\sqrt{\frac{2\Delta p}{\rho_{oil}}}A_{bp} \tag{6.48}$$

式中，C_d 为孔口流量系数（一般为 0.7），ρ_{oil} 为管输原油密度，A_{bp} 为泄流孔面积。

蜡流量 q_w 可由下式计算：

$$q_w=v_pA_w\eta \tag{6.49}$$

式中，v_p 为清管器运动速度，A_w 为管壁蜡层横截面积，η 为清蜡效率。

清管球前不发生蜡堵，必须满足 $q_{bp}>q_w$，则有 $v_p<\dfrac{C_d\sqrt{\dfrac{2\Delta p}{\rho_{oil}}}}{A_w\eta}A_{bp}$。原油管道清管过程中，必须控制清管器运动速度，否则会造成清管器追击球前剥落的蜡沉积物，有可能形成蜡堵。清管器运动速度 v_p 可表示为：

$$v_p=\frac{v_{oil}A_p-C_d\sqrt{2\Delta p/\rho_{oil}}}{A_p}A_{bp} \tag{6.50}$$

式中 v_{oil} 为原油流动速度。

由式(6.50) 可知，清管器运动速度依赖清管器过球压降。清管器过球压降增大会导致清管器运动速度变小。因此，为了避免清管卡球，必须保证清管器过球压降不能过小。可以通过优化清管频率，调节管道输量、泄流孔面积、清管器皮碗过盈量、清管器皮碗厚度、清管器皮碗硬度和清管器皮碗个数来保障清管器安全运行。

6.4　管道多相流

气液两相在管路横截面上的许多参数在不同位置是不相等的，例如由于浮力作用，原油中析出的气泡要向上流动，横截面上各点的温度不相同，这些会造成流体对流。严格地说，气液两相在管路内的流动是三元流动问题。但按三元流动对两相流进行分析是非常困难的，因此，研究中普遍采用简化的一元流动。假设：

（1）各种流动参数在横截面上是相等的，只沿流动方向而改变。这样既便于分析又能抓住问题的本质。

（2）在很短的微段元上，气相速度为 w_g，液相速度 w_L 是常量，但 $w_g \neq w_L$。

6.4.1　单相流体一元流动的基本方程

两相流基本方程以单相流基本方程为基础，故先介绍单相流基本方程。

1. 连续性方程

如图6.10所示，在管路上取一段长为 dl 的控制体，截面积为 A，按质量守恒定律，有：

$$wA\rho+\frac{\partial}{\partial l}(wA\rho)\mathrm{d}l-wA\rho+\frac{\partial}{\partial t}(A\rho)\mathrm{d}l=0 \tag{6.51}$$

$$\frac{\partial}{\partial l}(wA\rho)+\frac{\partial}{\partial t}(A\rho)=0 \tag{6.52}$$

则对于稳定流动有：

$$M=wA\rho=\mathrm{const} \tag{6.53}$$

对于气液两相的均相流动有：

$$w=w_{sg}+w_{sL} \tag{6.54}$$

$$\rho=\frac{1}{xv_g+(1-x)v_L} \tag{6.55}$$

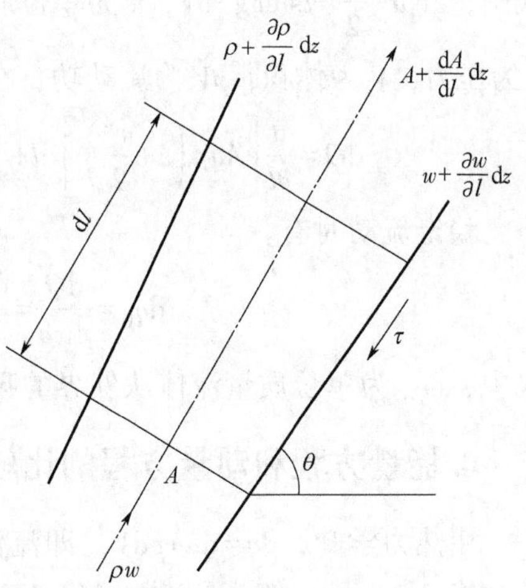

图6.10　流动物理模型

式中，w 为混合物流速，ρ 为液体密度，M 为混合物质量流量，w_{sg}、w_{sL} 分别为气相、液相折算速度，ρ_H 为混合物密度，x 为质量含气率，v_g 为气相比体积，v_L 为液相比体积。

2. 动量方程

动量方程为：

$$-A\rho w^2+A\rho w^2+\frac{\partial}{\partial l}(A\rho w^2)\mathrm{d}l+\frac{\partial}{\partial t}(A\rho w)\mathrm{d}l=-A\frac{\partial p}{\partial l}\mathrm{d}l-S_\tau\mathrm{d}l-A\rho g\sin\theta\mathrm{d}l \tag{6.56}$$

所以：

$$A\frac{\partial p}{\partial l}\mathrm{d}l+S_\tau\mathrm{d}l+A\rho g\sin\theta\mathrm{d}l+\frac{\partial}{\partial l}(A\rho w^2)\mathrm{d}l+\frac{\partial}{\partial t}(A\rho w)\mathrm{d}l=0 \tag{6.57}$$

$$\frac{\partial p}{\partial l}+\frac{S_\tau}{A}+\rho g\sin\theta+\frac{1}{A}\frac{\partial}{\partial l}(A\rho w^2)+\frac{1}{A}\frac{\partial}{\partial t}(A\rho w)=0 \tag{6.58}$$

稳定流动时有：

$$\frac{\mathrm{d}p}{\mathrm{d}l}+\frac{S_\tau}{A}+\rho g\sin\theta+\rho w\frac{\mathrm{d}w}{\mathrm{d}l}=0 \tag{6.59}$$

式中，S_τ 为气液截面上的剪切力，θ 为剪切力与水平方向的夹角。

3. 能量方程

按热力学第一定律：单位时间加给控制体的热能=控制体的内能增加率+单位时间流体对外界做的机械功，即：

$$\mathrm{d}Q=\mathrm{d}E+\mathrm{d}W \tag{6.60}$$

对于管道，$\mathrm{d}W=0$，其中能量流入率为 $A\rho we$，设 e 为单位质量流体所具有的能量，则能量流出率为：

$$Aw\rho e+\frac{\partial}{\partial l}(Aw\rho e)\,\mathrm{d}l \tag{6.61}$$

所以：

$$\mathrm{d}Q=\frac{\partial}{\partial l}(Aw\rho e)\,\mathrm{d}l+\frac{\partial}{\partial t}(A\rho e)\,\mathrm{d}t \tag{6.62}$$

式中，$e=u+\frac{w^2}{2}+l\sin\theta g+pV$，$u$ 为单位质量流体所具有的内能，$l\sin\theta$ 为离某一基准点的高差，p 为压力，V 为体积，pV 为流动功，在控制体进出界面上存在。所以：

$$\mathrm{d}Q=\frac{\partial}{\partial l}\left[Aw\rho\left(u+\frac{w^2}{2}\right)\right]\mathrm{d}l+\frac{\partial}{\partial l}(Aw\rho pV)\,\mathrm{d}l+\frac{\partial}{\partial t}\left[A\rho\left(u+\frac{w^2}{2}\right)\right]\mathrm{d}l+Aw\rho g\sin\theta\mathrm{d}l \tag{6.63}$$

稳定流动时有：

$$\mathrm{d}q_0=\frac{\mathrm{d}Q}{Aw\rho}=\frac{\mathrm{d}Q}{M}=\mathrm{d}\left(u+\frac{w^2}{2}\right)+\mathrm{d}(pV)+g\sin\theta\mathrm{d}l \tag{6.64}$$

式中，$\mathrm{d}q_0$ 为单位质量流体从外界的吸热量，M 为质量流量。

4. 能量方程和动量方程的比较

由热力学知，$\mathrm{d}q=\mathrm{d}u+p\mathrm{d}V$，即流体沿管流动时，$\mathrm{d}q$ 由两部分组成：一部分是和外界的热交换 $\mathrm{d}q_0$，另一部分是流体沿管流动摩擦生热 $\mathrm{d}F$。所以：

$$\mathrm{d}u=\mathrm{d}q_0+\mathrm{d}F-p\mathrm{d}V \tag{6.65}$$

整理可以得到：

$$\mathrm{d}q_0=\mathrm{d}q_0+\mathrm{d}F-p\mathrm{d}V+w\mathrm{d}w+p\mathrm{d}V+V\mathrm{d}p+g\sin\theta\mathrm{d}l \tag{6.66}$$

即

$$\frac{\mathrm{d}p}{\mathrm{d}l}+\frac{\rho\mathrm{d}F}{\mathrm{d}l}+\rho w\frac{\mathrm{d}w}{\mathrm{d}l}+\rho g\sin\theta=0 \tag{6.67}$$

与动量方程相比：

$$\frac{\mathrm{d}p}{\mathrm{d}l}+\frac{S_\tau}{A}+\rho w\frac{\mathrm{d}w}{\mathrm{d}l}+\rho g\sin\theta=0 \tag{6.68}$$

可知：

$$\frac{S_\tau}{A}=\rho\,\frac{\mathrm{d}F}{\mathrm{d}l} \tag{6.69}$$

即流体与管壁摩擦产生的热量使流体内能增加，流体温度上升。所以，在单相流体流动中，在确定各部分压降时动量方程和能量方程是一致的。

6.4.2　分相流模型的基本方程

把气、液两相分别按单相流处理，并计入相间作用，然后将各相的方程加以合并。这种处理两相流的方法通常称为分相流模型。

1. 连续性方程

如图 6.11 所示，对气、液各相列出连续性方程：

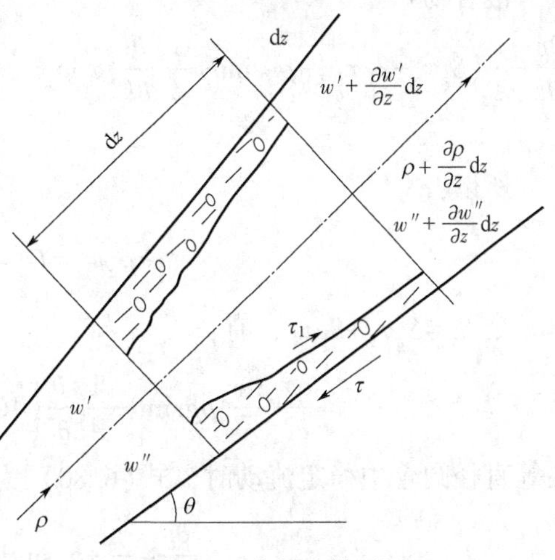

图 6.11　分相流模型图

气相：

$$\frac{\partial(\rho_g\varphi A)}{\partial t}+\frac{\partial(\rho_g w_g\varphi A)}{\partial l}=\delta_m \tag{6.70}$$

液相：

$$\frac{\partial[\rho_L(1-\varphi)A]}{\partial t}+\frac{\partial[\rho_L w_L(1-\varphi)A]}{\partial l}=-\delta_m \tag{6.71}$$

式中，δ_m 为控制体内单位长度上气、液相间的质量交换率（液体相变转化为气体的量），φ 为截面含气率。

将式(6.70)、式(6.71) 相加得气液混合物的连续性方程：

$$\frac{\partial}{\partial t}\{A[\mu_g\varphi+\rho_L(1-\varphi)]\}+\frac{\partial}{\partial l}\{A[\rho_g w_g\varphi+\mu_L w_L(1-\varphi)]\}=0 \tag{6.72}$$

$$\frac{\partial(\rho A)}{\partial t}+\frac{\partial(GA)}{\partial l}=0 \tag{6.73}$$

稳定流动时，控制体内质量变化率也为 0，即：

$$M=GA=[\rho_g w_g\varphi+\rho_L w_L(1-\varphi)]A=\mathrm{const} \tag{6.74}$$

式中，G 为混合物质量速度。

2. 动量方程

单相流体：

$$\frac{\partial p}{\partial l}+\frac{S_\tau}{A}+\rho g\sin\theta+\frac{1}{A}\frac{\partial}{\partial l}(A\rho w^2)+\frac{\partial}{\partial t}\frac{1}{A}(A\rho w)=0 \tag{6.75}$$

气相：

$$\varphi A\,\frac{\partial p}{\partial l}+S_g\tau_g+S_i\tau_i+\varphi A\rho_g g\sin\theta+\frac{\partial}{\partial l}(\varphi A\rho_g w_g^2)+\frac{\partial}{\partial t}(\varphi A\rho_g w_g)-\delta_m w_i=0 \tag{6.76}$$

液相：

$$(1-\varphi)A\frac{\partial p}{\partial l}+S_L\tau_L-S_i\tau_i+(1-\varphi)A\rho_L g\sin\theta+\frac{\partial}{\partial l}[(1-\varphi)A\rho_L w_L^2]+\frac{\partial}{\partial t}[(1-\varphi)A\rho_L w_L]+\delta_m w_i=0 \tag{6.77}$$

式中，$S_i\tau_i$ 为单位长度气液界面上的剪切力，$\delta_m w_i$ 为气液界面上的动量交换率。

混合物：

$$\frac{\partial p}{\partial l}+\frac{1}{A}(S_g\tau_g+S_L\tau_L)+\rho g\sin\theta+\frac{1}{A}\frac{\partial}{\partial l}[\varphi A\rho_g w_g^2+(1-\varphi)A\rho_L w_L^2]+\frac{1}{A}\frac{\partial}{\partial t}[\varphi A\rho_g w_g+(1-G\varphi)A\rho_L w_L]=0 \tag{6.78}$$

所以：

$$\varphi\rho_g w_g=G_g=xG,\quad \varphi\rho_g w_g^2=\frac{x^2G^2}{\varphi\rho_g} \tag{6.79}$$

令 $S_\tau=S_g\tau_g+S_L\tau_L$，有：

$$\frac{\partial p}{\partial l}+\frac{S_\tau}{A}+\rho g\sin\theta+\frac{1}{A}\frac{\partial}{\partial l}\left\{AG^2\left[\frac{x^2}{\varphi\rho_g}+\frac{(1-x)^2}{(1-\varphi)\rho_L}\right]\right\}+\frac{1}{A}\frac{A\partial G}{\partial t}=0 \tag{6.80}$$

在等直径圆管中稳定流动时，式(6.80) 为：

$$-\frac{\partial p}{\partial l}=\frac{S_\tau}{A}+\rho g\sin\theta+G^2\frac{\mathrm{d}}{\mathrm{d}l}\left[\frac{x^2}{\varphi\rho_g}+\frac{(1-x)^2}{(1-\varphi)\rho_L}\right] \tag{6.81}$$

式中，x 为质量含气率。

式(6.81) 表明，压降梯度由三部分组成：摩阻、重力和加速度压降梯度，则有用来计算两相流压降的基本方程：

$$\frac{\mathrm{d}p}{\mathrm{d}l}=\frac{\mathrm{d}p_f}{\mathrm{d}l}+\frac{\mathrm{d}p_g}{\mathrm{d}l}+\frac{\mathrm{d}p_a}{\mathrm{d}l} \tag{6.82}$$

3. 能量方程

由单相流体方程可得：

$$\mathrm{d}Q=\frac{\partial}{\partial l}\left[Aw\rho\left(u+\frac{w^2}{2}\right)\right]\mathrm{d}l+\frac{\partial}{\partial l}(Awp)\mathrm{d}l+\frac{\partial}{\partial l}\left[A\rho\left(u+\frac{w^2}{2}\right)\right]\mathrm{d}l+Aw\rho g\sin\theta\mathrm{d}l \tag{6.83}$$

对于分相模型，气相为：

$$\begin{aligned}\mathrm{d}Q_g=&\frac{\partial}{\partial l}\left[\varphi Aw_g\rho_g\left(u_g+\frac{w_g^2}{2}\right)\right]\mathrm{d}l+\frac{\partial}{\partial l}(\varphi Aw_g\rho)\mathrm{d}l+\frac{\partial}{\partial t}\left[\varphi A\rho_g\left(u_g+\frac{w_g^2}{2}\right)\right]\mathrm{d}l\\&+\varphi Aw_g\rho_g g\sin\theta\mathrm{d}l+q_iS_i\mathrm{d}l-\delta M\mathrm{d}l+\tau_iS_iw_i\mathrm{d}l\end{aligned} \tag{6.84}$$

式中，$\mathrm{d}Q$、$\mathrm{d}Q_g$ 分别为混合物、气相体积流量变化量，q_i 为气液界面单位面积上的热量交换率，δM 为由于相变单位管长上的能量交换率。

液相为：

$$\begin{aligned}\mathrm{d}Q_L=&\frac{\partial}{\partial l}\left[\left(1-\varphi\right)Aw_L\rho\left(u_L+\frac{w_1^2}{2}\right)\right]\mathrm{d}l+\frac{\partial}{\partial l}[(1-\varphi)Aw_L\rho]\mathrm{d}l\\&+\frac{\partial}{\partial l}\left[(1-\varphi)A\rho_L\left(u_L+\frac{w_L^2}{2}\right)\right]\mathrm{d}l\\&+(1-\varphi)Aw_L\rho_L g\sin\theta\mathrm{d}l-q_iS_i\mathrm{d}l+\delta M\mathrm{d}l-\tau_iS_iw_i\mathrm{d}l\end{aligned} \tag{6.85}$$

由于 $\varphi w_g\rho_g=xG,(1-\varphi)w_L\rho_L=(1-x)G$，所以可得：

$$
\begin{aligned}
\mathrm{d}Q &= \mathrm{d}Q_{\mathrm{g}}+\mathrm{d}Q_{\mathrm{L}} \\
&= \frac{\partial}{\partial l}\left\{A\left[xG\left(u_{\mathrm{g}}+\frac{w_{\mathrm{g}}^2}{2}\right)+(1-x)G\left(u_{\mathrm{L}}+\frac{w_{\mathrm{L}}^2}{2}\right)\right]\right\}\mathrm{d}l+ \\
&\quad \frac{\partial}{\partial l}\{A\rho[xGv_{\mathrm{g}}+(1-x)Gv_{\mathrm{L}}]\}\mathrm{d}l+\frac{\partial}{\partial t}\left[\varphi A\rho_{\mathrm{g}}\left(u_{\mathrm{g}}+\frac{w_{\mathrm{g}}^2}{2}\right)+(1-\varphi)A\rho_{\mathrm{L}}\left(u_{\mathrm{L}}+\frac{w_{\mathrm{L}}^2}{2}\right)\right]\mathrm{d}l+GAg\sin\theta\mathrm{d}l \\
&= \frac{\partial}{\partial l}\left\{AG\left[x\left(u_{\mathrm{g}}+\frac{w_{\mathrm{g}}^2}{2}\right)+(1-x)\left(u_{\mathrm{L}}+\frac{w_{\mathrm{L}}^2}{2}\right)\right]\right\}\mathrm{d}l+\frac{\partial}{\partial l}(GApv_{\mathrm{H}})\mathrm{d}l+ \\
&\quad \frac{\partial}{\partial t}\left[\varphi A\rho_{\mathrm{g}}\left(u_{\mathrm{g}}+\frac{w_{\mathrm{g}}^2}{2}\right)+(1-\varphi)A\rho_{\mathrm{L}}\left(u_{\mathrm{L}}+\frac{w_{\mathrm{L}}^2}{2}\right)\right]\mathrm{d}l+GAg\sin\theta\mathrm{d}l
\end{aligned}
\tag{6.86}
$$

等径、圆管稳定流动时：

$$
\begin{aligned}
\mathrm{d}q_0 &= \frac{\mathrm{d}Q}{GA} \\
&= \mathrm{d}[xu_{\mathrm{g}}+(1-x)u_{\mathrm{L}}]+\mathrm{d}\left[x\frac{w_{\mathrm{g}}^2}{2}+(1-x)\frac{w_{\mathrm{L}}^2}{2}\right]+\mathrm{d}(pv_{\mathrm{H}})+g\sin\theta\mathrm{d}l \\
&= \mathrm{d}u+\mathrm{d}\left[x\frac{w_{\mathrm{g}}^2}{2}+(1-x)\frac{w_{\mathrm{L}}^2}{2}\right]+\mathrm{d}(pv_{\mathrm{H}})+g\sin\theta\mathrm{d}l
\end{aligned}
\tag{6.87}
$$

式中，v_{H} 为混合物体积比，u 为单位质量混合物所具有的内能，$u=xu_{\mathrm{g}}+(1-x)u_{\mathrm{L}}$，$u_{\mathrm{g}}$、$u_{\mathrm{L}}$ 分别为单位质量气相、液相所具有的内能。

4. 动量方程与能量方程的对比

单位质量流体的比体积关系为：

$$xv_{\mathrm{g}}+(1-x)v_{\mathrm{L}}=v_{\mathrm{H}} \tag{6.88}$$

因为：

$$\mathrm{d}u=\mathrm{d}q_0+\mathrm{d}F-p\mathrm{d}v_{\mathrm{H}},\quad w_{\mathrm{g}}=\frac{xG}{\varphi\rho_{\mathrm{g}}},\quad w_{\mathrm{L}}=\frac{(1-x)G}{(1-\varphi)\rho_{\mathrm{L}}} \tag{6.89}$$

所以：

$$\mathrm{d}F+\frac{G^2}{2}\mathrm{d}\left[\frac{x^3}{\varphi^2\rho_{\mathrm{g}}^2}+\frac{(1-x)^3}{(1-\varphi)^2\rho_{\mathrm{L}}^2}\right]+v_{\mathrm{H}}\mathrm{d}p+g\sin\theta\mathrm{d}l=0 \tag{6.90}$$

$$-\frac{\mathrm{d}p}{\mathrm{d}l}=\rho_{\mathrm{H}}\frac{\mathrm{d}F}{\mathrm{d}l}+\frac{\rho_{\mathrm{H}}G^2}{2}\frac{\mathrm{d}}{\mathrm{d}l}\left[\frac{x^3}{\varphi^2\rho_{\mathrm{g}}^2}+\frac{(1-x)^3}{(1-\varphi)^2\rho_{\mathrm{L}}^2}\right]+\rho_{\mathrm{H}}g\sin\theta \tag{6.91}$$

而动量方程为：

$$-\frac{\mathrm{d}p}{\mathrm{d}l}=\frac{S_\tau}{A}+\rho g\sin\theta+G^2\frac{\mathrm{d}}{\mathrm{d}l}\left[\frac{x^2}{\varphi\rho_{\mathrm{g}}}+\frac{(1-x)^2}{(1-\varphi)\rho_1}\right] \tag{6.92}$$

虽然这两个方程都由摩阻、重力和加速度压降梯度三项组成，但各对应项并不相同。

6.4.3 均相流模型的基本方程

在多相流条件下，一般分散气泡流和弥散流可以按照均相流考虑，此时满足以下均相流的假设条件：

(1) $w=w_{\mathrm{L}}=w_{\mathrm{g}}$，$\varphi=\beta$，$\rho=\rho_{\mathrm{H}}=\rho_{\mathrm{f}}$，其中 β 为体积含气率，ρ_{f} 为流动密度。

（2）已达到热力学平衡，流动参数只是 p 的函数。均相流模型可以看作分相流模型的一种特例。

1. 连续性方程

均相流的连续性方程为：

$$\frac{\partial \rho_H A}{\partial t}+\frac{\partial (A\rho_H w)}{\partial l}=0 \tag{6.93}$$

稳定流动时，$M=Aw\rho_H=\text{const}$。

2. 动量方程

由分相流稳定流动时的动量方程

$$-\frac{dp}{dl}=\frac{S_\tau}{A}+\rho g\sin\theta+G^2\frac{d}{dl}\left[\frac{x^2}{\varphi\rho_g}+\frac{(1-x)^2}{(1-\varphi)\rho_L}\right] \tag{6.94}$$

和式 $x=\dfrac{\beta\rho_g}{\beta\rho_g+(1-\beta)\rho_L}=\dfrac{\beta\rho_g}{\rho_H}$，$1-x=\dfrac{(1-\beta)\rho_L}{\beta\rho_g+(1-\beta)\rho_L}=\dfrac{(1-\beta)\rho_L}{\rho_H}$，且 $\beta=\varphi$，则有：

$$-\frac{dp}{dl}=\frac{S_\tau}{A}+\rho_H\sin\theta+G^2\frac{dv_H}{dl} \tag{6.95}$$

3. 能量方程

由分相流模型稳定流动时的能量方程

$$-\frac{dp}{dl}=\rho_H\frac{dF}{dl}+\frac{\rho_H G^2}{2}\frac{d}{dl}\left[\frac{x^3}{\varphi^2\rho_g^2}+\frac{(1-x)^3}{(1-\varphi)^2\rho_L^2}\right]+\rho_H g\sin\theta \tag{6.96}$$

可得均相流模型稳定流动时的能量方程：

$$-\frac{dp}{dl}=\rho_H\frac{dF}{dl}+G^2\frac{dv_H}{dl}+\rho_H g\sin\theta \tag{6.97}$$

4. 动量方程与能量方程的对比

比较上式，压降各项完全相等，由此得到：

$$\rho_H\frac{dF}{dl}=\frac{S_\tau}{A} \tag{6.98}$$

即动量方程与能量方程是一致的。

6.4.4 两相流动方程和能量方程的对比

综上所述，均相流和分相流模型稳定流动时，组成管路压降梯度的各项，即摩阻压降、加速压降和重力压降的表达式列于表 6.1。

由表 6.1 可以看出：

（1）均相流模型和单相流一样，由动量方程和能量方程推得的组成压降梯度的各对应项是完全一样的。

（2）对于分相流模型，由动量方程和能量方程推得的组成压降梯度的各对应项是不一致的。

表 6.1 稳定流动时两相流动方程和能量方程的对比

	分相流动模型		均相流模型
	动量方程	能量方程	
$\frac{dp_f}{dz}$ 摩阻压降	$\frac{\rho\tau}{A}$（需用经验方法确定）	$\rho_H\frac{dF}{dz}$（需用经验方法确定）	$\frac{\rho\tau}{A}$或$\rho_H\frac{dF}{dz}$（需用经验方法确定）
$\frac{dp_a}{dz}$ 加速压降	$G^2\frac{d}{dl}\left[\frac{x^2}{\rho_g\varphi}+\frac{(1-x)^2}{\rho_L(1-\varphi)}\right]$（$\varphi$ 需用经验方法确定）	$\frac{\rho_H G^2}{2}\frac{d}{dl}\left[\frac{x^3}{\rho_g^2\varphi^2}+\frac{(1-x)^3}{\rho_L^2(1-\varphi)^2}\right]$（$\varphi$ 需用经验方法确定）	$G^2\frac{dv_H}{dz}$
$\frac{dp_g}{dz}$ 重力压降	$\rho g\sin\theta$	$\rho_H g\sin\theta$	$\rho_H g\sin\theta$

1. 重力压降的比较

由动量方程导出：

$$\left(\frac{dp_g}{dl}\right)_m=\rho g\sin\theta=[\varphi\rho_g+(1-\varphi)\rho_L]g\sin\theta=[\rho_L-\varphi(\rho_L-\rho_g)]g\sin\theta \tag{6.99}$$

由能量方程导出：

$$\left(\frac{dp_g}{dl}\right)_e=\rho_H g\sin\theta=[\beta\rho_g+(1-\beta)\rho_L]g\sin\theta=[\rho_L-\beta(\rho_L-\rho_g)]g\sin\theta \tag{6.100}$$

两相管路中，特别对水平和上倾管路，$w_g>w_L$，$\varphi<\beta$，$\left(\frac{dp_g}{dl}\right)_m>\left(\frac{dp_g}{dl}\right)_e$，故动量方程求出的压降要比能量方程求出的压降大，在起伏两相管路中，重力压降常占管路总压降中的很大份额，这是两相流管路不同于单相流管路的特点之一。

2. 摩阻压降的比较

由动量方程导出：

$$\left(\frac{dp_f}{dl}\right)_m=\frac{S_\tau}{A} \tag{6.101}$$

由能量方程导出：

$$\left(\frac{dp_f}{dl}\right)_e=\rho_H\frac{dF}{dl} \tag{6.102}$$

动量方程只考虑流体与管壁摩擦所造成的损失，没有考虑气液界面由两种流体流速不同而引起的损失；而能量方程导出的摩阻压降中，既包括流体与管壁摩擦而产生的热量，也包括气液界面间摩擦所生成的热量。因而有：

$$\left(\frac{dp_f}{dl}\right)_e>\left(\frac{dp_f}{dl}\right)_m \tag{6.103}$$

加速压降项在总压降中所占的份额很小，常可忽略。

3. 用实验方法求两相管路的各项压降

实验中不可能直接测量重力、摩阻、加速等各项压降，只能测量长 l 管段的总静压降和截面含气率 φ，然后计算加速压降和重力压降。摩阻压降为：

$$\frac{\mathrm{d}p_\mathrm{f}}{\mathrm{d}l}=\frac{\mathrm{d}p}{\mathrm{d}l}-\frac{\mathrm{d}p_\mathrm{a}}{\mathrm{d}l}-\frac{\mathrm{d}p_\mathrm{g}}{\mathrm{d}l} \tag{6.104}$$

能量方程中包括气液界面摩擦而产生的热量，十分复杂，很难进行求解。故大多数研究者都是以动量方程为基础来研究两相管流的。

6.4.5 两相管流中机械能的损失

机械能的损失指因流体与管壁之间的摩擦导致流体的压能转变为热能，这种转变是不可逆的。

1. 均相管流的机械能损失

由流体力学可知均相流时：

$$\frac{\mathrm{d}p_\mathrm{f}}{\mathrm{d}l}=\frac{S_\tau}{A}=\rho_\mathrm{H}\frac{\mathrm{d}F}{\mathrm{d}l}=\lambda\frac{w^2}{2d}\rho_\mathrm{H} \tag{6.105}$$

所以：

$$\mathrm{d}F=\frac{S_\tau\mathrm{d}l}{A\rho_\mathrm{H}}=\frac{\lambda w^2}{2d}\mathrm{d}l \tag{6.106}$$

故 $\mathrm{d}F$ 的物理意义为单位质量气液均质流体因摩擦使机械能转变为热能的数量。它的大小依赖于管壁对流动流体的剪切应力，即若没有剪切应力也就没有机械能的损失。

2. 分相管流的机械能损失

已知稳定流动的分相流模型动量方程：

$$-\frac{\mathrm{d}p}{\mathrm{d}l}-\frac{S_\tau}{A}+\rho g\sin\theta+G^2\frac{\mathrm{d}}{\mathrm{d}l}\left[\frac{x^2}{\varphi\rho_\mathrm{g}}+\frac{(1-x)^2}{(1-\varphi)\rho_\mathrm{L}}\right] \tag{6.107}$$

因为 $xG=w_\mathrm{g}\rho_\mathrm{g}\varphi$，所以：

$$\begin{aligned}-\mathrm{d}p&=\frac{S_\tau}{A}\mathrm{d}l+\rho g\sin\theta\mathrm{d}l+G^2\mathrm{d}\left[\frac{x^2}{\varphi\rho_\mathrm{g}}\frac{w_\mathrm{g}\rho_\mathrm{g}\varphi}{x}+\frac{(1-x)^2}{(1-\varphi)\rho_\mathrm{L}}\frac{w_\mathrm{L}\rho_\mathrm{L}(1-\varphi)}{1-x}\right]\\&=\frac{S_\tau}{A}\mathrm{d}l+\rho g\sin\theta\mathrm{d}l+G\mathrm{d}\left[xw_\mathrm{g}+(1-x)w_\mathrm{L}\right]\end{aligned} \tag{6.108}$$

已知稳定流动的分相流模型能量方程：

$$\mathrm{d}q_0=\mathrm{d}u+\mathrm{d}\left[\frac{xw_\mathrm{g}^2}{2}+\frac{(1-x)w_\mathrm{L}^2}{2}\right]+\mathrm{d}(pv_\mathrm{H})+g\sin\theta\mathrm{d}l \tag{6.109}$$

又因 $\mathrm{d}u=\mathrm{d}q_0+\mathrm{d}F-p\mathrm{d}v_\mathrm{H}$，所以：

$$\mathrm{d}F=-v_\mathrm{H}\mathrm{d}p-g\sin\theta\mathrm{d}l-\mathrm{d}\left[\frac{xw_\mathrm{g}^2}{2}+\frac{(1-x)w_\mathrm{L}^2}{2}\right] \tag{6.110}$$

不管是动量方程还是能量方程，两相管流的压降梯度应相同（尽管各对应项不同），故有：

$$dF=\frac{S_{\tau}v_{H}}{A}dl+g\sin\theta\left(\frac{\rho}{\rho_{H}}-1\right)dl+Gv_{H}d\left[xw_{g}+(1-x)w_{L}\right]-d\left[\frac{xw_{g}^{2}}{2}+\frac{(1-x)w_{L}^{2}}{2}\right] \quad (6.111)$$

分相流动机械能的损失 dF 也由三项组成，即$\frac{S_{\tau}v_{H}}{A}dl$ 为摩阻产生的热量，这项与均相流相同；$g\sin\theta\left(\frac{\rho}{\rho_{H}}-1\right)$为由高程产生的热量（当 $w_{g}>w_{L}$ 时，$\rho>\rho_{H}$，有机械能损失；当 $w_{g}=w_{L}$ 时，$\rho=\rho_{H}$，无机械能转变为热能）；最后一项是加速损失项，当 $w_{g}\neq w_{L}$ 时，也会有机械能转变为热能。

均相时有 $w_{g}=w_{L}$，$Gv_{H}dw-d\left(\frac{w^{2}}{2}\right)=w\rho_{H}v_{H}dw-wdw=0$，说明均相时无机械能损失。

习题

1. 管道缺陷类型及其对应的评价方法有哪些？
2. 简述分项安全系数法的原理。
3. 海底管道的分类有几种？如何分类？
4. 简述管道蜡沉积的危害。

参考文献

[1] 张琪. 采油工程原理与设计 [M]. 北京：石油工业出版社，2000.

[2] 王瑞和，李明忠. 石油工程概论 [M]. 北京：石油工业出版社，2001.

[3] 吴晓东，刘亚军. 石油工程概论 [M]. 东营：石油大学出版社，2001.

[4] 徐芝纶. 弹性力学：上册 [M]. 5 版. 北京：高等教育出版社，2016.

[5] 杨海波，曹建国，李洪波. 弹性与塑性力学简明教程 [M]. 北京：清华大学出版社，2011.

[6] 徐秉业. 简明弹塑性力学 [M]. 北京：高等教育出版社，2011.

[7] 单耀祖. 材料力学（Ⅰ）[M]. 4 版. 北京：高等教育出版社，2016.

[8] 倪玲英. 工程流体力学 [M]. 东营：中国石油大学出版社，2012.

[9] 曾攀. 有限元分析及应用 [M]. 北京：清华大学出版社，2004.

[10] P. J. 罗奇. 计算流体力学 [M]. 钟锡昌，刘学宗，译. 北京：科学出版社，1983.

[11] Wu L J，Wang Y Z，Li Y，et al. A meshless method by using radial basis function for numerical solutions of wave shoaling equation [M]. Springer Link，2019.

[12] 樊康旗，贾建援. 经典分子动力学模拟的主要技术 [J]. 微纳电子技术，2005，42(3)：133-138.

[13] 章根得. 岩石介质流变学 [M]. 北京：科学出版社，1999.

[14] 李世愚，尹祥础. 岩石断裂力学 [M]. 北京：科学出版社，2006.

[15] 李志明，张金珠. 地应力与油气勘探开发 [M]. 北京：石油工业出版社，1997.

[16] 楼一珊，金业权. 岩石力学与石油工程 [M]. 北京：石油工业出版社，2006.

[17] Mark D Zoback. 储层地质力学 [M]. 石林，陈朝伟，刘玉石，等译. 北京：石油工业出版社，2012.

[18] 贾喜荣. 岩石力学 [M]. 徐州：中国矿业大学出版社，2011.

[19] 解东亮. 地应力测量方法综述 [J]. 能源与环境，2013，6：150-153.

[20] 金衍，陈勉. 石油工程岩石力学 [M]. 北京：科学出版社，2008.

[21] 张广清，周大伟. 岩石力学常用公式 [M]. 北京：石油工业出版社，2020. 9.

[22] 刘巨保，岳欠怀. 石油钻采管柱力学 [M]. 北京：石油工业出版社，2011.

[23] 吕苗荣. 石油工程管柱力学 [M]. 北京：中国石化出版社，2012.

[24] 高德利. 油气井管柱力学与工程 [M]. 东营：中国石油大学出版社，2006.

[25] 刘清友，何玉发. 深井注入管柱力学行为及应用 [M]. 北京：科学出版社，2013.

[26] 程林松. 渗流力学 [M]. 北京：石油工业出版社，2011.

[27] 高云，熊友明. 海洋平台与结构工程 [M]. 北京：石油工业出版社，2017.

[28] 杨永祥. 船舶与海洋平台结构 [M]. 北京：国防工业出版社，2008.

[29] 孙建孟. 油田开发测井 [M]. 东营：石油大学出版社，2004.

[30] 王杰祥. 油水井增产增注技术 [M]. 东营：中国石油大学出版社，2006.

[31] 李月春. 水力压裂工艺基本知识概述 [J]. 中国化工贸易，2015，(4)：13.

[32] 何生厚，张琪. 油气开采工程 [M]. 北京：中国石化出版社，2003.

[33] Econmides M J，Nolte K G. 油藏增产技术 [M]. 张宏逵，等译. 东营：石油大学出版

社，1991.
[34] 唐志远. 天然气水合物勘探开发新技术［M］. 北京：地质出版社，2017.
[35] 白玉湖，叶长明，李清平，等. 天然气水合物开采模型研究进展与展望［J］. 中国海上油气，2009，21（4）：251-256.
[36] 刘文娜，田海龙，等. 天然气水合物形成主控因素实验研究［J］. 科学技术创新，2020，31：10-11.
[37] 蒋华义. 输油管道设计与管理［M］. 北京：石油工业出版社，2010.
[38] 王树立. 输气管道设计与管理［M］. 北京：化学工业出版社，2011.
[39] 冯叔初. 油气集输与矿场加工［M］. 东营：中国石油大学出版社，2016.
[40] 许行. 油库设计与管理［M］. 北京：中国石化出版社，2009.
[41] 帅健，于桂杰. 管道及储罐强度设计［M］. 北京：石油工业出版社，2006.
[42] 潘家华. 油罐及管道强度设计［M］. 北京：石油工业出版社，1986.
[43] 董贤勇. 连续油管基础理论及应用技术［M］. 东营：中国石油大学出版社，2009.
[44] 李子丰. 油气井杆管柱力学及应用［M］. 北京：石油工业出版社，2008.
[45] 陈庭根，管志川. 钻井工程理论与技术［M］. 东营：石油大学出版社，2000.
[46] 中国石油天然气总公司信息研究所. 国外力学和化学稳定井壁机理和方法的调研［M］. 北京：石油工业出版社，1998.
[47] 郭放. 射孔过程瞬态模型研究及分析［D］. 成都：西南石油大学，2018.
[48] 董法昌. 海洋油气田采油工艺技术［M］. 东营：石油大学出版社，2003.
[49] 白勇，戴伟，孙丽萍，等. 海洋立管设计［M］. 哈尔滨：哈尔滨工程大学出版社，2014.
[50] 王懿. 水下生产系统及工程［M］. 东营：中国石油大学出版社，2017.